高素质应用型人才培养实用教材
普通高等院校基础课程“十四五”新形态信息化教材

大学物理实验

（智媒体版）

主　编　谢国亚　张婷婷　何　静

西南交通大学出版社
·成　都·

图书在版编目（CIP）数据

大学物理实验：智媒体版 / 谢国亚，张婷婷，何静主编. —成都：西南交通大学出版社，2022.2（2024.6 重印）
高素质应用型人才培养实用教材　普通高等院校基础课程“十四五”新形态规划教材
ISBN 978-7-5643-8599-6

Ⅰ. ①大… Ⅱ. ①谢… ②张… ③何… Ⅲ. ①物理学－实验－高等学校－教材 Ⅳ. ①O4-33

中国版本图书馆 CIP 数据核字（2022）第 024733 号

高素质应用型人才培养实用教材
普通高等院校基础课程“十四五”新形态信息化教材
Daxue Wuli Shiyan（Zhimeiti Ban）
大学物理实验（智媒体版）

主　编 / 谢国亚　张婷婷　何　静

责任编辑 / 赵永铭
封面设计 / 何东琳设计工作室

西南交通大学出版社出版发行
（四川省成都市金牛区二环路北一段 111 号西南交通大学创新大厦 21 楼　610031）
营销部电话：028-87600564　028-87600533
网址：http://www.xnjdcbs.com
印刷：四川煤田地质制图印务有限责任公司

成品尺寸　185 mm × 260 mm
印张　12　　字数　298 千
版次　2022 年 2 月第 1 版　　印次　2024 年 6 月第 3 次

书号　ISBN 978-7-5643-8599-6
定价　38.00 元

课件咨询电话：028-81435775

前言

Preface

党的二十大报告指出，当代中国青年生逢其时，施展才干的舞台无比广阔，实现梦想的前景无比光明。广大青年要坚定不移听党话、跟党走，怀抱梦想又脚踏实地，敢想敢为又善作善成，立志做有理想、敢担当、能吃苦、肯奋斗的新时代好青年，让青春在全面建设社会主义现代化国家的火热实践中绽放绚丽之花。

本书根据教育部颁发的《理工科类大学物理实验课程教学基本要求》、学校的专业设置特点和教育教学的改革，结合学校大学物理实验仪器和开设的实验项目编写而成，具有非常强的针对性。通过使用本书，可以使学生在有限的时间内系统地掌握物理实验的基本知识和基本方法，为学习后续课程奠定基础。同时，本书在编写的过程中，编者充分挖掘了部分实验中的课程思政元素，增强了教材的可读性，这一点也是很多教材缺乏的内容，而该内容正是当前教育大力倡导的内容。本书充分体现了当下“互联网+”的时代特征，部分实验的操作部分，我们拍摄了教学视频，学生通过扫码就可以进行观看，这对学生预习和操作实验都有指导作用。

本书共 4 章内容，第 1 章绪论部分介绍了大学物理实验课的目的、学习方法、基本要求和规则；第 2 章介绍了测量与误差、误差的分类、测量结果的不确定度评定和数据处理等内容；第 3 章选编了 15 个基础性实验；第 4 章选编了 6 个综合性实验。附表中给出了国际单位制、常用的物理参数等，方便实验中随时查阅。为满足基础不同的学生的培养需要，每一部分的内容都按照从接受知识到培养综合能力逐级提高的特点编写。因此，本书内容既能适应低年级学生的接受能力，又能实现应用型人才的培养目标。

大学物理实验课程建设是全体教师和实验技术人员的集体工作，本书是我校老师多年工作经验的总结。本书由谢国亚、张婷婷、何静老师编写，谢国亚老师对稿件内容进行了审核和修改。李登峰、兰明建、崔海生老师对书稿进行了认真审读，提出了宝贵的修改意见。在视频录制过程中得到了龙林、董熙、霍雅洁等老师的鼎力支持，在此一并表示感谢。

本书的出版得到了西南交通大学出版社的关心和支持，在此表示衷心的感谢。由于编写时间仓促，编者水平有限，书中难免有疏漏和不足之处，恳请读者批评指正，以便今后再版时完善改进。

编　者

2021 年 10 月

目录

Contents

第1章 绪论

1.1 大学物理实验课的目的

物理学，作为一门实验性科学，在物理理论的建立中起着极其重要的作用，也占有十分重要的地位。物理规律是实验事实的总结，物理理论的正确与否需要实验来进行验证，例如：杨氏干涉实验使光的波动学得以确立、赫兹电磁波实验使麦克斯韦的电磁场理论被广泛承认。

随着社会文明的进步、科学技术的发展，物理实验的范围越来越广，实验结果的精确度越来越高。实验可以被用来验证更深层的理论，指出其适用范围，推动理论的发展；同时也有助于启示新的物理思想和提供新的物理方法。物理实验的成功，往往可以极大地推动生产力的发展，促进人类文明和社会科学的进步。历史表明，物理学的发展是在理论和实验两方面相互推动、相互影响和密切结合下完成的，物理学领域内的所有成果，都是理论和实验相结合的产物。因此，我们要正确理解理论课与实验课的关系，理论与实验相互补充，以加深学生对物理知识的理解。

根据国家教育部颁发的《高等工业学校物理实验课程基本要求》的规定，物理实验是大学生进行科学实验训练的一门独立的必修基础课程，也是素质教育的重要环节。因此，我们要充分地重视，并做好物理实验。

物理实验课教学的目的和任务：

（1）通过实验，学习如何运用理论指导实验，并掌握分析和解决问题的方法。

（2）培养良好的实验习惯，正确安排仪器位置，掌握仪器的使用方法。

（3）提高排除实验故障的能力，实验往往不是一帆风顺，应学会分析和解决实验中出现的问题，促使自己手脑配合，逐步提高实验素质。

（4）耐心细致地观察记录，处理实验数据，判断实验结果，写出实验报告。

（5）培养实事求是的科学作风，实验“小忌”是测量马虎，实验“大忌”是编造数据，因为马虎测量与拼凑数据，不但会使自己的报告漏洞百出，还无法提高自己的科学实验水平。

（6）训练实验的设计技巧，经过一系列实验的实际训练，潜移默化，让学生从中领悟到实验设计的技巧，为其以后从事科研工作打下良好的基础。

1.2　大学物理实验的学习方法

通过大学物理实验课程，学生可以掌握物理实验的有关知识、方法和技能，了解物理实验的重要过程和操作方法，为今后的学习工作奠定良好的基础。

那么，怎样才能学好物理实验这门课程呢?

1. 掌握对基本量的测量方法

基本量的测量方法在物理实验中会被经常使用，是复杂的测量方法的基础。学生们不仅要弄清它的理论原理及操作方法，还要逐步熟悉并灵活运用。任何实验方法都有它的运用条件和侧重范围，学生们只有亲手按要求完成实验过程，才有深刻的认识和体会，才能牢记于心。

2. 培养规范的实验操作习惯

本书针对如何正确读数、记数，如何处理实验数据，如何正确操作实验仪器等方面，做了标准化的叙述和介绍，这些实验操作方法和习惯都是前人所总结的经验。运用规范的实验操作习惯，能够保证安全实验，并较好地避免实验出错。在实验过程中，学生们要有意识地按照规范的操作要求去执行，并养成良好的实验操作习惯。

3. 学会分析实验以及掌握常见的故障处理方法

实验完成后，会取得一些测量数据，靠什么去判断这些数据是否合理？结果是否正确？这就要依靠分析实验的能力来判断，即必须分析：实验方法是否正确？该方法带来的误差多大？实验仪器带来的误差多大？实验环境对实验结果的影响多大？等等。实际上，任何理论公式都是在一定条件下，实验结果在理论上的抽象和简化，但另一方面，客观现实比进行实验所处的环境、条件复杂得多，实验结果与理论公式必然会有所差异，有差异很正常，重要的是这种差异的大小是否在合理、可接受的范围，不能以为实验数据与理论计算一致，这次实验就完成了；或者实验数据与理论计算差异较大时，又不愿接受，抱怨仪器装置条件，甚至拼凑数据以应付实验报告。无论实验数据好坏，重要的是要学会分析实验结果，找出不合理的原因，进行必要的修改。

那当出现数据不合理的时候，应该怎样处理呢?

先要检查自己的操作步骤和读数方法，最好当场请实验老师检查和指导关键的操作步骤和数据读取。

如果操作步骤和读数方法都正确，那么问题可能出现在仪器上。仪器装置会存在小毛病或出现小故障，学生们要尝试自己解决或观察实验老师如何解决，观察教师是怎样去判断仪器的毛病所在，判断能否发现仪器装置故障。能否修复实验仪器，也是实验能力的一个判断标准，学生应该在实验中逐步提高，但对于不能随意拆卸或移动的仪器，或有实验规则规定的实验装置，切勿随意处理。

4. 充分掌握每次实验的重点

实验是实践性较强的工作，除了学习重点内容外，还会遇到很多零散的问题，以及做一些枝节的工作。

本书中所罗列出的每个实验的实验目的，都是该实验的学习重点，在实验时应该把主要精力放在该内容上，以提高实验效率。

每个实验都有一定的实验内容，通过这些内容，使学生们体验到实验的乐趣，并掌握实验操作技能，最后获取实验数据。在完成规定的实验内容后如果还有富余的时间，可以根据实验过程中遇到的具体情况，来分析实验可能存在的问题。例如，某个实验仪器是否可靠？实验条件是否都得到了满足？如何予以证实？或提出对实验仪器、实验内容、实验方法的改进意见，使实验更完美。在对这些问题的思考和处理中，同学们会有更多的收获和提高。

实验课有它自己的规律和特点，要学好实验课不是一件容易的事情。希望同学们在学习的过程中能不断地对物理实验产生浓厚兴趣和提高自身的实验技能，使自己成为一名具有良好工程素养的技术人员。

1.3 大学物理实验课的程序与实验规则

1.3.1 物理实验的基本程序

在大学物理实验课程中，无论实验内容是什么，也无论采用哪一种实验方法，其基本程序大致相同。一般可分为以下 3 个环节：

1. 实验前的准备工作

实验前必须认真阅读实验相关内容，做好必要的预习，才能按质、按量、按时完成实验。同时，预习也是培养自学能力的一个重要环节。

预习时重点解决以下三个问题：① 这个实验最终要得到什么样的结果？② 这个实验的理论依据是什么？③ 采用哪些步骤去做这个实验？最后写出预习报告。

2. 实验操作

学生们在进入实验室进行实验的时候，必须严格遵守实验室的规则。首先签到，然后上交预习报告，最后按照指定的签到顺序使用相对应的仪器。在实验过程中，对观察到的实验现象和数据要及时进行记录。实验过程中，实验仪器可能会出现故障，需要在教师的指导下，分析故障原因，学会排除故障。实验时，要做好数据的记录，实验结束时要将实验数据交教师审阅，经教师验收签字认可，再做好仪器设备的整理工作后，才可离开实验室。

3. 实验报告

实验报告是实验工作的总结，要用简明的形式将实验情况及结果完整而又准确地表达出来。实验报告要求文字通顺、字迹端正、图表规矩、结果正确、讨论认真。应养成实验结束后尽早写出实验报告的习惯，因为这样做可以收到事半功倍的效果。

完整的实验报告应包括的内容：

（1）实验名称。

（2）实验目的。

（3）实验原理：应简要地说明实验的原理并列出实验中使用的主要公式、示意图（如电路或光路图），若实际所用与教材中列出的不符，应以实际采用的为准。

（4）实验仪器：列出实验中主要仪器的型号、规格，并记录其编号。

（5）实验记录：全部实验中有用的数据要以表格的形式列出，并正确地表示出有效数字和单位。

（6）数据处理：根据要求计算出最后的测量结果，可采用列表法和作图法等手段，对所得的数据应进行误差分析。

（7）实验结果：最后的结果应包括测量值、误差和单位，如果实验是为了观察某一物理现象或者观察某一物理规律，可只扼要地写出实验结论。

（8）讨论分析：回答指定的实验思考题；描述实验中观察到的异常现象及可能的解释；分析实验误差的主要来源；对实验仪器和方法的改进建议等，还可以谈谈实验的心得体会。以上是对报告的一般性要求，不同的实验，可以根据具体情况有所侧重和取舍，不必千篇一律。

1.3.2　学生电子报告

按照学校的组织安排，为提升物理实验课程的课程质量及教学效果，物理实验室配置了“电子报告评阅系统”，创新性地改善了物理实验报告的书写方式：学生可以通过线上编辑的模式，完成电子报告的书写。学生在实验前，须认真阅读实验内容及要求，完成电子报告的预习部分；实验结束后，学生也要及时对实验数据进行分析，完成电子报告原始数据的上传和处理。电子报告完成指南如下：

1. 预习部分

账号＋密码登录“电子报告评阅系统”→选择本次需要预习的实验项目→完成本次实验的预习内容：实验目的、实验仪器、实验原理、实验方法。其中设置有图片上传端口，预习内容中的主要公式、示意图（电路图或光路图）可以通过图片端口上传图片→保存→提交（显示状态为预习已提交）。

2. 原始数据的上传和处理

账号＋密码登录“电子报告评阅系统”→选择本次需要完成的实验→输入实验课上教师验收签字后的原始数据，同时通过图片端口上传原始数据图片→根据原始数据计算相应的结果，填入到对应的公式处。部分实验需要绘制图形，可以把绘制好的图形通过图片上传端口上传图片→保存→提交（显示状态为报告已提交）。

3. 查　询

账号 + 密码登录“电子报告评阅系统”，可查询已经提交的报告和成绩。

1.3.3　实验室规则

（1）实验时应严格遵守操作规程，注意安全，爱护仪器，在未弄清楚注意事项和操作方法之前不要擅动仪器。

（2）细心操作，认真观察，及时记录实验原始数据，决不允许事后追记。

（3）实验室要保持肃静和整洁，不得大声喧哗、抽烟和吃东西。

（4）无故迟到超过 10 min 或没有实验预习报告者不得进入实验室做实验。

（5）如遇到自己不能处理的问题应及时报告实验老师，电学实验电路连接完毕要经过实验老师同意，方可接通电源。

（6）实验结束后应将仪器、用具整理好，原始数据需经实验老师同意并签字后才能离开实验室，原始数据一律要附在实验报告后面一起交给实验老师，不得随意涂改。

第 2 章

测量误差与数据处理

本章以测量误差的分析、测量结果的不确定度评定及实验数据的处理为主要内容。它们属于误差理论的基础知识，是一切实验不可或缺的基本内容。误差理论是实验的基础和前提，贯穿整个实验过程，实验设计、数据记录、误差分析等都离不开它。误差理论是一门独立的学科，以概率论和数理统计为数学基础，主要研究误差的性质、规律、估算及如何减小误差。需要说明的是，为了更加通俗易懂和实用，本章着重介绍了误差理论中，部分重要的知识点以及一些相对简单的数据处理方法，不进行严密的论证，并在必要的地方做了简化处理。

2.1 测量与误差

2.1.1 测　量

物理实验不仅要对物理现象进行定向观察，更主要的是找到相关物理量之间的定量关系。所以就需要测量不同的物理量。测量的意义就是将待测的物理量同一个选作计量标准单位的同类物理量相比较，确定其倍数关系。选作标准的同类物理量就称之为单位，它必须是国际公认的、唯一的、稳定不变的。倍数即为测量数值。因此，一个物理量的测量值等于测量数值和单位的乘积。一个物理量的大小是客观存在的，选择不同的单位，对应的测量数值就有所不同，单位越小，测量数值越大；单位越大，测量数值越小。

1. 直接测量和间接测量

按是否直接获得测量值，可将测量分为直接测量和间接测量。

将被测物理量与标准量进行比较，可直接读出数据的测量称为直接测量，相应的物理量称为直接测量量。例如，用米尺测量长度，用温度计测量温度，用电流表测量电流等都是直接测量。

如果需要根据一定的函数关系，将直接测量所得的数据代入其中，通过计算才能得到的测量数据，这样的测量称为间接测量，相应的物理量称为间接测量量。例如，规则圆柱体密度测量实验中，需先测量出物体的质量 M ，直径 R ，高度 H ，由公式 $\rho = 4M/\pi D^2 H$ 计算出物体的密度。事实上，大部分测量都是间接测量。

2. 重复性测量和复现性测量

按测量条件变化与否，可将测量分为重复性测量（等精度测量）和复现性测量（非等精度测量）。

所谓测量条件是指一切能够影响结果并可控制的全部因素，包括进行测量的人、测量方法、测量仪器、仪器调试方法以及环境条件等。环境条件指测量过程中环境的温度、湿度、大气压力、气流、振动、辐射强度等。

在测量条件相同的情况下进行的一系列测量为重复性测量。例如，同一个人、用同一台实验仪器，每次测量在同样的环境条件下进行，采用同样测量方法，每次测量值结果的可靠程度是相同的，这样的测量就是重复性测量。如果每次测量时条件不同，或测量仪器改变，或测量方法改变，每次测量结果的可靠程度也就不尽相同，这样进行的一系列的测量称为复现性测量。实际上，多次测量中保持每次测量条件完全相同并不容易，所以在重复测量时，要注意尽量保持相同的测量条件。有时测量条件的变化对测量结果的影响较小，可以忽略，这时的测量可视为等精度测量。

除此之外，根据测量次数的多少，还可分为多次测量和单次测量。

测量所得的值称为测量值，同一个物理量，由同一实验者进行多次重复测量时可能会有不同的值；由不同实验者测量时也可能有不同的值，所以一般用 x 表示测量值。

3. 测量的精密度、正确度和准确度

物理量的真值，指物理量在确定条件下实际具有的量值。

对于一组测量结果，习惯上常用术语——精密度、正确度和准确度——来做定性描述，三者与测量误差都有联系。

如果对某物理量作等精度的多次测量，得到的一组数据彼此接近，就称该组测量的精密度高。如果某组数据的平均值对于真值的偏差较小，称该组测量的正确度高。如果某组数据集中于真值，则称该组测量的准确度高。精密度和准确度都是定性概念，定量描述需用不确定度（见下文）。图 2.1.1 为打靶留下的弹着点分布图，可形象表示精密度高、正确度高和准确度高三种情形。

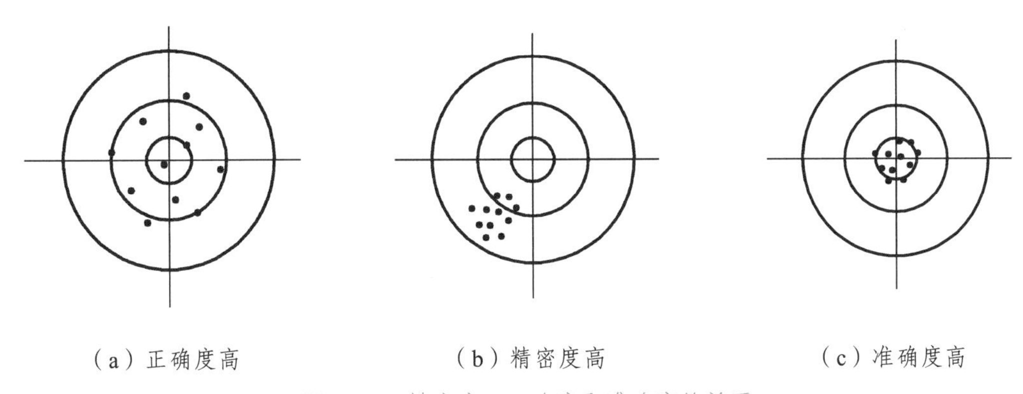

（a）正确度高　　（b）精密度高　　（c）准确度高

图 2.1.1　精密度、正确度和准确度的关系

另外，我们常用精密度（俗称精度）和准确度衡量仪器的性能。通常，仪器的精密度指仪器的最小分度，分度越细，精密度越高。有的仪器用灵敏度表示精密度，灵敏度指单位被测量使仪器偏转的格数，它等于精密度的倒数。仪器的准确度指按规定条件使用仪器时，能达到的最小误差。由于制造上的原因，一般仪器准确度达不到最小分度。

2.1.2 误　差

一个待测物理量的大小在客观上有着确定的数值，称为真值，用 x_T 表示。然而在实际测量中，由于试验方法、仪器精密度以及实验条件等的不完善和限制，加上实验者本身的技术原因，使得测量值和真实值之间始终有所差异。我们把测量值 x 与真值 x_T 之差定义为误差，用 Δx 表示，即

$$\Delta x = x - x_T \tag{2.1.1}$$

像平面三角形三内角之和恒为 180°、水三相点温度为 273.16 K 这样的理论值是事先知道的，因此用式（2.1.1）可以计算误差。例如，测得某平面三角形的三个内角值，相加为 180°00′03″，则由式（2.1.1）计算得到该测量值的误差 $\Delta N = 180°00'03'' - 180° = 3''$。然而，这仅限于极少数情况，一般情况下真值是未知量，所以理论上用式（2.1.1）计算误差是行不通的。但根据测量误差的统计理论，在一组 n 次测量的数据中，算术平均值 $\bar{x}$ 最接近真值，称为测量的最佳值。所以，在实际测量中，为了进行某些计算，常采用多次测量的算术平均值 $\bar{x}$ 作为测量的最佳值来代替真值 x_T 进行误差计算。即

$$\Delta x = x - \bar{x} \tag{2.1.2}$$

式（2.1.2）中 Δx 等于即被测量的测量结果与其最佳值的差，我们把它称为绝对误差。绝对误差与被测量具有相同的量纲，表示测量值偏离真实值的大小。

相对误差定义为绝对误差 Δx 与最佳值 $\bar{x}$ 的比值。它是没有量纲的，通常写成百分比的形式，用 E 表示，即：

$$E = \frac{\Delta x}{\bar{x}} \times 100\% \tag{2.1.3}$$

当被测量为两个不同量纲的量时，用相对误差可以比较这两个量测量的水平高低，而用绝对误差是无法比较的；当被测量量纲相同，相对误差也可用于比较测量的优劣（此处不考虑测量成本等问题）。例如，设某长度的测量值为 1 000 mm，如果绝对误差为 5 mm，则相对误差为 0.5%；而对于另一长度，如果测量值为 10 mm，绝对误差为 1 mm，则相对误差为 10%。比较前后两个测量，前者的绝对误差为后者的 5 倍，但前者的相对误差却小于后者，应当认为前者的测量效果优于后者。

2.2 误差的分类

任何测量都会有误差存在，所以，一个完整测量结果应该包括测量值和误差两部分。如果要尽可能完善、准确地表示测量结果，则只能通过分析产生误差的原因，了解误差的性质，并在测量中采取有效措施，降低或基本消除某些误差成分（误差分量）的影响。对于未被消除的"剩余"误差，则要估计出它们的极限值或特征参量，以便对测量结果的不确定程度加以评定。

即使是一个很简单的测量，误差的来源也不会是单一的。按照性质和特点的不同，可把误差划分为随机误差、系统误差和过失误差三类。

2.2.1　随机误差

在多次等精度测量中，如果测量结果不尽相同，而且以不可预知方式变化，则测量结果存在随机误差。大量实验证明，尽管结果不可预知，测量的随机误差的分布（散布）则常常满足一定的统计规律（统计规律指对大量测量数据进行统计分析得到的结果。）

随机误差产生的原因是多方面的，实验者感官感觉以及仪器性能的不稳定可以引起随机误差，无规则的微小环境干扰因素也可以产生随机误差。

1. 算术平均值

统计规律表明，随机误差的分布大多是有“抵偿性”的。也就是说，测量次数足够多时，正误差和负误差的分布基本对称，可以大致相抵消。因此，取多次测量值的算术平均值作为被测量的测量结果。一般说来，比单次测量结果的误差小（极少数情况除外）。设对同一量在相同条件下作 n 次测量，各次测量值为 x_i，则算术平均值为

$$\overline{x}=\frac{1}{n}(x_1+x_2+x_3+\cdots+x_n)=\frac{1}{n}\sum_{i=1}^{n}x_i \tag{2.2.1}$$

$\overline{x}$ 称为最佳估值。按照统计学，最佳估值趋近于真值的条件是，测量次数 $n\to\infty$。当测量次数足够多，$\overline{x}$ 作为真值的最佳估值才具有足够的可信度，因此，增加等精度测量次数可以减小随机误差。

2. 标准偏差

实验还表明,随机误差的分布常呈现“单峰性”,如图 2.2.1 所示，不同的随机误差分布会有不同的“峰”形状。峰形窄而高，说明随机误差较小；宽而低说明随机误差较大，因此峰的形状体现了测量值分散的程度。在统计学中，测量值的分散程度用标准偏差 s 表征，即

$$s=\sqrt{\frac{\sum_{i=1}^{n}(x_i-\overline{x})^2}{n-1}} \tag{2.2.2}$$

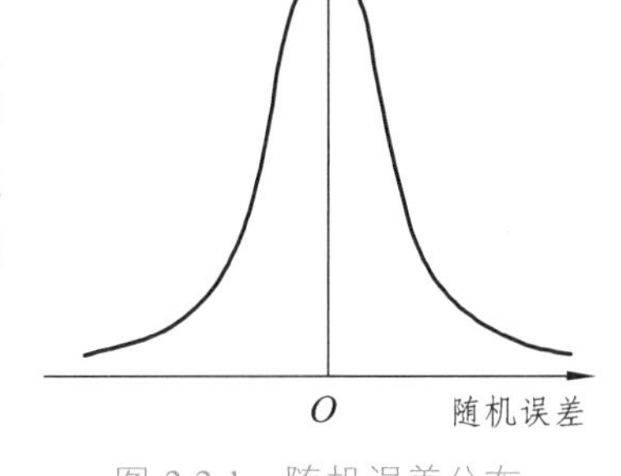

图 2.2.1　随机误差分布

式（2.2.2）称为贝塞尔公式，是 n 次测量值的标准偏差。平均值的标准偏差可用下式估算：

$$s_{\overline{x}}=\frac{s}{\sqrt{n}}=\sqrt{\frac{\sum_{i=1}^{n}(x_i-\overline{x})^2}{n(n-1)}} \tag{2.2.3}$$

标准偏差是一个统计量，它刻画了随机误差“峰”的特征，标准偏差大表示随机误差分布范围宽，测量值相对分散，测量的精密度低；标准偏差小表示随机误差的分布范围窄，测量值集中，测量精密度高。

注意：随机误差不是统计量，并不等于标准偏差。

随机误差导致测量值分散意味着测量值具有不确定性，现代计量学采用标准偏差表示测量值的这种不确定性（见下文：测量结果的不确定度评定）。

随机误差的分布规律和处理方法涉及数理统计和计量学理论，详尽内容请查阅有关理论书籍。

2.2.2　系统误差

系统误差是指在相同的测量条件下，对同一物理量进行多次重复测量，测量结果总是向一个方向偏离，其数值按一定规律变化。系统误差的产生有时是由于测量中存在确定的影响因素，导致测量值发生偏移，偏移的大小保持恒定或者按可预知规律变化。

常见的系统误差有：

1. 理论或方法误差

当测量所依据的公式是近似式，或者所采用的测量方法不完善时，理论或方法误差就随之产生了。例如，通过测单摆的周期 T 和摆长 l，代入下面近似公式，计算得到重力加速度 g 为

$$T \approx 2\pi\sqrt{\frac{l}{g}} \tag{2.2.4}$$

而准确的理论公式应为

$$T = 2\pi\sqrt{\frac{l}{g}}\left[1+\frac{1}{5}\left(\frac{r}{l}\right)^2-\frac{1}{12}\cdot\frac{m_0}{m}\left(1+\frac{r}{l}+\frac{m_0}{m}\right)+\frac{1}{2}\frac{\rho_0}{\rho}+\frac{1}{16}\alpha^2\right] \tag{2.2.5}$$

（式中：r 为摆球半径；m 为摆球质量；m_0 为摆线质量；ρ_0 为摆球质量密度；ρ 为空气质量密度；α 为摆角。）

可见，方括号中的后四项是被忽略了的，由此带来的误差为系统误差，简称理论误差。再如，空气折射率以 1 代替；电测量中，由于方法不完善，引起测量装置的绝缘体漏电；引线电阻引起电压降等，均产生系统误差，简称方法误差。

要消除理论或方法误差分量，变更实验方法就可以了。在上面例子中，可选择落球法测重力加速度，消除原有的理论误差。

2. 仪器误差

此种误差是由于仪器或测量工具的不完善，或没有按照规定条件使用仪器造成的。例如，标准电池和标准电阻的标称值与它们本身体现出的量值之间有差异、等臂天平不等臂、电表分度不均匀、螺纹副的螺距不均匀、电子仪器的某些器件性能不能达到设计要求、水银温度计指零时并不对应水的三相点温度等。修正此种误差的方法是更换实验仪器，或隔一定时期就用标准仪器校验使用中的仪器，或采取其他补救措施，例如，用替换法消除不等臂天平的测量误差：先用替代物（如细沙）与待测物平衡，在不改变替代物质量的条件下，取下物体换上砝码并使天平再度达到平衡，则砝码的质量即为物体的质量。

3. 环境误差

此种误差是由于测量条件与实验设计者所要求的标准条件不一致引起的，如测量时环境温度对要求值的偏离，空气浮力对天平质量称量的影响。修正的方法是改善测量条件，使之

达到标准条件，或者设法估计出误差，然后在测量结果中予以修正，或用某些方法进行补偿。例如，在热学实验中，环境的吸热或放热对测量结果有影响，而且由于物体升温（或降温）是一个连续变化的动态过程，物体温度达到某值与人在测温装置上确认达到该温度值之间存在时间差，即有滞后现象。在升温条件下与降温条件下各进行一次测量，取其平均值作为测量结果，能使两次测量中的误差相互抵消，减小了环境影响以及测温滞后引起的系统误差。

4. 调整误差

就一般仪器而言，在使用时要求预先调整到规定的使用状态，如果不这样做，就会产生所谓调整误差。例如，为降低零值误差，测量仪表要预先调零、天平使用时要预先调水平、气压表要求铅直放置等。要减小调整误差，实验者需养成良好的工作习惯，严格按操作规程，把仪器调整到规定的使用状态再进行测量。

5. 人身误差

由于人的心理、生理因素，使得感应灵敏度和即时反应上存在差异。比如用停表计时，有人总是反应早些或迟些；由仪表指针读数时，有人习惯性地偏左或偏右。

总之，引起系统误差的因素多种多样，要减小系统误差需根据具体情况进行分析。系统误差影响的是测量值的正确度，增加测量次数是不能减小系统误差的，只有靠在实验过程中不断总结分析、累积经验，提高实验素质，增强处理各类系统误差问题的能力。

2.2.3 过失误差

测量的过程中还有可能出现如读数错误、记录错误、操作错误、估算错误等，使得测量结果明显的、过大的偏离真实值，这样误差称为过失误差。过失误差一般超出正常的误差分布范围。因此，测量中应尽量避免。一旦确认含有过失误差的测量数据（称异常值），应予以剔除。

要避免过失误差，必须以严谨态度和的科学方式对待实验，认真仔细完成每一步实验操作。需要说明的是在物理实验教学中，超常值一般是含有过失误差的。然而在科学实验中，并非一切有过大偏离的测量值一定含有过失误差，在判断某测量数据是否含有过失误差时要慎重分析。

2.3 测量结果的不确定度评定

2.3.1 不确定度的含义

一个完整的测量结果不仅要给出该量值的大小（即数值和单位），同时还应给出它的不确定度。用不确定度来表征测量结果的可信赖程度。“不确定度”（uncertainty）一词是指可疑、不能肯定或测不准的意思。不确定度是测量结果所携带的一个必要的参数，以表征待测量值的分散性、准确性和可靠程度。于是测量结果应写成下列标准形式：

$$x = \bar{x} \pm u \text{ 单位 } (P = 68\%) \tag{2.3.1}$$

式中 x 为测量值，对等精度多次测量而言，$\bar{x}$ 为多次测量的算数平均值，u 为测量不确定度。根据《测量不确定度表示指南 1992》，此式表示被测量的真值处于 $(\bar{x}-u)$ ~ $(\bar{x}+u)$ 范围内的（置信）概率约为 68%。

严格的测试报告在给出测量结果的同时，应有详尽的测试参数，并给出相应的测量不确定度。不确定度愈小，表示对测量对象属性的了解愈透彻，测量结果的可信度愈高，使用价值也愈高。测量结果的标准形式写法现以基本物理常数（1998 年推荐值）为例，表示如下：

普朗克常量　$h=(6.626\ 075\ 5\pm0.000\ 004\ 0)\times10^{-34}\ \mathrm{J\cdot s}$

基本电荷　$e=(1.602\ 177\ 33\pm0.000\ 000\ 49)\times10^{-19}\ \mathrm{C}$

不确定度总是一个正数，而误差可为正数，也可为负数，也可能十分接近于零。误差常常由于真值未知而不能计算，而不确定度原则上总是可以具体评定的。不确定度的量纲与被测量相同，这一点又与误差是一致的。

数据处理时，通常先做误差分析，修正已定系统误差，剔除粗大误差，然后再评定不确定度。

2.3.2　直接测量结果的不确定度估计

通常，测量不确定度由几个分量构成，按数值的估计方法不同可将不确定度分为 A 类和 B 类不确定度。如果两类不确定度分量彼此独立，则（合成）不确定度用“方和根法”由 A 类分量和 B 类各分量合成得到。

1. A 类不确定度

A 类是在一系列重复测量中，用统计方法计算的分量，记为 u_A，用平均值的标准偏差 $s_{\bar{x}}$ 表示，按式（2.2.3）得

$$u_A=s_{\bar{x}}=\sqrt{\frac{\sum_{i=1}^{n}(x_i-\bar{x})^2}{n(n-1)}} \tag{2.3.2}$$

式中　n——测量总次数；

$\bar{x}$——被测物理量的平均值（当测量次数 n 不是很少时，对应的置信概率为 68.3%）当测量次数 n 较少时，测量结果偏离正态分布而服从 t 分布，则 A 类不确定度分量 u_A 由 $s_{\bar{x}}$ 乘以因子 t_P 求得。即

$$u_A=t_P\cdot s_{\bar{x}} \tag{2.3.3}$$

t_P 因子与置信概率和测量次数有关，可由表 2.3.1 查出。

表 2.3.1　t_P 因子

测量次数 n	2	3	4	5	6	7	8	9	10	20	∞
$P=0.683$	1.84	1.32	1.20	1.14	1.11	1.09	1.08	1.07	1.06	1.03	1.00
$P=0.954$	12.7	4.30	3.18	2.78	2.57	2.45	2.36	2.31	2.26	2.09	1.96

表 2.3.2　单摆测重力加速度

测量次数 n	1	2	3	4	5	6	7	8	9	10
T/s	2.00	1.99	1.99	2.00	2.01	2.02	2.00	1.98	1.97	1.99

【例 2.3.1】　用单摆测重力加速度时，对周期 T 进行了 10 次测量，得表（2.3.2）所列值。求与周期 T 的读数分散所对应的不确定度分量 u_A。

解：按式（2.2.1）计算 $\bar{T}$，得

$$\bar{T}=\frac{1}{10}(2.00+1.99+\cdots+1.99)=1.995(\mathrm{s})$$

按式（2.3.2）计算 u_A，得

$$u_A=\sqrt{\frac{(2.00-1.995)^2+(1.99-1.995)^2+\cdots+(1.99-1.995)^2}{10\times(10-1)}}=0.045(\mathrm{s})$$

2. B 类不确定度

B 类是用其他方法计算的分量，如用统计方法无法发现的固有系统误差，就用 B 类分量来描述。一般仪器（量具）误差分布范围对于误差零点是对称的，所以生产厂家用仪器的最大允许误差（示值误差限、基本误差限）表示误差分布范围。最大允许误差是一个绝对值，它的两倍等于误差分布范围。最大允许误差是由生产厂家给出的，参照国家标准所规定的计量仪器的准确度等级或允许误差范围。仪器使用者通过查阅仪器说明书，或某些其他技术标准，或凭以往实验经验了解该参数。本书为查阅方便，在表 2.3.3 中列出了几种常用仪器的最大允许误差。最大允许误差给出了仪器出厂的合格条件，如果在仪器规定的条件下使用仪器，测量误差一般不会超出最大允许误差。所以这时我们说仪器误差限（值）等于仪器最大允许误差。仪器误差限的符号记为 $\Delta_{仪}$。在本课程中，对 B 类不确定度的估算作了简化处理：在绝大多数情况下，B 类不确定度主要考虑因素是仪器误差。

表 2.3.3　常用仪器的最大允许误差

仪器名称	量　程	分度值	最大允许误差
钢直尺	150 mm 500 mm 1 000 mm	1 mm 1 mm 1 mm	0.10 mm 0.15 mm 0.20 mm
钢卷尺	1 m 2 m	1 mm 1 mm	0.8 mm 1.2 mm
游标卡尺	125 mm	0.02 mm 0.05 mm	0.02 mm 0.05 mm
外径千分尺	0 ~ 25 m	0.01 mm	0.004 mm
石英电子秒表	1 ~ 60 min	0.01 s	（$5.8\times10^{-6}t+0.01$）s
物理天平	500 g	0.05 g	满量程 0.08 g 1/2 量程 0.06 g 1/3 量程 0.04 g
普通温度计（液体）	0 ~ 100 °C	1 °C	1 °C

注：*t 为时间测量值。

理论上，只知仪器误差限值，而未知误差的分布形式，是无法计算 B 类不确定度的。教学中假设，仪器误差在其分布的范围内等概率出现（均匀分布），这样 B 类不确定度 u_B 可由仪器误差限 $\Delta_{仪}$ 计算得到，计算公式为

$$u_B = \frac{\Delta_{仪}}{\sqrt{3}} \tag{2.3.4}$$

【例 2.3.2】 有一量程为 0 ~ 125 mm、分度值为 0.05 mm 的游标卡尺，计算 B 类不确定度分量。

解：查表 2.3.3，该量具最大允许误差（误差限值）为 0.05 mm，按式（2.3.4）得仪器 B 类不确定度分量，即

$$u_B = \frac{0.05}{\sqrt{3}} = 0.029\ (\text{mm})$$

【例 2.3.3】 设石英电子秒表某次时间测量值 t 为 32.12 s，计算 B 类不确定度分量。

解：由表 2.3.3 查出，石英电子秒表的最大允许误差限值为

$$\Delta_{仪} = 5.8\times10^{-6}\times32.12+0.01=0.010\ (\text{s})$$

B 类不确定度分量为

$$u_B = \frac{0.010}{\sqrt{3}} = 0.006\ (\text{s})$$

3. 合成不确定度

一般可以认为，u_A，u_B 是各自独立变化的，合成不确定度 u 以 u_A 与 u_B 按“方和根”方式计算，即

$$u = \sqrt{u_A^2 + u_B^2} \tag{2.3.5}$$

某些实验 B 类不确定度分量不止一个，仍按“方和根”法计算，即

$$u = \sqrt{u_A^2 + u_{B1}^2 + u_{B2}^2 + \cdots}$$

式中 u_{B1}、u_{B2} 为 B 类不确定度分量。

4. 单次直接测量的不确定度

实验时，常常由于条件不许可，或者某一量的不确定度对整个测量的总不确定度的影响甚微，因而测量只进行了一次。这时，对于此量的不确定度只能根据仪器误差、测量方法、实验条件以及实验者技术水平等实际情况进行合理估计，不能一概而论。在一般情况下，简化的做法是采用仪器误差作为单次直接测量量的不确定度的估计值。

有时需要计算相对不确定度，相对不确定度定义为合成不确定度 u 与被测量最佳估值 $\bar{x}$ 之比，即

$$E = \frac{u}{\bar{x}} \tag{2.3.6}$$

【例 2.3.4】 用量程为 25 mm、分度值为 0.01 mm 的外径千分尺对一小球的直径测量 5 次：1.039，1.038，1.030，1.041，1.033（mm），千分尺零点误差为 + 0.030 mm。试求测量结果的不确定度。

解：计算平均值，由式（2.2.1）可得

$$\overline{d'} = \frac{1.039 + 1.038 + 1.030 + 1.041 + 1.033}{5} = 1.036\ 2\ (\text{mm})$$

由式（2.3.2）求得 A 类不确定度，即

$$u_{\text{A}} = \sqrt{\frac{\sum (d' - \overline{d'})^2}{5 \times (5-1)}} = \sqrt{\frac{(1.039 - 1.036\ 2)^2 + \cdots + (1.033 - 1.036\ 2)^2}{5 \times (5-1)}} = 0.002\ 0\ (\text{mm})$$

修正已定系统误差，得最佳估值为

$$\bar{d} = 1.036\ 2 - 0.030 = 1.006\ 2\ (\text{mm})$$

计算 B 类不确定度，因为 $\Delta_{仪} = 0.004\ \text{mm}$，所以由式（2.3.4）得

$$u_{\text{B}} = \frac{\Delta_{仪}}{\sqrt{3}} = \frac{0.004}{\sqrt{3}} = 0.002\ 3\ (\text{mm})$$

由式（2.3.5），合成不确定度为

$$u = \sqrt{u_{\text{A}}^2 + u_{\text{B}}^2} = \sqrt{0.0020^2 + 0.0023^2} = 0.003\ (\text{mm})$$

由式（2.3.6），相对不确定度为

$$E = \frac{u}{\bar{d}} = \frac{0.0030}{1.0062} = 0.30\%$$

小球直径的测量结果为

$$d = (1.006 \pm 0.003)\text{mm}(P = 68\%)$$

2.3.3 间接测量结果的不确定度

如前所述，间接测量结果是由直接测量结果代入函数关系式计算得到的。由于每个直接测量结果都含不确定度，因此通过函数关系会传递给间接测量结果，从而间接测量结果也具有相应的不确定度。下面介绍如何依据直接测量结果的合成不确定度以及函数关系式，计算间接测量结果的不确定度。

设间接测量量为 N，它由直接测量量 $x,\ y,\ z$，…通过下列函数关系求得

$$N = f(x, y, z, \cdots)$$

1. 间接测量量的最佳估值

以$\bar{x}$，$\bar{y}$，$\bar{z}$，…代表各直接测量量的最佳估值，代入函数关系式，则间接测量量N的最佳估值为

$$\bar{N}=f(\bar{x},\bar{y},\bar{z},\cdots) \tag{2.3.7}$$

例如，用单摆测重力加速度时，重力加速度g与摆长l及周期T之间的函数关系是

$$g=\frac{4\pi^2 l}{T^2}$$

其中，l与T是直接测量量；g是间接测量量。则重力加速度的最佳估值为

$$\bar{g}=\frac{4\pi^2\bar{l}}{\bar{T}^2}$$

2. 间接测量结果的不确定度

设间接测量量N与直接测量量x, y, z，…的关系为

$$N=f(x,y,z,\cdots)$$

函数f的全微分是

$$\mathrm{d}N=\frac{\partial N}{\partial x}\mathrm{d}x+\frac{\partial N}{\partial y}\mathrm{d}y+\frac{\partial N}{\partial z}\mathrm{d}z+\cdots$$

设x, y, z，…各量是独立变化的，由误差理论可以得到，间接测量结果的不确定度等于上式各项的“方和根”，即

$$u=\sqrt{\left(\frac{\partial N}{\partial x}\right)^2u_x^2+\left(\frac{\partial N}{\partial y}\right)^2u_y^2+\left(\frac{\partial N}{\partial z}\right)^2u_z^2+\cdots} \tag{2.3.8}$$

式中，偏导数$\frac{\partial N}{\partial x}$，$\frac{\partial N}{\partial y}$，$\frac{\partial N}{\partial z}$，…为不确定度传递系数。

由式（2.3.8）可见，间接测量结果的不确定度不仅与各个直接测量结果的不确定度（u_x，u_y，u_z，…有关，而且与函数的形式$N=f(x,y,z,\cdots)$有关。

间接测量结果的相对不确定度E定义为间接测量结果不确定度u与间接测量量的最佳估值$\bar{N}$之比，即

$$E=\frac{u}{\bar{N}}=\sqrt{\left(\frac{\partial N}{\partial x}\right)^2\left(\frac{u_x}{\bar{N}}\right)^2+\left(\frac{\partial N}{\partial y}\right)^2\left(\frac{u_y}{\bar{N}}\right)^2+\left(\frac{\partial N}{\partial z}\right)^2\left(\frac{u_z}{\bar{N}}\right)^2+\cdots} \tag{2.3.9}$$

【例 2.3.5】 已知电阻R_1，R_2的最佳估值分别为50.2 Ω和149.8 Ω，不确定度u_1，u_2均为0.5 Ω，求它们串联后总电阻R的不确定度。

解：函数关系为

$$R=R_1+R_2$$

总电阻的最佳估值

$$\overline{R}=\overline{R}_1+\overline{R}_2=50.2+149.8=200.0\ (\Omega)$$

总电阻的不确定度

$$u_R=\sqrt{\left(\frac{\partial R}{\partial R_1}\right)^2u_1^2+\left(\frac{\partial R}{\partial R_2}\right)^2u_2^2}=\sqrt{\left(\frac{\partial(R_1+R_2)}{\partial R_1}\right)^2u_1^2+\left(\frac{\partial(R_1+R_2)}{\partial R_2}\right)^2u_2^2}$$

$$=\sqrt{u_1^2+u_2^2}=\sqrt{0.5^2+0.5^2}=0.7\ (\Omega)$$

总电阻的相对不确定度

$$E=\frac{u}{\overline{R}}=\frac{0.7}{200.0}\times100\%=4\%$$

一种特殊情况是，在函数关系式中各直接测量量之间只有乘除关系。可以证明，在这种情形下，间接测量结果的相对不确定度可用下式计算，即

$$E=\frac{u}{\overline{N}}=\sqrt{\left(\frac{\partial\ln N}{\partial x}\right)^2u_x^2+\left(\frac{\partial\ln N}{\partial y}\right)^2u_y^2+\left(\frac{\partial\ln N}{\partial z}\right)^2u_z^2+\cdots}\qquad(2.3.10)$$

例如，$N=\dfrac{x^ay^b}{z^c}$，则相对不确定度为

$$E=\sqrt{\left(\frac{\partial(a\ln x+b\ln y-c\ln z)}{\partial x}\right)^2u_x^2+\left(\frac{\partial(a\ln x+b\ln y-c\ln z)}{\partial y}\right)^2u_y^2+\left(\frac{\partial(a\ln x+b\ln y-c\ln z)}{\partial z}\right)^2u_z^2}$$

$$=\sqrt{\left(a\cdot\frac{u_x}{x}\right)^2+\left(b\cdot\frac{u_y}{y}\right)^2+\left(c\cdot\frac{u_z}{z}\right)^2}$$

即积或商的相对不确定度等于各因子的幕次乘各自的相对不确定度再求方和根。因子越多，利用式（2.3.10）计算相对不确定度越简单。因此对于这种情况，先计算相对不确定度，再根据式（2.3.9）计算不确定度 u 较为简便。

表 2.3.4 所列为常用函数的不确定度合成公式。

表 2.3.4　常用函数的不确定度合成公式

函数式	不确定度合成公式
u	$u_N=\sqrt{u_x^2+u_y^2}$
$N=x\cdot y$ 或 $N=x/y$	$E_N=\dfrac{u_N}{N}=\sqrt{\left(\dfrac{u_x}{x}\right)^2+\left(\dfrac{u_y}{y}\right)^2}$
$N=kx$（k 为常数）	$u_N=ku_x$　$E_N=\dfrac{u_N}{N}=\dfrac{u_x}{x}$

续表

函数式	不确定度合成公式
$N = x^n$（1，2，3，…）	$E_N = \frac{u_N}{N} = n \cdot \frac{u_x}{x}$
$N = \sqrt[n]{x}$	$E_N = \frac{u_N}{N} = \frac{1}{n} \cdot \frac{u_x}{x}$
$N = \frac{x^k y^m}{z^n}$	$E_N = \frac{u_N}{N} = \sqrt{k^2\left(\frac{u_x}{x}\right)^2 + m^2\left(\frac{u_y}{y}\right)^2 + n^2\left(\frac{u_z}{z}\right)^2}$
$N = \sin x$	$u_N = \lvert\cos x\rvert u_x$
$N = \ln x$	$u_N = \frac{1}{x} \cdot u_x$

2.3.4 微小不确定度准则

实际测量时，在式（2.3.5）和式（2.3.8）中，根号下各平方项的数量级一般不尽相同，其中微小项对最终不确定度的影响甚小（只在小数点后很多位才有所反映），因此计算时这些微小项可略去不计。判断微小项的标准为，若某平方项比另一平方项小一个数量级或以上，则该项就可以忽略不计，以上被称为微小不确定度准则。

需要强调的是，不确定度的评定是建立在正确的误差分析基础之上的，而误差分析的目标是找出主要的误差来源，即不确定度来源，这样用式（2.3.5）和式（2.3.8）计算的结果才能正确反映测量结果的准确程度，否则计算失去意义。不确定度评定“活”的部分在于误差分析，实验者的经验也常常更多地体现在此处。因此不确定度评定从本质上说不是一个计算问题。只有提高分析和处理误差的能力才能真正提高实验水平。

2.3.5 测量结果的表示

完整的测量结果应表示为

$$x = (\bar{x} \pm u)\text{单位} \quad (P = 68\%) \text{或} x = (\bar{x} \pm U)\text{单位}$$

式中，U 称为扩展不确定度，$U = ku$（k 取 2 或 3，k 值不同，对应的置信概率不同）。

注意：式中的物理单位不可缺少，并用括号注明置信概率的近似值。

计算测量结果 $\bar{x}$ 时，小数点后保留的位数取决于不确定度 u。不确定度通常取 1～2 位有效数字，在教学中为了简化，规定不确定度都取一位有效数字，且不确定度的尾数采用“只进不舍”的原则。不确定度描写测量结果的准确度，因此测量结果 $\bar{x}$ 的末位数字应与不确定度 u 的末位对齐，保留更多位没有意义。例如，用流体静力称衡法测一铜块的密度，结果写为

$$\rho = (8.92 \pm 0.02)\ \text{g/cm}^3 (P = 68\%)$$

对于运算过程中的中间数据，截断时应多取几位，为最终结果的数字修约留下余地。注意：采用科学计数法表示最佳估值。

相对不确定度的有效数字与绝对不确定度相同。

2.3.6 最佳估值与不确定度计算提要

1. 步　骤

通过误差分析，列出若干不确定度来源，并分类；剔除粗大误差，计算最佳估值 $\bar{x}$ 和 u_A，修正已定系统误差，计算 u_B，计算合成不确定度；计算间接测量量的最佳估值 $\bar{N}$ 及不确定度，写出测量结果的标准表达式。

2. 主要计算公式

$$\bar{x}=\frac{1}{n}\sum_{i=1}^{n}x_i$$

$$u_A=\sqrt{\frac{\sum(x_i-\bar{x})^2}{n(n-1)}}\,,\quad u_B=\frac{\varDelta_{仪}}{\sqrt{3}}$$

$$u=\sqrt{u_A^2+u_{B1}^2+u_{B2}^2+\cdots}$$

$$\bar{N}=f(\bar{x},\bar{y},\bar{z},\cdots)$$

$$u=\sqrt{\left(\frac{\partial N}{\partial x}\right)^2u_x^2+\left(\frac{\partial N}{\partial y}\right)^2u_y^2+\left(\frac{\partial N}{\partial z}\right)^2u_z^2+\cdots}$$

2.4 数据处理基础

实验人员需要对实验数据进行记录、整理、计算和分析，从而寻找出测量对象的内在规律，正确的给出实验结果。正确处理实验数据是实验能力的基本训练之一，根据不同的实验内容，不同的要求，可采用不同的数据处理的方法，下面介绍物理实验中常用的数据处理方法。

2.4.1 测量值的有效数字

1. 有效数字的基本概念

任何一个物理量，其测量的结果都存在误差，那么一个物理量的数值就不应当无止境的写下去，写多了没有实际意义，写少了又不能真实的表达物理量。因此，一个物理量的数值和数学上的某一个数就有着不同的意义，这就引入了一个有效数字的概念。若用最小分度值为 1 mm 的米尺测量物体的长度，读数值为 5.63 cm。其中 5 和 6 这两个数字是从米尺的刻度上准确读出的，可以认为是准确的，叫作可靠数字。末尾数字 3 是在米尺最小分度值的下一位上估计出来的，是不准确的，叫作欠准数。虽然是欠准可疑，但不是无中生有，而是有意义的，显然有一位欠准数字，就使测量值更接近真实值，更能反映客观实际。因此，测量值应当保留到这一位是合理的，即使估计数是 0，也不能舍去。测量结果只能保留一位欠准数字，故测量数据的有效数字定义为几位可靠数字加上一位欠准数字，有效数字的个数叫作有效数字的位数，如上述的 5.63 cm 有 3 位有效位数。当被测物理量和测量仪器选定以后，测量值的有效数字的位数就已经确定了。

【例 2.4.1】 如图 2.4.1 所示，直尺的分度值是 1 mm，请读出物体的长度值。

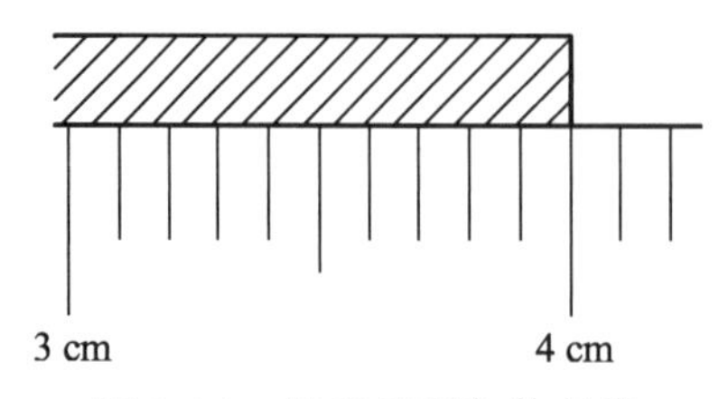

图 2.4.1 用直尺测物体长度

解：物体长度为 40.0 mm，共 3 位有效数字。如果写成 40 mm，只有 2 位有效数字，就是错误的。这是因为直尺的分度值是 1 mm，应估读到十分位。由图 2.4.1 可以判断，物体末端恰与刻线重合，因此个位上的准确读数是“0”，同时十分位上的估读值也是“0”。误差在十分位，而不是在个位。

一般量具（如钢直尺、螺旋测微计、读数显微镜等）估读到分度值的下一位，但有些情况例外，如分度值为 0.02 mm 的游标卡尺只读到 0.02 mm 位，不能估读到分度值下一位。

从数字式仪表读取数据时，所有显示数字都是有效数字，其中的最后一位是存疑数字。

总之，所有实验者都应遵从有效数字的规则来记录和表达测量数据，即使在没有给出不确定度时，根据有效数字也能判断误差至少在最后一位。

2. 科学计数法

用天平称某物的质量为 60.40 g，得到 4 位有效数字，如以 kg 为单位，则应表示为 0.060 40 kg，仍有 4 位有效数字，表示小数点位置的“0”不算有效数字。若用 mg 为单位，写成 60 400 mg，就出现问题了，原来数据 60.40 g，误差在10^{-2}g 位上，当写成 60 400 mg 时，表明有误差的数是10^{-3}g 位上，数据的准确度变了。显然，数据不能因为单位换算而改变其原有的准确程度，为避免这个问题，应该使用科学计数法，即把数据写成小数点前只有一位，而且为非零数，再乘 10 的幂次来表示。例如，上述质量数据写成6.040×10^{4}mg 或6.040×10^{-2}kg。这种计数法既表达了有效数字的位数，又表达了数字的大小。所以在实验数据的书写中，应该采用科学计数法。

3. 有效数字的运算法则

在进行有效数字计算时，参加运算的分量可能很多。各分量数值的大小及有效数字的位数也不相同，而且在运算过程中，有效数字的位数会越乘越多，除不尽时有效数字的位数也无止境。即便是使用计算器，也会遇到中间数的取位问题以及如何更简洁的问题。测量结果的有效数字，只能允许保留一位欠准确数字，直接测量是如此，间接测量的计算结果也是如此。根据这一原则，为了达到：不因计算而引进误差，影响结果；尽量简洁，不作徒劳的运算。简化有效数字的运算，约定下列规则：

（1）有效数字的四则运算法则。

① 加法或减法运算：参与运算的各数中，以最后一位在位数上最高的数为准，计算结果的小数点与它取齐

$$478.\underline{2}+3.46\underline{2}=481.\underline{662}=481.\underline{7}$$

$$49.2\underline{7}-3.\underline{4}=45.\underline{87}=45.\underline{9}$$

② 乘法和除法运算：用有效数字进行乘法或除法运算时，乘积或商的结果的有效数字的位数与参与运算的各个量中有效数字的位数最少者相同。

$$834.\underline{5}\times 23.\underline{9}=199\underline{44}.\underline{55}=1.9\underline{9}\times 10^{4}$$

$$2569.\underline{4}\div 19.\underline{5}=13\underline{1}.\underline{7641}\cdots=13\underline{2}$$

③ 四则混合运算：在四则混合运算中，加减法按加减法规则处理，乘除法按乘除法规则处理。

例如，求 $x=\dfrac{200\times(160-130.03)}{12.60-12.0}=?$

解：$x=\dfrac{200\times(160-130.03)}{12.60-12.0}=\dfrac{200\times 30}{0.6}=1\times 10^{4}$

两个数相减时，有效位数可能减小，尤其是两个数相近时更加突出，在测量和计算中应尽量避免这种情况。

（2）有效数字的乘方和开方的运算法则。

乘方和开方运算结果的有效数字位数与它们的低的有效数字位数相同，如 $100^2=1.00\times 10^2$，$\sqrt{100}=10.0$ 等。

（3）有效数字的函数运算法则。

① 三角函数：通常三角函数运算结果的有效数字位数由角度的有效数字位数决定。一般当角度精确至 $1'$ 时，三角函数可以取 5 位有效数字；当角度精确至 $1''$ 时，三角函数可以取 6 位有效数字；当角度精确至 $0.1''$ 时，三角函数可以取 7 位有效数字；当角度精确至 $0.01''$ 时，三角函数可以取 8 位有效数字。

② 指数函数：指数函数运算结果的有效数字位数与该指数小数点后的位数相同（包括小数点后的零），如 $10^{2.25}=1.8\times 10^2$；$e^{0.0032}=1.003$。

③ 对数函数：x 的常用对数函数为 $\lg x$，其运算结果的有效数字位数确定的方法是：其小数点后数值（尾数）的位数与 x（真数）的有效数字位数相同，例如 $\lg 2.893=0.4613$；x 的自然对数 $\ln x$ 运算结果的有效数字位数与 x（真数）的有效数字位数相同，例如 $\ln 2.893=1.062$。

（4）自然数与常量。

运算公式中的常数（如 π，g，e 等）和系数（如纯数 2），可以认为其有效数字位数是无限多的。在运算过程中，它们所取的有效数字位数不能少于参与运算的所有数据中有效数字位数最少的数据的有效数字位数，一般应多取一位或相同。例如，利用公式 $L=2\pi r$ 求圆周长，当半径的测量结果 $r=2.35\times 10^{-2}\,\mathrm{m}$ 时，π 应取 3.142 或 3.14；当 $r=2.353\times 10^{-2}\,\mathrm{m}$ 时，π 应取 3.141 6 或 3.142。

2.4.2 实验数据处理的基本方法

物理实验中测量得到的许多数据需要处理后才能表示测量的最终结果。用简明而严格的方法把实验数据所代表的事物内在规律性提炼出来就是数据处理。数据处理是指从获得数据起到得出结果为止的加工过程。下面主要介绍列表法、图示法、最小二乘法、用 Excel 拟合曲线和逐差法。

1. 列表法

对一个物理量进行多次测量，或者测量几个量之间的函数关系，往往借助于列表法记录实验数据，将数据中的自变量、因变量的各个数值一一对应排列出来，这样易于检查数据和发现问题以及避免差错，同时也有助于反映出物理量之间的对应关系。设计记录表格要求如下：

（1）用直尺划线制表，力求工整。

（2）列表中各栏中的物理量都要用符号标明，并写出数据所代表物理量的单位，单位写在符号标题栏，不要重复记在各个数值上。

（3）列表的形式不限，根据具体情况，决定列出哪些项目。有些个别与其他项目联系不大的数可以不列入表内。列入表中的除原始数据外，计算过程中的一些中间结果和最后结果也可以列入表中。

（4）表格记录的测量值和测量偏差，应正确反映所用仪器的精度，即正确反映测量结果的有效数字。一般记录表格还有序号和名称。

【例 2.4.2】 在伏安法测量电阻的实验中，将 6 次测量数据填入表 2.4.1，并计算电阻。以 U ，I 和 R 分别表示电压、电流和电阻。

表 2.4.1 伏安法测量电阻

U / V	0	2.00	4.00	6.00	8.00	10.00	平均
I / mA	0	3.95	8.00	12.05	15.85	19.80	
R / Ω		506.3	500.0	497.9	504.7	505.0	502.8

注：① 电压表量程 15 V，准确度等级 1.0，内阻 15 kΩ。
② 电流表量程 20 mA，准确度等级 1.0，内阻 1.20 Ω。

【例 2.4.3】 在测量圆柱体积实验中，将 8 次测量数据填入表 2.4.2 并计算平均值和 u_A。以 H 和 D 分别表示圆柱高和圆柱横截面直径，n 为测量次数。

表 2.4.2 测量圆柱体积

n	1	2	3	4	5	6	7	8	平均	u_A
H / mm	40.02	40.00	39.98	40.04	40.02	40.04	39.96	40.08	40.018	0.013
D / mm	35.00	35.02	35.00	34.96	34.98	35.00	35.04	35.02	35.003	0.009

注：游标卡尺量程 125 mm，误差限 0.02 mm。

2. 图示法

在研究两个物理量之间的关系时，把测得的一系列相互对应的数据及其变化的情况用曲线表示出来，这就是图示法。

改变一个单摆摆长 l ，测得相应的周期 T ，在直角坐标系上，描出一系列 (l,T^2) 点（见图

2.4.2)。如果拟合得到的是一条直线，则说明 T^2 与 l 存在线性关系；如果该直线通过原点，而且斜率等于 $4\pi^2/g$，则验证了关系式 $g=4\pi^2 l/T^2$。由此可见，图示法不仅仅是一种数据处理方法，也可以是一种实验方法。

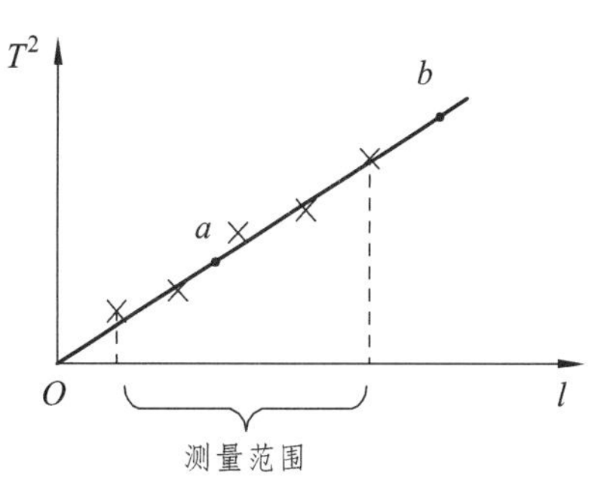

图 2.4.2　单摆周期与摆长的关系

曲线以最醒目的方式表达物理量间的关系。尽管每个数据点都包含测量误差，但通过作曲线对各数据点可起到一定的平均作用，从而减小误差。从曲线可以简便求出实验需要的某些结果，如直线的斜率和截距等；从直线或直线方程可读出或计算出未测点（如 a 点）对应的 T^2 值（称内插法），或可从曲线的延伸部分读到测量范围外的点（如 b 点）对应的 T^2 值（此法称外推法，使用前需确定在有关范围内线性关系存在）。此外，还可通过一定的变换，把某些复杂的函数关系用直线表示出来，例如，半导体热敏电阻的电阻与温度关系为 $R=R_0 e^{E/kT}$，其中 T 为温度，R_0，E，k 均为常数，取对数后得到 $\ln R=\frac{E}{kT}+\ln R_0$，若以 $\ln R$ 为纵坐标，$1/T$ 为横坐标作图，则为一条直线，由直线可以求得式中的某些常数。

作图要求：

（1）必须用坐标纸。当决定了作图的参量以后，根据函数关系选用直角坐标纸，单对数坐标纸，双对数坐标纸，极坐标纸等，本书主要采用直角坐标纸。

（2）标明坐标轴。对直角坐标系，以横轴代表自变量，纵轴代表因变量，采用粗实线描出坐标轴，并用箭头表示出方向，注明所示物理量的名称，单位。

（3）确定坐标分度。坐标分度原则上要使图上数据点读数的有效数字位数与实验数据的有效数字位数相同，即坐标纸上的最小分格与实验数据可靠数字的最后一位相对应。两轴的交点不一定从零开始，一般取比最小的实验数据小一些的整数开始标值。要尽量使曲线占据图纸的大部分。对每个坐标轴，在相隔一定距离处用数字注明分度（见图 2.4.3）。

（4）描点和连线。数据点用“×”“△”等醒目符号表示，不可消失在曲线上。作曲线时要全面观察数据点的变化趋势，使数据点均匀地分布于所画曲线的两侧。曲线要光滑，一般不应是折线。对个别偏离过大的点，如果判断为粗大误差应舍去。

（5）写图名。作完图后，在图纸下方或空白的明显位置处，写上图的名称。

（6）最后将图纸贴在实验报告的适当位置，便于教师批阅实验报告。

【例 2.4.4】　一根金属丝的长度 l 与温度 t 的关系可表示为 $l=l_0(1+at)$，式中 l_0 为 0 °C 时金属丝的长度，a 为金属材料的线膨胀系数。实验获得的数据列于表 2.4.3 中，用图示法求 l_0 与 a 的值。

表 2.4.3　金属丝的长度与温度的关系

t/°C	15.0	20.0	25.0	30.0	35.0	40.0	45.0	50.0
l/cm	28.05	28.52	29.10	29.56	30.10	30.57	31.00	31.62

解：由表 2.4.3 可知，温度变化范围为 $50-15=35$ °C，长度变化范围小于 4cm，选 50×40 mm 小格的坐标纸；取自变量 t 为横坐标，起点为 10 °C，每一小格代表 1 °C；因变量 l 为

纵坐标，起点为 28.00 cm，每一小格代表 0.1 cm。根据测量数据值在坐标图上描点，然后拟合成直线，如图 2.4.3 所示。

在直线上取两点 (19.0,28.40) 和 (43.0,30.90)，则

$$l_0a=\frac{l_2-l_1}{t_2-t_1}=\frac{30.90-28.40}{43.0-19.0}=0.104\ (\text{cm/°C})$$

$$l_0=l_1-l_0at=\frac{t_2l_1-t_1l_2}{t_2-t_1}=\frac{43.0\times28.40-19.0\times30.90}{43.0-19.0}=26.40\ (\text{cm})$$

$$a=\frac{l_0a}{l_0}=\frac{0.104}{26.40}=3.94\times10^{-3}\ (°\text{C}^{-1})$$

故有 $l=0.104t+26.40$

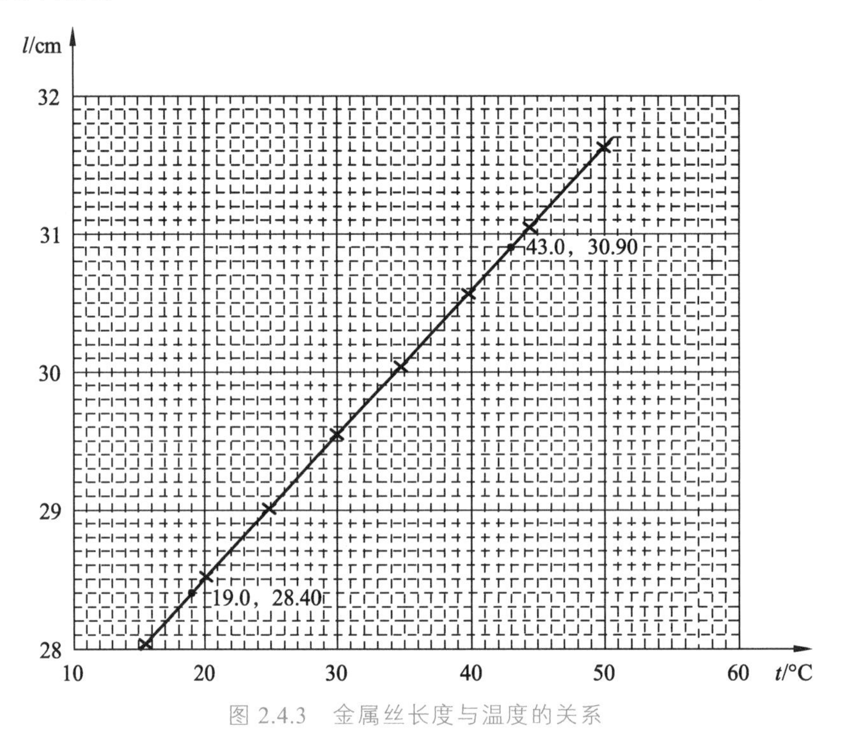

图 2.4.3　金属丝长度与温度的关系

3. 最小二乘法

将实验结果画成图线，可以形象的表示出物理规律，但图线的表示往往不如用函数表示那样明确和定量化。另外，用图示法处理数据，由于绘制图线有一定的主观性，同一组数据用图示法可能得出不同的结果。因此，为了克服这些缺点，在数理统计中研究了直线的拟合问题，常用最小二乘法来确定一条最佳直线的方法。从而准确的求得两个物理量之间的线性函数关系。由实验的数据求经验方程，这称为方程的回归。方程的回归首先要确定函数的形式，一般要根据理论的推断或从实验数据变化的趋势而推测出来，如果推断出物理量 y 和 x 之间的关系是线性关系，则函数的形式可写为 $y=B_0+B_1x$，这里只做简要介绍。

最小二乘法的原理：对相同条件下测得的数据点，若存在一条最佳的拟合曲线，那么各

数据点与这条曲线上对应点之差的平方和应取极小。例如，在图 2.4.4 中，a、b、c、d 各段应满足下式：

$$a^2+b^2+c^2+d^2=\min$$

如果实验数据点符合直线变化规律，曲线拟合就简化为直线拟合。下面以直线拟合为例，介绍最小二乘法。

假定待求直线的函数形式是 $y=a+bx$，其中 a 和 b 是待定量。又设实验测得的数据是 x_1，x_2，…，x_n，y_1，y_2，…，y_n，其中 x_1，x_2，…，x_n 测量误差很小，线性函数 y 的最佳估值是 $y_1'=a+bx_1$，$y_2'=a+bx_2$，…，$y_n'=a+bx_n$。根据最小二乘法原理，有

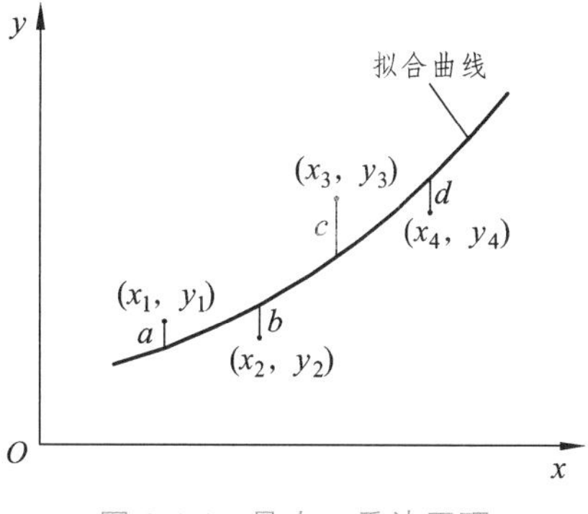

图 2.4.4　最小二乘法原理

$$\sum_{i=1}^{n}(y_i-y_i')^2=\min$$

即

$$\sum_{i=1}^{n}[y_i-(a+bx_i)]^2=\min$$

上式成立的必要条件是

$$\frac{\partial}{\partial a}\sum_{i=1}^{n}[y_i-(a+bx_i)]^2=0$$

$$\frac{\partial}{\partial b}\sum_{i=1}^{n}[y_i-(a+bx_i)]^2=0$$

因此有

$$\frac{\partial}{\partial a}\sum_{i=1}^{n}[y_i-(a+bx_i)]^2=\sum_{i=1}^{n}2[y_i-(a+bx_i)](-1)=0$$

$$\frac{\partial}{\partial b}\sum_{i=1}^{n}[y_i-(a+bx_i)]^2=\sum_{i=1}^{n}2[y_i-(a+bx_i)](-x_i)=0$$

整理后得到

$$na+b\sum_{i=1}^{n}x_i=\sum_{i=1}^{n}y_i$$

$$a\sum_{i=1}^{n}x_i+b\sum_{i=1}^{n}x_i^2=\sum_{i=1}^{n}x_iy_i$$

两式联立求解，得

$$a=\frac{\sum_{i=1}^{n}x_iy_i\sum_{i=1}^{n}x_i-\sum_{i=1}^{n}y_i\sum_{i=1}^{n}x_i^2}{\left(\sum_{i=1}^{n}x_i\right)^2-n\sum_{i=1}^{n}x_i^2} \tag{2.4.1}$$

$$b=\frac{\sum_{i=1}^{n}x_i\sum_{i=1}^{n}y_i-n\sum_{i=1}^{n}x_iy_i}{\left(\sum_{i=1}^{n}x_i\right)^2-n\sum_{i=1}^{n}x_i^2} \tag{2.4.2}$$

事实上，任何一组测量值（x_1，x_2，⋯，x_n，y_1，y_2，⋯，y_n）都可以通过式（2.4.1）、（2.4.2）计算得到参数 a 和 b，但由此得出的直线 $y=a+bx$ 并非都能“拟合”这一组测量数据。也就是说，两物理量 x, y 之间未必有线性关系。因此，通过最小二乘法得到的函数关系的可信程度是需要验证的。本书中的实验涉及拟合曲线问题时，都是事先已知物理量满足线性关系，所以拟合出的关系式无需检验。

一般计算机软件（如 Excel）拟合出的曲线或方程，是利用最小二乘法，即式（2.4.1）、（2.4.2）计算得到的。

4. 用 Excel 拟合曲线

测量数据的拟合可以用一些计算机软件完成。以下简要介绍用 Excel 如何进行拟合。

先以表格形式向 Excel 输入测量数据，然后选择：“插入”→“图表”→“XY 散点图”→“平滑线散点图”→“系列”→“添加”，输入 X，Y 值→“下一步”，输入作图要素（图名，物理量名称等）→“下一步”→“完成”，得到数据点图，右击某数据点，选择“添加趋势线”→在“选项”里选中“显示公式”→在“类型”里选“线性拟合”→“确定”，即得到拟合直线与直线方程。

注意：在得到数据点图后，如果这些数据点不遵从任何趋势线类型（线性、对数等），一般不宜选“平滑散点图”，因为该曲线必过每个数据点，这与作图要求相悖。因此，这时需要手工拟合曲线。

5. 逐差法

逐差法也是一种曲线拟合法。当两物理量呈线性关系时，常用逐差法来计算平均值。逐差法能充分地利用测量数据，更好地发挥了多次测量取平均值的效果。

设函数 $y=f(x)$，当自变量 x 等间隔变化时，测得一组数据为 y_1，y_2，⋯，y_n，按平均值的定义，y 增量的平均值为

$$\overline{\Delta y}=\frac{(y_2-y_1)+(y_3-y_2)+\cdots+(y_n-y_{n-1})}{n-1}=\frac{y_n-y_1}{n-1}$$

可见，中间的数据一对对抵消了，只用到了两端的两个数据，多组测量失去了意义，有用信息未得到充分利用。这样处理，$\overline{\Delta y}$ 的误差较大。

设 n 为偶数，把数据分成两组

$$y_1，y_2，\cdots，y_{n/2}；\ y_{n/2+1}，y_{n/2+2}，\cdots，y_n$$

用后一组的测量值和前一组对应测量值相减，即隔 $n/2$ 项逐个求差，

$$\underbrace{y_{n/2+1}-y_1, y_{n/2+2}-y_2, \cdots, y_n-y_{n/2}}_{n/2\text{项}}$$

取各差的平均值

$$\overline{\Delta y}' = \frac{1}{n/2}\sum_{i=1}^{n/2}(y_{n/2+i}-y_i)$$

得函数 y 增量的平均值

$$\overline{\Delta y} = \frac{1}{n/2}\overline{\Delta y}' = \frac{1}{(n/2)^2}\sum_{i=1}^{n/2}(y_{n/2+i}-y_i) \tag{2.4.3}$$

【例 2.4.5】 有一原长为 59.7 mm 的弹簧，逐次在下端加挂砝码，实验获得的数据列于表 2.4.4 中，求出每加一块砝码弹簧的平均伸长量 $\overline{\Delta y}$ 。

表 2.4.4 弹簧伸长量与所挂砝码质量的关系

n	1	2	3	4	5	6
m / mg	0	200	400	600	800	1 000
l / mm	59.7	74.0	88.3	102.4	116.4	129.4

$n=6$，由式（2.4.3）得

$$\overline{\Delta y} = \frac{1}{(n/2)^2}\sum_{i=1}^{n/2}(y_{n/2+i}-y_i) = \frac{1}{9}\times[(y_4-y_1)+(y_5-y_2)+(y_6-y_3)]$$

$$=\frac{1}{9}\times[(102.4-59.7)+(116.4-74.0)+(129.4-88.3)]$$

$$=14.0\ (\text{mm})$$

注意：逐差法求平均值适用于自变量 x 是等间距变化的情况，并且数据为偶数个，如果不是偶数个，可舍去一个头或尾数据。

习　题

1. 指出下列各数有几位有效数字。

（1）0.002　　（2）1.002　　（3）2.000

（4）981.120　　（5）400　　（6） 25×10^4

（7）0.001 360　　（8） 1.6×10^{-3}　　（9） π

2. 长度 $L=3.58$ mm，试用 cm、m、km、μm 为单位表示该结果。

3. 试用有效数字运算规则计算下列各式。

（1）$57.34-3.574$　　（2）$6.245+101$

（3）$403+1.56\times10^{-3}$　　（4）$4.06\times10^{-3}-175$

（5）$3\,572\times\pi$　　（6）4.143×0.150

（7）$36\times10^{3}\times0.175$　　（8）$2.6^{2}\times5\,326$

（9）$24.3\div0.1$　　（10）$\dfrac{8.0421}{6.038-6.034}$

4. 确定下列结果的有效数字的位数

（1）$\sin30°10'$　　（2）$\cos48°6'$

（3）$\sqrt[3]{278}$　　（4）$318^{0.6}$

（5）$\lg1.984$　　（6）$\ln4\,562$

5. 以下是一组测量数据，单位为mm，请计算算术平均值与平均值的标准偏差。

12.314，12.321，12.317，12.330，12.309，12.328，12.331，12.320，12.318

6. 用精密天平秤一物体的质量m，10次称量结果分别为：3.612 7 g，3.612 5 g，3.612 2 g，3.612 1 g，3.612 0 g，3.612 6 g，3.612 5 g，3.612 3 g，3.612 4 g，3.612 4 g。若$\varDelta_{仪}=0.1$ mg，试计算不确定度，并写出最后结果。

7. 改正下列结果表达式。

（1）$l=3.586\pm0.10$（mm）

（2）$P=31\,690\pm200$（kg）

（3）$d=10.43\pm0.13$（mm）

（4）$t=18.547\pm0.312$（s）

（5）$R=637\,100\,0\pm2\,000$（km）

8. 已知函数关系$\rho=\dfrac{4M}{\pi D^{2}H}$，试计算$\bar{\rho}$和不确定度，并写出最后结果表达式。其中$M=236.124\pm0.002$（g），$D=2.345\pm0.005$（cm），$H=8.22\pm0.01$（cm）。

拓展阅读

勤奋、创新、奉献——做现代误差理论与应用研究的开拓者

高水平、高精度测试技术研究，除了必要的高精度器件研究外，更重要的是结合具体仪器结构的误差理论及应用研究。误差理论及应用技术是测试技术及仪器学科领域特有的理论与技术，它在本学科的重要性已被学术界所共识，任何测试技术及仪器的研究，始终离不开误差理论的指导。

在我国，从事计量测试技术及仪器专业的青年科学家、长江学者，多是读着费业泰教授的书迈进了精密仪器科学的殿堂。费教授提出的现代误差理论及技术，已为我国有关学者研究误差理论提供了重要依据，而费教授则被业内誉为现代误差理论的杰出开拓者。

合肥工业大学的费业泰教授是博士生导师、校务委员会委员、国内精密仪器学界知名专家、仪器仪表学科带头人、现代误差理论及应用技术的倡导者与杰出贡献者。主要研究方向：现代测试技术及仪器；测量误差与仪器精度理论及应用。先后出版了9本著作，其中《误差

理论与数据处理》一书，被列为国家重点教材。

目前现代误差理论急待解决的问题是什么？

1996年，在费业泰主持的“全国现代误差与精度理论及其应用”高级研讨班上，参加的著名学者专题讨论了误差理论的产生及其发展，首次提出经典误差理论与现代误差理论两个概念，并分析了它们的不同特点及其基本问题。

误差理论及应用研究，已经有200多年历史，它是伴随着生产与科技而并行发展，总体进程可分为经典误差理论和现代误差理论两个阶段。经典误差理论是以统计学原理为基础，以静态测量误差与服从正态分布为主的随机误差评定与数据处理的理论为特征。而现代误差理论则是静态测量误差与动态测量误差于一体，随机误差与系统误差于一体，测量结果数据处理与测量方法及仪器于一体,以及多种不同误差分布于一体的误差分析、建模、合成、评定与数据处理的理论，使误差理论适应了现代测试技术发展之需要。

基于现代误差理论的内容，目前急需解决的主要问题应是：全面分析研究现代测试技术常见误差源的性质及误差分布规律，为测量不确定度的科学评定提供重要依据；进一步推进测量不确定度的普遍合理应用，研究现代测试技术中面向对象的测量不确定度评定，提供实际测量时的有益依据；更广泛研究误差分离与修正技术的应用，特别是研究多误差源复杂测量系统的误差分离与修正原理及技术；深入研究动态测量系统的误差理论，主要包括动态测量的不确定度评定、动态误差建模及误差分离与修正等，这是具有较大难度的亟待解决的问题，力求能尽早改变目前存在的以静代动现象，以适应现代工程测量中愈来愈多的动态测量技术。

由于误差理论在现代科学实验和工程技术中愈来愈显示出重要作用，1978年在高校精密仪器专业委员会召开的教学研讨会上，费教授提出在精密仪器专业课程设置中增设《误差理论与数据处理》这门新课，得到大家的赞同，这也是我国高等学校首次开设本课程。现在时隔30余年，全国高等学校开设误差理论课程的专业及编写出版相关教科书已成普遍，可见误差理论与数据处理知识的重要作用已被广为认同。

不确定度是现代误差理论的重要内容，自20世纪90年代在我国宣贯后，已成为定量描述测量结果质量的重要指标，在进行不确定度分析和评定时应注意哪些问题呢？

不确定度原理在国际上研究应用已近30年,我国自20世纪90年代宣贯以来也取得重要进展，并制定了有关标准，实际工作中已得到普遍应用，费教授在高校教材《误差理论与数据处理》第4版修订时专门增加测量不确定度一个章节。目前在测试工作中，特别是计量工作中已普遍用不确定度来评定测量结果，极少见有人仍用极限误差来评定测量结果。但是在应用中仍存在一些问题与不合理现象，或者仅是简单地在形式套用不确定度标准规范，甚至还有人将测量仪器过去给出的极限误差换成扩展不确定度，仅是改变名词。要达到科学合理地应用不确定度原理之目的，需要注意的问题费教授认为主要有几个方面：首先是全面正确地分析测量仪器及测量过程中的误差源；充分了解各误差源所产生误差的性质，给出它对测量结果影响的定量描述，其中包括需要确定各误差是独立的直接作用项还是存在误差传递函数，这些是正确应用不确定度原理必须具备的基础。要知道用不确定度评定测量结果，误差理论则是不确定度正确应用的重要基础和依据。在费教授主持的高级研讨班上，对误差与不确定度的关系进行了充分的讨论并取得共识。如果不具备误差理论知识，难以正确应用不确定度原理；其次是正确确定基于误差分析结果给出的两类不确定度分量，在此需要注意原始误差特性及分布，进行不确定度合成时需要考虑到容易被忽视的自由度影响，并选取相同的各分量置信概率。在不确定度合成时，B 类不确定度往往是一个难点，它涉及的问题较多，特别是测量实践的具体问题，必须运用误差理论与测试技术知识，对 B 类不确定度分量的有关问题进行合理分析；再者是测试工作中如果已有传感器或仪器作为一个独立因素，必须注意它们的产品是否给出了不确定度，如果是过去的旧式仪器，不能简单地将它给出的极限误差换成不确定度。最后，费教授强调现代测试技术中愈来愈多地采用动态测试，在进行动态测量结果的不确定度评定时，要尽可能地避免以静代动，必要时需进行可能的深入研究分析，虽然目前仍面临许多困难和问题，但应尽可能地给出较为合理的动态不确定度评定。

当今，计量测试的标准量不断从低精度向高精度发展，对高精度标准量如何定量评定，则成为难题，通常是通过更复杂的系统尽量减小与控制其相关误差的影响而得到更高精度的测量结果。早年曾经有一个专业仪器厂召开高精度产品鉴定会，费教授和中国计量科学研究院长度处的杨自本高工参加了鉴定工作，因为仪器产品精度高，当时计量院也没有更高精度的标准量，所以只能选用与产品精度相近的标准量进行对比测试，由于测试组测得的结果判定超差较大，仪器不合格，以致引起厂方与鉴定委员会之间的分歧。费教授经过误差理论分析，提出一种反向对称比对法可消除标准量误差的影响。经专家与厂方讨论一致同意采用这种方法重新进行鉴定测试，最终得到了大家都满意的测试结果，这是误差理论成功应用解决测试技术难题的一个范例。传统的用高精度一维球列鉴定三坐标测量机，其鉴定范围受球列长度所限制，根据误差理论分析，费教授提出了一维球列对称联系组合精度定标法，只需一个尺寸较小的球列及给出一个球间距实际值，即可鉴定较大尺寸的坐标测量系统，而且小尺寸球列其他所有未知球间距皆可同时被准确确定。该测量方法所采用的特殊的误差与数据处理方法，取得的效果明显，还被英国学者撰文时所提及。他们研制的纳米三坐标测量机，不仅采用了结构系统误差较小的“331”原则外，还对测量标准量进行误差修正。该测量机的成功研制，充分显现误差理论及技术的重要作用，由以上多种实例可以看出，任何测试技术及仪器的研究，始终离不开误差理论的指导。他们在进行高水平国家项目的研究工作中，取得的多项具有一定新颖性的成果，其中不少均是误差理论的成功应用。

为了推动全国误差理论及技术应用研究，2001 年，成立了全国误差与不确定度研究会。研究会云集了全国众多著名专家、学者，中国计量科学研究院的钱钟泰和刘智敏研究员多次参加研究会活动。研究会多年的研讨活动，促进了我国相关研究的开展。中国仪器仪表学会成立 30 年的报告中，把误差理论及技术的发展列为 30 多年来仪器仪表学科几项特有的理论及技术进展之一。现在国家有关部门和学者对误差理论及技术的研究越来越重视，未来将会取得更好的进展。

此外，费教授团队进行的误差理论及技术研究工作，多年来能够一直坚持不懈不断深入扩展，不仅因为它的重要性因素，得到校内外有关学者和领导的大力支持、认可与鼓励也是重要因素。在合肥工业大学专门成立了“现代精度工程研究中心”，拥有几百平米面积和近 20 台相关仪器设备的研究实验室，前教育部周济部长、前国家机械工业部包叙定部长、省长和国内外著名院士 40 余位以及多名学者前去参观指导，均对他们的研究工作给予高度评价与支持鼓励。在团队申请高水平国家科研项目时，有关专家也是给予热情支持，绝大多数项目申请均获得专家评审通过立项。同时由于团队的研究成果通过发表学术论文、出版著作、博士硕士研究生学位论文和专利向外公开，得到了社会上良好反响与应用。例如，有的计量科技学者在制订计量器具检定规范时，应用了他们团队提出的精度损失函数理论来科学确定检定周期，更有不少有关单位学者用电话和电子邮件向他们咨询研究工作中遇到的问题，有的还专程来他们校讨论和进行必要的实验，对此他们都给予热情接待和无条件的支持，他们的研究中心实际上已成为对国内开放的实验室。对于难度较大需要较长时间研究实验的问题，他们则采用专题立项的方式来研究解决。这样做不仅体现出他们研究工作的社会价值，同时也是一种鼓励与促进。未来费教授团队将一如既往地支持来自各方面的需求，为解决他们面临的问题做出力所能及的贡献。

30 多年来，费业泰教授培养了 100 多名研究生。除了 14 位现在国外工作外，其余都在国内工作，不少人担任了重要职务，有的还被评为长江学者。不论在学校还是在科研院所，他们都承担了高水平国家级项目的研究任务，创新性强、难度大,研究工作对他们是很好的锻炼。对每一位研究生，费教授要求他们做到“勤奋、求实、谦让”，费教授认为:勤奋是对治学的最基本要求，求实是教学科研成功的基石，而谦让则能够使阻力变为支持，能让他们的事业拥有更大的发展空间。费教授希望他的学生，既要认真努力完成研究任务，又要不断锻炼提高自己的人品，即使是未来参加工作，也要把做好事做好人作为同等重要且不可分的行为准则。同样，费教授殷切期望在测试技术战线上工作的年青科技工作者,都能以创新研究、勤奋工作、虚心做人为自己的准则。测试技术是工程科技的先行者、桥头兵，有很多新技术和具有难点的问题需要我们研究解决，年轻人精力充沛、思维承上，只要坚持创新、不怕困难，一定能取得高水平成果，为我国现代化的测试技术发展做出贡献。

第 3 章

基础性物理实验

长度和固体密度测量

实验 3.1　长度和固体密度测量

长度是基本的物理量之一，测量长度的仪器和量具不仅在生产过程中和科学实验中被广泛使用，而且有关长度测量的方法、原理和技术，在他物理量的测量中也具有普遍意义。因为许多其他物理量的测量，最终都是转化为长度（刻度）（如温度计、压力表以及各种指针式电表的示值）而进行读数的。

实验室常用的测量长度的仪器有米尺、游标卡尺、螺旋测微器和读数显微镜等。本实验我们练习如何正确使用游标卡尺和千分尺。

实验目的

（1）熟练掌握游标卡尺、螺旋测微器（千分尺）的原理和使用方法。

（2）学习物理天平的使用方法和规则固体密度的测量方法。

（3）练习有效数字和不确定度的计算。

实验仪器

游标卡尺、螺旋测微器（千分尺）、物理天平、圆柱体。

实验原理

1. 游标卡尺

（1）游标卡尺的构造。游标卡尺是一种较精密量具，有不同的规格，一般按分度值的大小来区分，大致有 0.1 mm、0.05 mm、0.02 mm 等。用它可以测量物体的长、宽、高、深及工件的内、外直径等。常用的一种游标卡尺的结构如图 3.1.1 所示。它主要由主尺 D 和副尺 E 两部分构成，主尺和副尺上有测量钳口 AB 和 A′B′（钳口 A′B′ 用来测量物体内径），尾尺 C 在背面与副尺相连，移动副尺时尾尺也随之移动，可用来测量孔径深度，F 为锁紧螺钉，旋紧它，副尺就与主尺固定了。

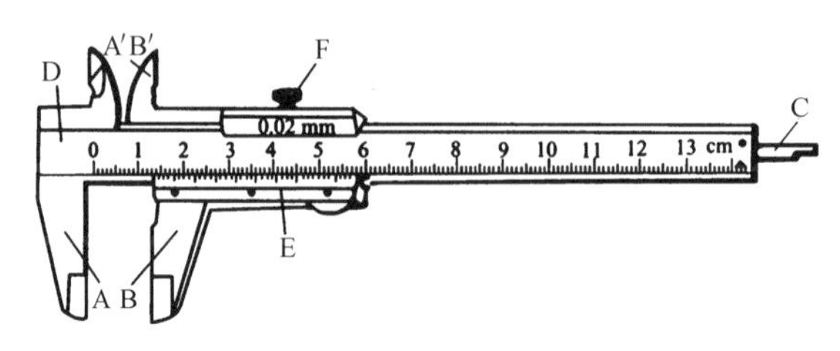

图 3.1.1　游标卡尺构造图

（2）分度原理。如果用 y 表示主尺上的最小分度值，用 N 表示游标刻度尺上的总格数，而游标刻度尺上 N 分格的总长度与主刻度尺上的 $(N-1)$ 分格的总长度相等。设游标刻度尺上每个等分格的长度为 x，则有

$$Nx=(N-1)y$$

主刻度尺与游标刻度尺上每个分格之差 $y-x=\frac{1}{N}y$，即为游标卡尺的最小读数值（也称最小分度值或精度），这就是游标分度原理。

不同型号和规格的游标卡尺，其游标的长度和分度数可以不同，但其游标的基本原理均相同。主尺上的最小分度是毫米，若 $N=10$，即游标刻度尺上 10 个等分格的总长度和主刻度尺上的 9 mm 相等，每个游标分度是 0.9 mm，主刻度尺与游标刻度尺每个分度之差 $\Delta x=1-0.9=0.1\ \text{mm}$，称作 10 分度游标卡尺；同理，若 $N=20$，游标卡尺的最小分度值为 $\frac{1}{20}=0.05\ \text{mm}$，称作 20 分度游标卡尺；若 $N=50$，游标卡尺的最小分度值为 $\frac{1}{50}=0.02\ \text{mm}$，此值正是测量时能读到的最小读数（也是仪器的示值误差），称作 50 分度游标卡尺。本实验室采用的是 50 分度的游标卡尺，如图 3.1.2 所示。

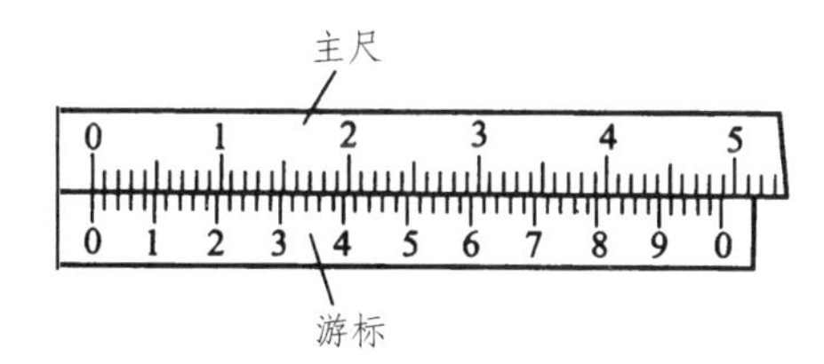

图 3.1.2　主尺与游标尺

（3）读数原理。游标卡尺的读数表示的是主刻度尺的 0 刻度线与游标刻度尺的 0 线之间的距离。读数可分为两步，首先，在主尺上与游标“0”线对齐的位置读出整数部分（毫米位）L_1；其次，在游标上读出不足 1 mm 的小数部分 L_2，二者相加 $L=L_1+L_2$ 就是测量值，其中 $L_2=k\frac{1}{N}$，k 为游标上与主尺某刻线对得最准的那条刻线的序数。

例：如图 3.1.3 所示的游标尺读数为

$$L_1=0,\quad L_2=k\frac{1}{N}=12\times\frac{1}{50}=0.24\ \text{mm}$$

所以 $L=L_1+L_2=0.24\ \text{mm}$。

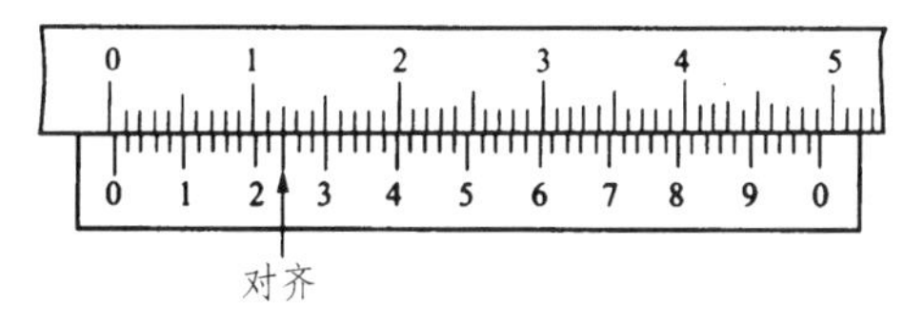

图 3.1.3　50 分度游标卡尺

2. 螺旋测微器

（1）螺旋测微器的结构。螺旋测微器（千分尺）是螺旋测微量具中的一种，是一种较游标卡尺更精密的量具，常用来测量线度小且准确度要求较高的物体的长度。实验室常用的一种螺旋测微器的构造如图 3.1.4 所示。该量具的核心部分主要由测微螺杆和螺母套管所组成，是利用螺旋推进原理而设计的。

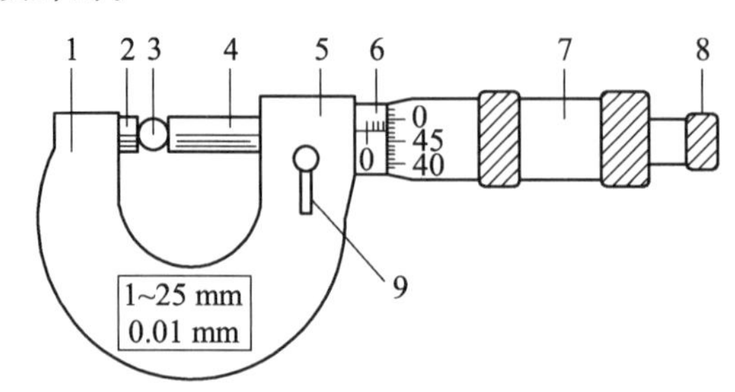

1—尺架；2—固定测砧；3—待测物体；4—测微螺杆；5—螺母套管；
6—固定套管；7—微分筒；8—棘轮；9—锁紧旋钮。

图 3.1.4　螺旋测微器构造图

（2）螺旋测微器的测微原理。测微螺杆的后端连着圆周上刻有 N 分格的微分筒，测微螺杆可随微分筒的转动而进、退。螺母套管的螺距一般为 0.5 mm，当微分筒相对于螺母套管转一周时，测微螺杆就沿轴线方向前进或后退 0.5 mm，当微分筒转过一小格时，测微螺杆则相应地移动 $\frac{0.5}{N}$ mm 的距离。可见，测量时沿轴线的微小长度均能在微分筒圆周上准确地反映出来。如 $N=50$，则能准确读到 $0.5/50=0.01$ mm，再估读一位，则可读到 0.001 mm，这正是称螺旋测微器为千分尺的缘故。实验室常用的千分尺的示值误差取为 0.004 mm。

（3）读数。读数可分为两步，首先，在螺母套管的标尺上读出 0.5 mm 以上的读数。其次，再由微分筒圆周上与螺母套管横线对齐的位置上读出不足 0.5 mm 的数值，再估读一位，则几者之和即为待测物体的长度。如图 3.1.5 所示：

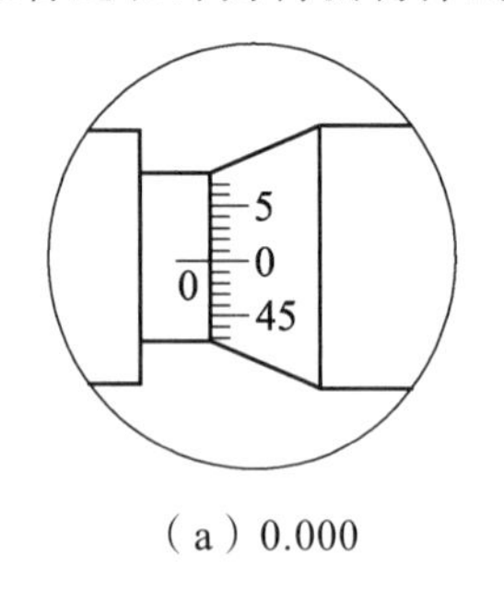

（a）0.000

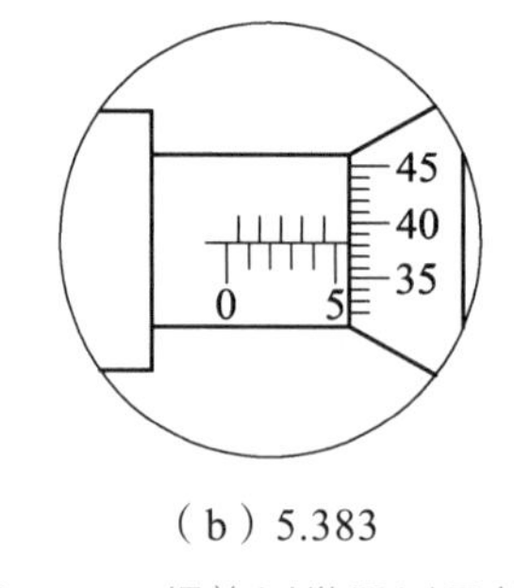

（b）5.383

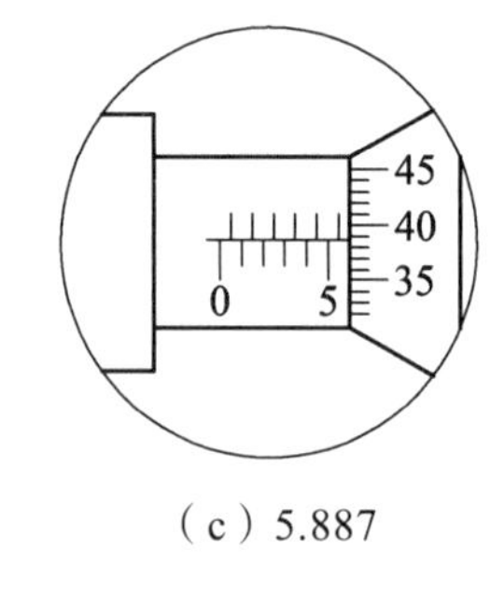

（c）5.887

图 3.1.5　螺旋测微器测量长度

（a）$L=0.000$；

（b）$L=5+38.3\times0.01=5.383$ mm；

（c）$L=5.5+38.7\times0.01=5.887$ mm。

（4）零误差 δ_0（也称零点读数）。测量前，应进行“零”点核准，即零点修正。不夹被测物而使测杆与砧台相接时，微分筒上的零刻线应当刚好和固定套管上的横线对齐。实际使用的螺旋测微器，由于调整得不充分或使用不当，其初始状态多少与上述要求不符，即有一个不等于零的零点读数，如图 3.1.6 所示，一定要注意零点读数的符号不同。测量之后，要从测得值的平均值中减去零点读数，即 $d = \bar{d} - \delta_0$（测量值=平均值–零误差）。

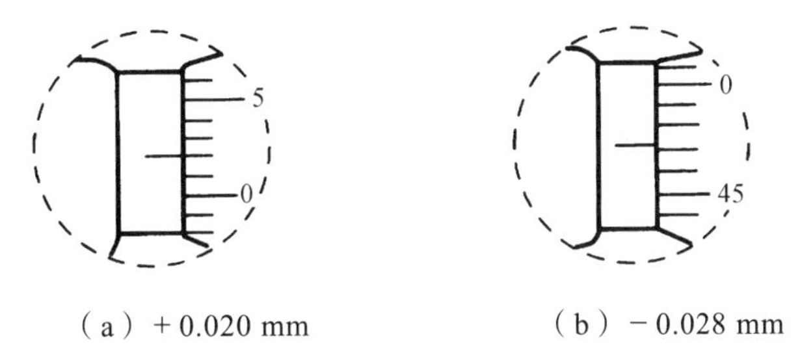

（a）+ 0.020 mm （b）− 0.028 mm

图 3.1.6 零点读数

3. 物理天平

物理天平是实验室中的常用仪器，其结构如图 3.1.7 所示。在横梁 BB′的中点和两端共有 3 个刀口，中间刀口安置在支柱 H 顶端的玛刀垫上，作为横梁的支点。在两端的刀口上悬挂 2 个秤盘 P 和 P′。每架天平都配有一套砝码，实验室常用的物理天平最大称量为 500 g，1 g 以下的砝码太小，用起来很不方便，所以在横梁上附有可以移动的游码 D，横梁上每个分格为 20 mg，游码在横梁上向右移动一个分格，就相当于在右盘中加一个 20 mg 的砝码。横梁下部装有读数指针 J，支柱 H 上装有标尺 S，根据指针在标尺上的示数来判定天平是否平衡。托架 Q 是为了用流体静力称衡法时放置盛水的烧杯而设置的。

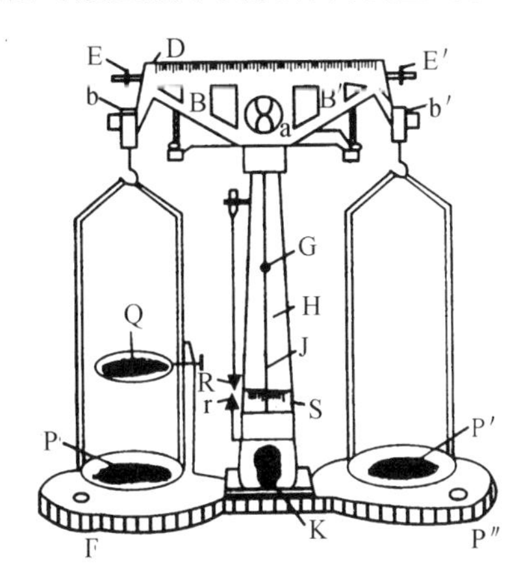

图 3.1.7 物理天平的构造

描述天平性能常用最大称量和感量，图 3.1.7 所示的天平最大称量为 500 g。感量则是指天平的指针 J 从标尺 S 上零点平衡位置偏转一个最小分格时，天平所需增加的砝码质量，一般与横梁上标尺的最小分度所对应的质量相对应，如上述天平最小分度值为 20 mg，则天平的感量为 20 mg，天平的灵敏度是感量的倒数，即天平平衡时，在砝码盘中加单位质量后指针 J 所偏转的格数。

实验室常用的物理天平还有称量 1 000 g、分度值为 50 mg，称量 1 000 g、分度值为 100 mg 两种。

（1）物理天平的操作步骤。

① 调节支柱垂直。通过调节底座螺丝，观察天平底座上的水准泡是否居中。

② 调整零点。把游码 D 拨到刻度“0”处，将称盘吊钩挂在两端刀口上，向右旋转止动旋钮 K 支起天平横梁，观察指针 J 的摆动情况，当指针 J 在标尺 S 的中线上左右进行等幅摆动时，天平即达到平衡，否则可调节平衡螺母 E 及 E′ 使天平平衡。

③ 称衡。将待测物体放在左盘，砝码放在右盘，向右旋转止动旋钮 K 支起天平横梁，观察指针 J 的摆动情况，当指针 J 在标尺 S 的中线上左右进行等幅摆动时，天平即达到平衡，此时物体的质量等于砝码的质量；如果不平衡，则适当增减砝码或拨动游码使天平达到平衡。

④ 称衡完毕。向左旋转止动旋钮 K，放下横梁；全部称衡完毕后将秤盘摘离刀口。

（2）天平复称。

如果天平横梁的二刀口不等臂，称量时会造成系统误差，可用交换被测物体与砝码的复称法

求得物体的质量 $m=\sqrt{m_1 m_2}$。

4. 圆柱体密度

如图 3.1.8 所示，设圆柱体上下底面半径为 R，高为 H，直径为 D，则圆柱体密度为

$$\rho=\frac{M}{V}=\frac{M}{\pi R^2 H}=\frac{M}{\pi\left(\frac{D}{2}\right)^2 H}=\frac{4M}{\pi D^2 H}$$

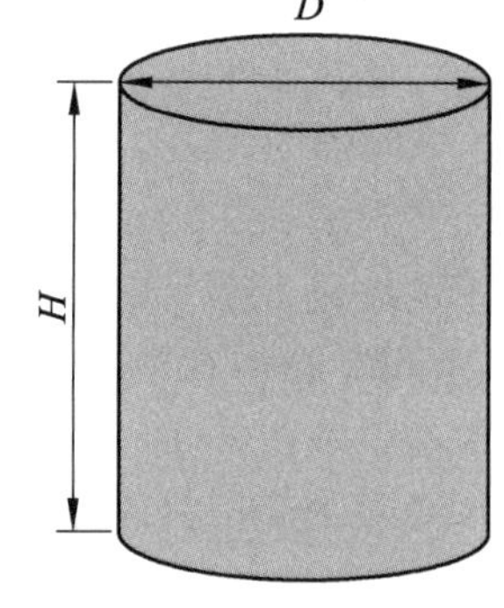

图 3.1.8 圆柱体

实验内容和步骤

（1）熟悉游标卡尺、螺旋测微器（千分尺）、物理天平的构造和使用方法，记录千分尺的零点读数，调好天平底座水平和空载平衡。

（2）用游标卡尺测圆柱体的高度 H（测 6 次），用千分尺测圆柱体的直径 D（测 6 次），用物理天平测圆柱体的质量 M（测 1 次）。

（3）分别计算高度 H，直径 D 和质量 M 的平均值及不确定度，计算圆柱体的密度及其不确定度，写出正确结果。

数据记录及处理

1. 数据记录

表 3.1.1 长度和规则固体密度的测量

次数	高度 H/mm	直径 D/mm	质量 M/g
1			
2			
3			
4			
5			
6			

千分尺零点读数 $d_0 =$

2. 数据处理

（1）高度 H：

平均值：$\overline{H}=\frac{1}{6}\sum_{i=1}^{6}H_i$ （mm）

不确定度 A 分量和 B 分量：$u(H)_A=\sqrt{\frac{\sum_{i=1}^{6}(H_i-\bar{H})^2}{n(n-1)}}$ (mm)，$u(H)_B=0.02/\sqrt{3}$ (mm)

合成不确定度：$u(H)=\sqrt{u(H)_A^2+u(H)_B^2}$ (mm)

结果表达：$H=\bar{H}\pm u(H)$ (mm)

（2）直径 D（直径 D 需要修正，D_i = 测量读数 − 零点读数）：

平均值：$\overline{D}=\frac{1}{6}\sum_{i=1}^{6}D_i$ (mm)

不确定度 A 分量和 B 分量：$u(D)_A=\sqrt{\frac{\sum_{i=1}^{6}(D_i-\bar{D})^2}{n(n-1)}}$ (mm)，$u(D)_B=0.004/\sqrt{3}$ (mm)

合成不确定度：$u(D)=\sqrt{u(D)_A^2+u(D)_B^2}$ (mm)

结果表达：$D=\bar{D}\pm u(D)$ (mm)

（3）质量 M：

平均值：$\bar{M}=M$(g)

合成不确定度：$u(M)-0.02/\sqrt{3}$ (g)

结果表达：$M=\bar{M}\pm u(M)$ (g)

（4）密度 ρ：

平均值：$\bar{\rho}=\frac{4\bar{M}}{\pi(\bar{D})^2\bar{H}}$ (g/cm^3)

相对不确定度：
$$\frac{u(\rho)}{\bar{\rho}}=\sqrt{\left[\frac{\partial\ln\rho}{\partial M}u(M)\right]^2+\left[\frac{\partial\ln\rho}{\partial H}u(H)\right]^2+\left[\frac{\partial\ln\rho}{\partial D}u(D)\right]^2}$$
$$=\sqrt{\left[\frac{u(M)}{\bar{M}}\right]^2+\left[\frac{u(H)}{\bar{H}}\right]^2+\left[2\frac{u(D)}{\bar{D}}\right]^2}$$

合成不确定度：$u(\rho)=\bar{\rho}\frac{u(\rho)}{\bar{\rho}}$ (g/cm^3)

结果表达：$\rho=\bar{\rho}\pm u(\rho)$ (g/cm^3)

注意事项

1. 游标卡尺

（1）游标卡尺使用前，应该先将游标卡尺的卡口合拢，检查游标卡尺的 0 线和主刻度尺的 0 线是否对齐。若没有对齐说明卡口有零误差，应记下零点读数，用以修正测量值。

（2）被测表面必须光滑，不能测量粗糙物体，以保护量爪免于划伤、磨损。不允许在量爪内移动被测物。

（3）用游标卡尺卡住被测物体时，松紧要适度，以免损伤卡尺或被测物。当需要把卡尺从被测物体山取下后才能读数时，一定要先把固定螺钉拧紧。

（4）在使用时严禁磕碰，以免损坏量爪或深度尺。

（5）使用完毕，应立即收回盒内，若长期不使用，应涂以脱水黄油，置于避光干燥处封存。

2. 千分尺

（1）测量前先要进行“零”点核准，即零点修正。

（2）测微螺杆在接近待测物时（或测砧）不要直接旋转微分筒，而应慢慢旋转棘轮，以免测量压力过大而使测微螺杆的螺纹发生形变。

（3）测量完毕后，两测量面间应留有不小于 0.5 mm 的间隙，以免受热膨胀使测微螺杆的精密螺纹受损，然后立即放回盒内。

3. 物理天平

（1）应保持天平的干燥、清洁，尽可能将其放置在固定的实验台上，不要经常搬动。

（2）测量中使用启动旋钮时要轻升轻放，切勿突然升起和放下，以免刀口撞击。被测物体和砝码应尽量放置在托盘中央。

（3）被测物体的质量不能超过天平的称量。

（4）调节平衡螺母、加减砝码、更换被测物、移动游码时，必须将横梁放下才可进行。

（5）加减砝码、移动游码必须用砝码镊子，严禁用手直接操作。天平使用完毕，将横梁放下，砝码放入砝码盒内，托盘架从副刀口取下置于横梁两端。

（6）天平附件均标有数字序号，它们与天平应保持严格配套，绝不允许随意更换。

拓展阅读

有文明以来，测量就一直是诠释社会、政府和进步的助力。当分割土地、种植庄稼、建造宫殿、贸易商品、征收个税、保存记录和庆祝节日时，必须将长度、面积、体积、角度、重量、价值、语言和时间量化和系统化。现代社会中，测量已经扩展到收银机、通信卫星和大脑扫描仪。它通过检查、利率、选举和民意测验等手段，几乎规范着我们生活的各个方面。

从法国大革命到 1960 年引入国际单位制（SI）的一个半世纪里，米是通过保存在巴黎附近塞夫勒的国际计量局的金属尺长度来规定的，其复制品已分发给各国的国家标准机构。在 1889 年，用致密的铂铱合金制造了一个新的原型尺。该原型尺横截面为 X 形，目的是使得支撑良好时，下垂和变形小。在两端的抛光面上有细的水平标线，适合用千分尺进行可视设置，较粗的垂直线则用于监测在 0～20 °C 范围内的金属膨胀。标准长度始终在 0 °C 下测量。这种金属尺的缺点很明显。在 20 世纪的上半叶，科学家们想尽各种办法，寻找用光波波长重新定义米长度的技术，即可以在任何实验室利用适当设备进行测量的恒定标准。1960 年，用氪的谱线重新定义了米。随后在 1983 年，现行基于光速的米定义被采纳：如今 1 m 等于光在真空中（1/299 792 458）s 所行进的距离。表 3.1.2 列出了米的可测量准确度的改进过程：米制在全球的普及是继法国之后采用米制的国家都是受法国规则直接影响的邻国。令人惊讶的是，在 1815 年拿破仑倒台之后，低地国家（Low Countries）仍在继续使用米制。在 1840

年之前法国新旧计量体系的妥协时期，卢森堡、荷兰和比利时仍然遵循米制。西班牙在 19 世纪 50 和 60 年代推行了米制。随后，作为各自政治统一的一部分，德国和意大利也采用了米制。不久后，葡萄牙、挪威、瑞典、奥匈帝国和芬兰等国纷纷加入这一阵营。到 1900 年，远超一半的欧洲国家推行了米制。殖民帝国扮演着他们预期的角色。在 20 世纪下半叶之前，西班牙的米制化意味着其在南美洲剩余殖民地计量体系的改变（至少是官方的），法国的米制化则支配着阿尔及利亚和突尼斯。而英国迟迟未采用米制，使得澳大利亚、加拿大和印度的米制化延迟到了 20 世纪后半叶。

表 3.1.2　米的可测量准确度的改进过程

时　间	定义米的基准	准确度
1791 年	地球子午线四分之一的千万分之一	±0.06 mm
1889 年	原型尺	±0.002 mm
1960 年	氪的波长	±0.000 007 mm
1983 年	光速	±0.000 000 7 mm
至　今	同上，用改进后的激光器	±0.000 000 002

1918 年，蒙古国改用米制，是第一个改用米制的亚洲国家。随后，20 世纪 20 年代，阿富汗与柬埔寨也改用米制。在日本，米制遭到强烈反对，直到 20 世纪 50 年代才完成米制的转变。而中国的米制化则要等到 1959 年，也就是新中国成立之后 10 年。至于在苏联，十月革命之后的 1924 年就推行了米制，是政治剧变推动了米制化。

英国政府在 1965 年正式承认了米制，然后在 1979 年恢复了英尺，并废除了米制化委员会。自 1974 年以来，英国的学校一直教授着米制，同时包装上除了用英制外，也逐渐引入了米制，但是却没有打算改变道路标志，而且新闻报道也随意混用英制与米制单位。要英国接受米制可能还需等待十年——大约自 1965 年算起，像法国从 1791 年—1840 年需要半个世纪的时间一样！

当今世界测量已经与人们的生活方式紧密相连，测量无处不在，例如时钟、电表、温度计、衣服尺码、食品保质期、酒精含量、体育比赛成绩、银行账户、互联网协议、无线电频率、问卷调查、人口普查以及其他形式的测量。发达国家的政府通过精密测量和税收对现代城市进行管理。英国科学家开尔文勋爵说：“实现测量并能用数量表述，才算真知；不能测量又不能用数量表述，说明学识浅薄、知之不够。”

参考文献

[1]　安德鲁·鲁滨逊. 测量的故事[M]. 北京：中国质检出版社，2017.

实验 3.2　固定均匀弦振动的研究

固定均匀弦
振动的研究

振动是产生波动的根源，波动是振动的传播。波动有自己的特征，首先它具有一定的传播速度，且伴随着能量的传播；另外，波动还具有反射、折射、干涉和衍射现象。本实验研究波的特征之一：干涉现象的特例——驻波。驻波是一种波的叠加现象，在声学、无线电学和光学等学科中，都有重要的应用，可以用它来确定振动系统的固有频率，也可以用来测定波长及波速。

实验目的

（1）观察在弦上形成的驻波，并用实验确定弦线振动时驻波波长与张力的关系。

（2）在弦线张力不变时，用实验确定弦线振动时驻波波长与振动频率的关系。

（3）学习对数作图或最小二乘法进行数据处理。

实验仪器

振动力学通用信号源，实验平台，砝码盘，砝码，铜线等。

实验原理

1. 驻波形成

如图 3.2.1 所示，一均匀弦线，一端由劈尖 A 支住，另一端由劈尖 B 支住。若在 A 端扰动弦线，引起弦线上质点的振动，就有一横波沿弦线向右传播，到达 B 点处反射波又沿弦线朝 A 点传播，即弦线上同时有入射波和反射波。这两列波满足相干条件，在波的重叠区域将会发生干涉现象。移动劈尖 B 到适当位置，弦线上的波被分成了几段，且每段两端的点始终静止不动，而中间的点振幅最大。这些始终静止不动的点称为波节，振幅最大的点称为波腹。

设图 3.2.1 中的两列波是沿 X 轴相向传播的振幅相同、频率相同的简谐波。向右传播的波用细实线表示，向左传播的波用虚线表示，它们的合成波是驻波，用粗实线表示由图可见，两个波节间或两个波腹间的距离都等于半个波长，这可从波动方程推导出来。

下面用简谐波表达式对驻波进行定量描述。设沿 X 轴正方向传播的波为入射波，沿 X 轴负方向传播的波为反射波，取它们振动相位始终相同的点作坐标原点，且在 $x=0$ 处，振动质点向上达最大位移时开始记时，则它们的波动方程分别为

$$y_1 = A\cos 2\pi\left(ft - \frac{x}{\lambda}\right)$$

$$y_2 = A\cos 2\pi\left(ft + \frac{x}{\lambda}\right)$$

式中 A 为简谐波的振幅，f 为频率，λ 为波长，x 为弦线上质点的坐标位置。

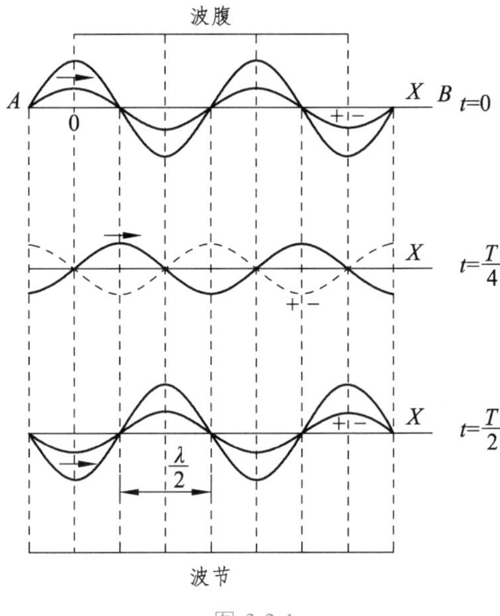

图 3.2.1

两波叠加后的合成波为驻波，其方程为

$$y = y_1 + y_2 = 2A\cos 2\pi \frac{x}{\lambda} \cos 2\pi ft \tag{3.2.1}$$

由式（3.2.1）可知，入射波与反射波合成后，弦上各点都在以同一频率作简谐振动，它们的振幅为$\left|2A\cos 2\pi \frac{x}{\lambda}\right|$，即驻波的振幅与时间 t 无关，而与质点的位置 x 有关（见图 3.2.1）。

因为在波节处振幅为零，即$\left|2A\cos 2\pi \frac{x}{\lambda}\right| = 0$，从而

$$2\pi \frac{x}{\lambda} = (2k+1)\frac{\pi}{2} (k = 0,1,2,\cdots)$$

所以可得波节的位置为

$$x = (2k+1)\frac{\lambda}{4} \tag{3.2.2}$$

而相邻两波节之间的距离为

$$x_{k+1} - x_k = \frac{\lambda}{2} \tag{3.2.3}$$

又因为波腹处的质点振幅为最大。即

$$\left|2A\cos 2\pi \frac{x}{\lambda}\right| = 1$$

$$2\pi \frac{x}{\lambda} = k\pi (k = 0,1,2,\cdots)$$

所以可得波腹的位置为

$$x = k\frac{\lambda}{2} \tag{3.2.4}$$

同理可知，相邻两波腹间的距离也是半个波长，因此，在驻波实验中，只要测得相邻两波节或相邻两波腹间的距离，就能确定该波的波长。

波动理论指出，弦线中横波的传播速度为

$$v = \sqrt{\frac{T}{\rho}} \tag{3.2.5}$$

式中，T 为弦线中的张力，ρ 为弦线的线密度，即单位长度的质量。

若波源的振动频率为 f，横波波长为 λ，由于波速 $v = f\lambda$，故波长与张力及线密度之间的关系为

$$\lambda = \frac{1}{f}\sqrt{\frac{T}{\rho}} \tag{3.2.6}$$

为了用实验证明式（3.2.6）成立，将该式两边取对数，得

$$\log\lambda = \frac{1}{2}\log T - \frac{1}{2}\log\rho - \log f \tag{3.2.7}$$

固定频率 f 及线密度 ρ，而改变张力 T，并测出各相应波长 λ，作 $\log\lambda$-$\log T$ 图，若得一直线，计算其斜率值（如为 $\frac{1}{2}$），则证明了 $\lambda \propto T^{1/2}$ 的关系成立。同理，固定线密度 ρ 及张力 T，改变振动频率 f，测出各相应波长 λ，作 $\log\lambda$-$\log f$ 图，如得一斜率为-1 的直线就验证了 $\lambda \propto f^{-1}$。

2. 仪器结构

实验装置如图 3.2.2 所示。金属弦线的一端系在能做水平方向振动的机械振动源的振簧片上，频率变化范围从 20 ~ 100 000 Hz 连续可调，频率最小变化量为 0.001 Hz，弦线一端通过定滑轮⑦悬挂一砝码盘⑧；在振动装置（振动簧片）的附近有可动刀口④，在实验装置上还有一个可沿弦线方向左右移动并撑住弦线的可动刀口⑤。滑轮⑦固定在实验平台⑩上，其产生的摩擦力很小，可以忽略不计。若弦线下端所悬挂的砝码（包含砝码盘）的质量为 m，张力 $T = mg$。当波源振动时，即在弦线上形成向右传播的横波；当波传播到可动刀口与弦线相交点时，由于弦线在该点受到刀口两壁阻挡而不能振动，波在切点被反射形成了向左传播的反射波。这种传播方向相反的两列波叠加即形成驻波。当振动端簧片与弦线固定点至可动刀口⑤与弦线交点的长度 L 等于半波长的整数倍时，即可得到振幅较大而稳定的驻波，振动簧片与弦线固定点为近似波节，弦线与可动刀口相交点为波节。它们的间距为 L，则

$$L = n\frac{\lambda}{2} \tag{3.2.8}$$

其中 n 为任意正整数。利用式（3.2.8），即可测量弦上横波波长。由于簧片与弦线固定点在振

动不易测准，实验也可将最靠近振动端的波节作为 L 的起始点，并用可动刀口④指示读数，求出该点离弦线与可动刀口 5 相交点距离 L。

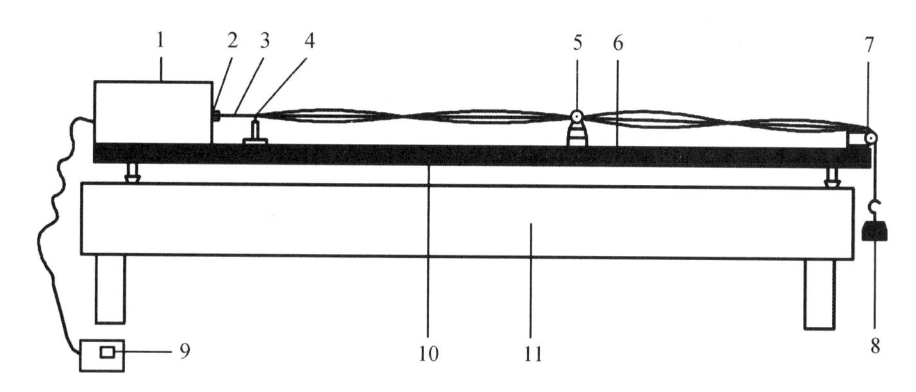

1—机械振动源；2—振动簧片；3—弦线；4—可动刀口；5—可动刀口支架；
6—标尺；7—固定滑轮；8—砝码与砝码盘；9—信号源；
10—实验平台；11—实验桌。

图 3.2.2　实验装置

实验内容和步骤

1. 验证横波的波长与弦线中的张力的关系

（1）实验时，打开振动力学通用信号源电源开关，本实验使用正弦波驱动机械振动器。

（2）在某些频率（60 Hz 附近），由于振动簧片共振使振幅过大，此时应减小输出信号幅度，便于实验进行（最好避开共振点做实验）。

（3）固定一个波源振动的频率（比如 90 Hz），在砝码盘上添加不同质量的砝码，以改变同一弦上的张力 T。每改变一次张力（即增加一次砝码），均要左右移动可动刀口支架 4（保持在第一波节点）和可动刀口 5 的位置，使弦线出现振幅较大而稳定的驻波。用实验平台 10 上的标尺 6 测量 L 值，记录振动频率、砝码质量、产生整数倍半波长的弦线长度及半波波数，根据式（3.2.8）算出波长 λ，作 $\log\lambda$ - $\log T$ 图，求其斜率。

2. 验证横波的波长与波源振动频率的关系

在砝码盘上放上 6 块质量为 20 g 的砝码，以固定弦线上所受的张力 T，改变波源振动的频率 f，用驻波法测量各相应的波长，作 $\log\lambda$ - $\log f$ 图，求其斜率。最后总结出弦线上波传播的规律。

数据记录及处理

（1）验证横波的波长 λ 与弦线中的张力 T 的关系（各砝码质量不一定严格等于 20 g，故需分别用分析天平测量）。

波源振动频率 $f = 90.00$ Hz；m_0 为挂钩的质量 20 g，L 为产生驻波的弦线长度，n 为在 L 长度内半波的波数，实验数据填入表 3.2.1。

表 3.2.1　给定频率的实验数据表

m/g	40	80	120	160	200
$m+m_0$/g	60	100	140	180	220
L/cm					
n					
λ/cm					
T/N					
$\log\lambda$					
$\log T$					

（2）验证横波的波长 λ 与波源振动频率 f 的关系。

砝码加上挂钩的总质量 $m = 180\times10^{-3}$ kg；重力加速度 $g = 9.8\ \text{m/s}^2$；张力 $T = 180\times10^{-3}\times9.8 = 1.764\ \text{N}$，实验数据填入表 3.2.2.

表 3.2.2　给定张力的实验数据表

f/Hz	50	70	80	90	100
L/cm					
n					
λ/cm					
$\log\lambda$					
$\log f$					

思考题

（1）求 λ 时为何要测几个半波长的总长？

（2）为了使 $\log\lambda$-$\log T$ 直线图上的数据点分布比较均匀，砝码盘中的砝码质量应如何改变？

（3）为何波源的簧片振动频率尽可能避开振动源的机械共振频率？

实验 3.3　杨氏模量的测量

杨氏模量的测量

3.3.1　拉伸法测金属丝的杨氏模量

杨氏模量是描述固体材料抵抗形变能力的重要物理量，是工程技术上极为重要的常用参数，是工程技术人员选择材料的重要依据之一。本实验将综合运用多种测量长度的方法，并采用逐差法处理数据。

实验目的

（1）进一步熟悉使用钢卷尺、游标卡尺、千分尺。

（2）掌握用光杠杆测量微小长度变化的原理和方法，并了解其应用。

（3）学会调节、使用望远镜。

（4）学习用逐差法处理实验数据。

法一：

实验仪器

金属丝杨氏模量测量仪以及与之配套的光杠杆、镜尺装置 1 套，米尺，螺旋测微器，游标卡尺，1 kg 的砝码若干。

1. 杨氏模量测量仪

杨氏模量测量仪如图 3.3.1 所示，三角底座上装有两根立柱和调整螺丝。可调节螺丝使

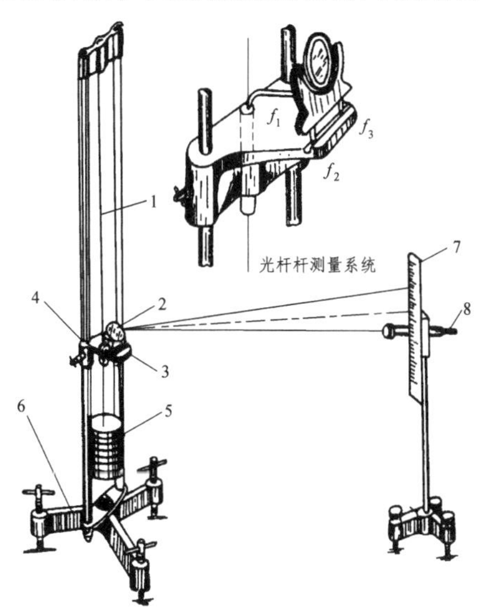

1—金属丝；2—光杠杆；3—平台；4—挂钩；5—砝码；
6—三角底座；7—标尺；8—望远镜。

图 3.3.1　杨氏模量测量仪

立柱铅直，并由立柱下端的水准仪来判断。金属丝的上端夹紧在横梁上的夹头中。立柱的中部有一个可以沿立柱上下移动的平台，用来承托光杠杆。平台上有一个圆孔，孔中有一个可以上下滑动的夹头，金属丝的下端夹紧在夹头中。夹头下面有一个挂钩，挂有砝码托，用来放置拉伸金属丝的砝码。放置在平台上的光杠杆是用来测量微小长度变化的实验装置。

2. 光杠杆

光杠杆是利用放大法测量微小长度变化的仪器，光杠杆装置包括光杠杆镜架和镜尺两大部分，镜架如图 3.3.2（a）所示，将一直立的平面反射镜装在一个三脚支架的一端。光杠杆和尺读望远镜共同组成一个测量系统，其测量原理如图 3.3.2（b）所示。

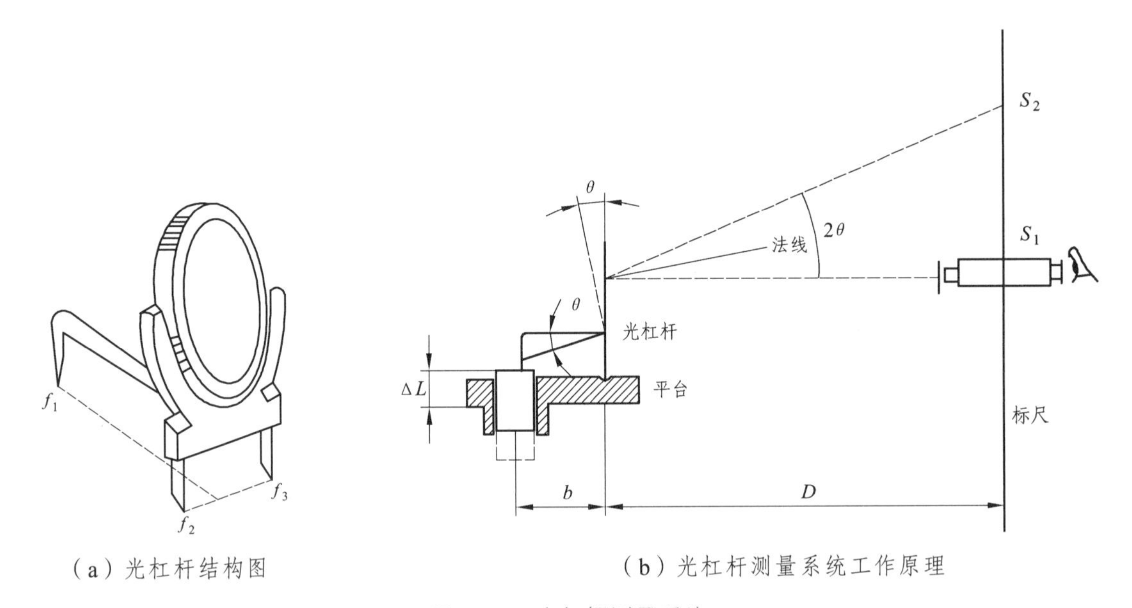

（a）光杠杆结构图　　（b）光杠杆测量系统工作原理

图 3.3.2　光杠杆测量系统

3. 尺读望远镜

图 3.3.3 所示为尺读望远镜，它由一个与被测量长度变化方向平行的标尺和尺旁的望远

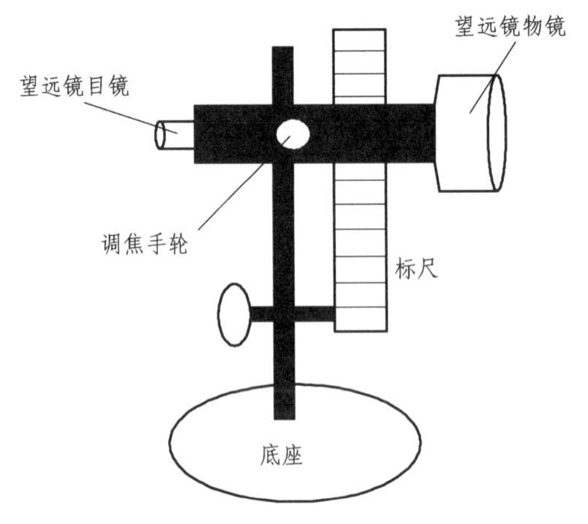

图 3.3.3　尺读望远镜结构

镜组成，望远镜由目镜、物镜、镜筒、分划板和调焦手轮构成。望远镜镜筒内的分划板上有上下对称的两条水平刻线测量时，望远镜水平地对准光杠杆镜架上的平面反射镜，经光杠杆平面镜反射的标尺虚像又成实像于分划板上，从两条视距线上可读出标尺像上的读数。

实验原理

1. 用拉伸法测金属丝的杨氏弹性模量

物体在外力作用下，总会发生形变。当形变不超过某一限度时，外力消失后，形变随之消失，这种形变称为“弹性形变”。发生弹性形变时，物体内部产生趋向于恢复原状的内应力。杨氏模量正是反映固体材料形变与内应力关系的物理量。本实验中形变为拉伸形变，即金属丝仅发生轴向拉伸形变。设金属丝的原长 L，横截面积为 S，沿长度方向施力 F 后，其长度改变 ΔL，则金属丝单位面积上受到的垂直作用力 F/S 称为正应力，金属丝的相对伸长量 $\Delta L/L$ 称为线应变。实验结果指出，在弹性范围内，由胡克定律可知物体的正应力与线应变成正比，即

$$\frac{F}{S}=Y\frac{\Delta L}{L} \tag{3.3.1}$$

则

$$Y=\frac{F/S}{\Delta L/L} \tag{3.3.2}$$

比例系数 Y 即为杨氏弹性模量，简称杨氏模量。对不同的材料，Y 值不一样，从式（3.3.2）可以看出：当单位横截面上的外力一定时，相对伸长量越大，则 Y 值越小，即材料抵抗形变的能力越弱。一些常用材料的 Y 值见表 3.3.1。Y 采用国际单位制，单位为帕斯卡，记为 Pa ($1\text{Pa}=1\,\text{N}\cdot\text{m}^{-2}$)

表 3.3.1　一些常用材料的杨氏弹性模量

材料名	钢	铁	铜	铝	铅	玻璃	橡胶
Y/GPa	192～216	113～157	73～127	约 70	约 17	约 55	约 0.007 8

本实验测量的是钢丝的杨氏弹性模量，如果钢丝直径为 d，则可得钢丝横截面积，即

$$S=\frac{\pi d^2}{4}$$

则式（3.3.2）可变为

$$Y=\frac{4FL}{\pi d^2\Delta L} \tag{3.3.3}$$

测出式（3.3.3）中右边各量，就可计算出杨氏弹性模量。用米尺测量金属丝原长 L，用螺旋测微器测量钢丝直径 d，F（外力）可由实验中钢丝下面悬挂的砝码的重力 $F=mg$ 求出，而 ΔL 是一个微小长度变化，需要采用放大的方法，本实验采用光杠杆的放大法。

2. 光杠杆的放大原理

将光杠杆和望远镜按图 3.3.1 所示放置好，按仪器调节顺序调好全部装置后，就能在望远镜中看到经由光杠杆平面镜反射的标尺像。设开始时，光杠杆的平面镜竖直，即镜面法线在水平位置，在望远镜中恰能看到望远镜处标尺刻度 s_1 的像。当挂上重物使细钢丝受力伸长后，光杠杆的后脚尖 f_1 随之绕前脚尖 f_2f_3 下降 ΔL，光杠杆平面镜转过一较小角度 θ，法线也转过同一角度 θ。根据反射定律，从 s_1 处发出的光经过平面镜反射到 s_2（s_2 为标尺某一刻度）；由光路可逆性，从 s_2 发出的光经平面镜反射后进入望远镜中即可被观察到，记

$$s_1 - s_2 = \Delta x$$

由图 3.3.2（b）可知：

$$\tan\theta = \frac{\Delta L}{b},\ \tan 2\theta = \frac{\Delta x}{D}$$

b 是光杠杆常数（光杠杆后脚尖至前脚尖连线的垂直距离），D 是光杠杆镜面至尺读望远镜标尺的距离。

由于偏转角度 θ 很小，$\Delta L \ll b$，所以，

$$\theta = \frac{\Delta L}{b} \text{ 或 } \theta = \frac{\Delta x}{2D}$$

则

$$\Delta L = \frac{b}{2D}\Delta x \tag{3.3.4}$$

由式（3.3.4）可知，微小变化量 ΔL 可通过较易准确测量的 b，D，Δx 间接求得，ΔL 被放大了 $\dfrac{2D}{b}$ 倍，将式（3.3.4）代入式（3.3.3）有

$$Y = \frac{8FLD}{\pi d^2 b\Delta x} \tag{3.3.5}$$

实验内容和步骤

1. 仪器装置的调整

（1）调节杨氏模量测定仪三角底座上的调整螺钉，使支架、细钢丝铅直，使平台水平。

（2）将光杠杆放在平台上，两前脚放在平台前面的横槽中，后脚放在钢丝下端的夹头上适当位置，不能与钢丝接触，不要靠着圆孔边，也不要放在夹缝中。

2. 光杠杆及望远镜镜尺组的调整

（1）将望远镜和光杠杆镜面调整在同一高度。调整光杠杆镜面与平台面垂直，望远镜成水平，并与标尺竖直，望远镜应水平对准平面镜中部。

（2）调整望远镜：

① 移动标尺架，微调平面镜的仰角，改变望远镜的倾角，使通过望远镜筒上的准心向平面镜中观察，能看到标尺的像。

② 调整目镜至能看清镜筒中叉丝的像。

③ 慢慢调整望远镜右侧物镜调焦旋钮，直到能在望远镜中看见清晰的标尺像，并使望远镜中的标尺刻度线的像与叉丝水平线的像重合。

④ 消除视差。眼睛在目镜处微微上下移动，如果叉丝的像与标尺刻度线的像出现相对位移，应重新微调目镜和物镜，直至消除为止。

（3）试加 8 个砝码，从望远镜中观察是否看到刻度（估计一下满负荷时标尺读数是否够用），若无，应将刻度尺上移至能看到刻度，调好后取下砝码。

3. 测　量

采用等增量测量法：

（1）加、减砝码测量。每加一个砝码（1 kg）记录一次标尺的位置 x_i；然后每减一个砝码，记下相应的标尺位置 x_i'，单位（mm）。

（2）用米尺测出钢丝原长（两夹头之间部分）L（mm），测 1 次。

（3）用螺旋测微器在钢丝的不同地方测直径 d，测 3 次，取平均值。（注意测量之前记录螺旋测微器的零点读数）

（4）用米尺测量平面镜与标尺之间的距离 D（mm），测 1 次。

（5）取下光杠杆，在展开的白纸上同时按下三个尖脚的位置，用直尺作出光杠杆后脚尖到两前脚尖连线的垂线，再用游标卡尺测出 b（mm），测 1 次。

数据记录及处理

1. 数据记录

表 3.3.2　加减砝码标尺读数记录表

次序	砝码质量/kg	标尺读数/mm		平均值/mm
		加砝码（x_i）	减砝码（x_i'）	$\overline{x}_i$
1	1.00			
2	2.00			
3	3.00			
4	4.00			
5	5.00			
6	6.00			
7	7.00			
8	8.00			

表 3.3.3　L、b、D 数据记录表

物理量名称	物理量	不确定度
金属丝长度 L / mm	$L=$	$u_L=0.2/\sqrt{3}$ mm
光杠杆常数 b / mm	$b=$	$u_b=0.02/\sqrt{3}$ mm
平面镜到标尺的距离 D / mm	$D=$	$u_D=0.2/\sqrt{3}$ mm

表 3.3.4　测量金属丝直径数据记录

螺旋测微器零点读数 $d_0=$______mm

序　号	1	2	3	$\bar{d}$ / mm
直径 d / mm				

2. 数据处理

（1）Δx：

$$\Delta\bar{x}=\frac{1}{4\times4}\left[(\overline{x_8}-\overline{x_4})+(\overline{x_7}-\overline{x_3})+(\overline{x_6}-\overline{x_2})+(\overline{x_5}-\overline{x_1})\right]\ \text{（mm）}$$

令，$y_1=\dfrac{\overline{x_8}-\overline{x_4}}{4}(\text{mm}),y_2=\dfrac{\overline{x_7}-\overline{x_3}}{4}(\text{mm}),y_3=\dfrac{\overline{x_6}-\overline{x_2}}{4}(\text{mm}),y_4=\dfrac{\overline{x_5}-\overline{x_1}}{4}(\text{mm})$

A 类不确定度：

$$u(\Delta x)_\text{A}=\sqrt{\frac{\sum_{i=1}^{n}(y_i-\Delta\bar{x})^2}{n(n-1)}}=\sqrt{\frac{(y_1-\Delta\bar{x})^2+(y_2-\Delta\bar{x})^2+(y_3-\Delta\bar{x})^2+(y_4-\Delta\bar{x})^2}{4\times(4-1)}}\ \text{（mm）}$$

B 类不确定度：

$$u(\Delta x)_\text{B}=0.2/\sqrt{3}\ (\text{mm})$$

合成不确定度：

$$u(\Delta x)=\sqrt{u(\Delta x)_\text{A}^2+u(\Delta x)_\text{B}^2}\ \text{（mm）}$$

（2）d（直径 d 需要修正，$d_i=$ 测量读数 − 零点读数）：

$$\bar{d}=\frac{1}{3}\times(d_1+d_2+d_3)\ \text{（mm）}$$

A 类不确定度：

$$u(d)_\text{A}=\sqrt{\frac{\sum_{i=1}^{n}(d_i-\bar{d})^2}{n(n-1)}}=\sqrt{\frac{(d_1-\bar{d})^2+(d_2-\bar{d})^2+(d_3-\bar{d})^2}{3\times(3-1)}}\ \text{（mm）}$$

B 类不确定度：

$$u(d)_{\mathrm{B}} = 0.004/\sqrt{3}\ (\mathrm{mm})$$

合成不确定度：

$$u(d) = \sqrt{u(d)_{\mathrm{A}}^2 + u(d)_{\mathrm{B}}^2}\quad (\mathrm{mm})$$

（3）Y：

$$\overline{Y} = \frac{8LDF}{\pi(\overline{d})^2 b\Delta\overline{x}}\quad (\mathrm{N/m^2})$$

相对不确定度：

$$\frac{u(Y)}{\overline{Y}} = \sqrt{\left(\frac{\partial \ln Y}{\partial L}u_L\right)^2 + \left(\frac{\partial \ln Y}{\partial D}u_D\right)^2 + \left(\frac{\partial \ln Y}{\partial d}u_d\right)^2 + \left(\frac{\partial \ln Y}{\partial b}u_b\right)^2 + \left(\frac{\partial \ln Y}{\partial \Delta x}u_{\Delta x}\right)^2}$$

$$= \sqrt{\left(\frac{u_L}{L}\right)^2 + \left(\frac{u_D}{D}\right)^2 + \left(2\frac{u_d}{d}\right)^2 + \left(\frac{u_b}{b}\right)^2 + \left(\frac{u_{\Delta x}}{\Delta\overline{x}}\right)^2}$$

合成不确定度：

$$u(Y) = \frac{u(Y)}{\overline{Y}} \times \overline{Y}\quad (\mathrm{N/m^2})$$

（4）测量结果表示为：

$$Y = \overline{Y} \pm u(Y)\quad (\mathrm{N/m^2})$$

（不确定度保留 1 位有效数字，测量结果平均值的末位数字与不确定度的末位对齐）。

注意事项

（1）禁止用手触摸各种光学元件的表面，光杠杆望远镜必须轻拿轻放。

（2）加减砝码时，注意轻拿轻放，砝码缺口交错放置。

（3）读标尺读数时应使标尺数值静止后再读数。

（3）在测读钢丝伸长变化过程中，不能碰望远镜及安放望远镜的桌子，否则要重新测读。

法二：

实验仪器

仪器如图 3.3.4 所示（图中照片仅供参考，以实物为准），主要由实验架、砝码、长度测量工具（包括卷尺、游标卡尺、螺旋测微器）等组成。

1. 实验架

实验架是待测金属丝杨氏模量测量的主要平台。金属丝一端穿过横梁被上夹头夹紧，另一端悬挂一个 3 kg 的砝码盘，可在砝码盘上放置 1-5 个 1 kg 砝码，加力简单、直观、稳定。

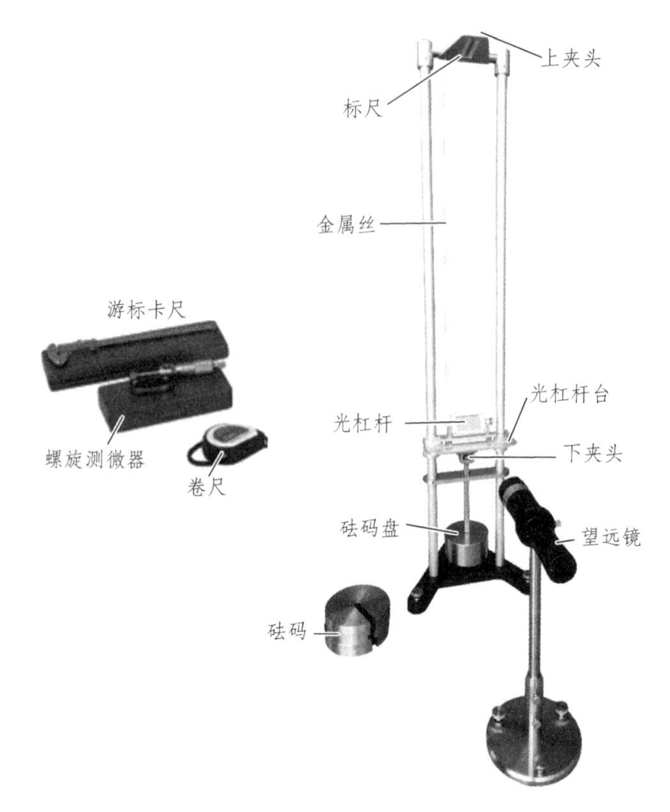

图 3.3.4　近距转镜杨氏模量仪

2. 光杠杆组件

光杠杆组件包括光杠杆、标尺、望远镜，光杠杆上有反射镜和与反射镜连动的动足等结构。光杠杆结构示意图如图 3.3.5 所示。

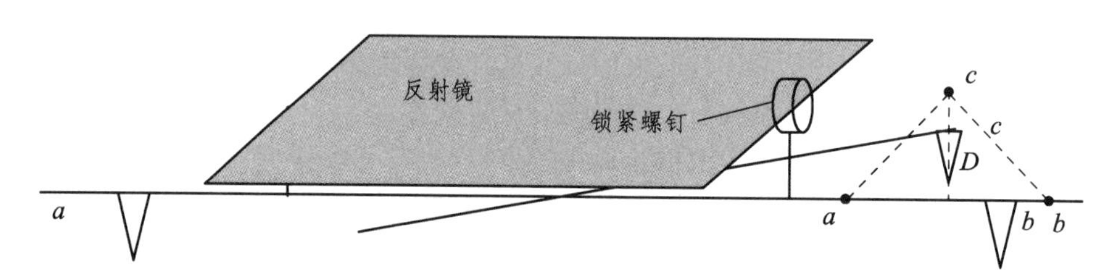

图 3.3.5　光杠杆结构示意图

图 3.3.5 中，a、b、c 分别为三个尖状足，a、b 为前足，c 为后足（或称动足），实验中 a、b 不动，c 随着金属丝伸长或缩短而向下或向上移动，锁紧螺钉用于固定反射镜的角度。三个足构成一个三角形，两前足连线的高 D 称为光杠杆常数，可根据需求改变 D 的大小。

望远镜放大倍数 12 倍，最近视距 0.3 m，含有目镜十字分划线（纵线和横线），镜身可 360 度转动。通过望远镜架可调升降、水平转动及俯仰倾角。望远镜结构如图 3.3.6 所示：

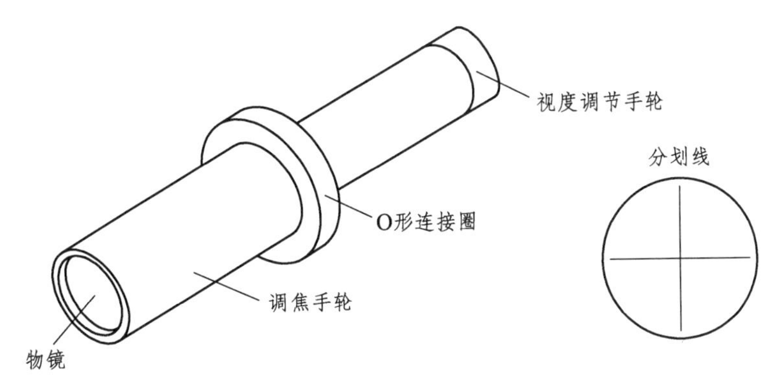

图 3.3.6　望远镜示意图

3. 测量工具

表 3.3.5　实验过程中需用到的测量工具及其相关参数、用途

量具名称	量程	分辨力	误差限	用于测量
标尺/mm	80.0	1	0.5	Δx
钢卷尺/mm	3 000.0	1	0.8	L
游标卡尺/mm	150.00	0.02	0.02	D
螺旋测微器/mm	25.000	0.01	0.004	d

实验原理

1. 杨氏模量的定义

设金属丝的原长为 L，横截面积为 S，沿长度方向施力 F 后，其长度改变 ΔL，则金属丝单位面积上受到的垂直作用力 $\sigma = F/S$ 称为正应力，金属丝的相对伸长量 $\varepsilon = \Delta L/L$ 称为线应变。实验结果指出，在弹性范围内，由胡克定律可知物体的正应力与线应变成正比，即：

$$\sigma = E \cdot \varepsilon \tag{3.3.6}$$

或

$$\frac{F}{S} = E \cdot \frac{\Delta L}{L} \tag{3.3.7}$$

比例系数 E 即为金属丝的杨氏模量（单位：Pa 或 N/m^2），它表征材料本身的性质，E 越大的材料，要使它发生一定的相对形变所需要的单位横截面积上的作用力也越大。

由式（3.3.7）可知：

$$E = \frac{F/S}{\Delta L/L} \tag{3.3.8}$$

对于直径为 d 的圆柱形金属丝，其杨氏模量为

$$E = \frac{F/S}{\Delta L/L} = \frac{mg\Big/\left(\frac{1}{4}\pi d^2\right)}{\Delta L/L} = \frac{4mgL}{\pi d^2 \Delta L} \tag{3.3.9}$$

式中 L（金属丝原长）可由卷尺测量，d（金属丝直径）可用螺旋测微器测量，F（外力）可由实验中砝码的质量 m 求出，即 $P = mg$（g 为重力加速度），而 ΔL 是一个微小长度变化（mm 级）。针对 ΔL 的测量方法，本实验仪采用光杠杆法。

2. 光杠杆法

光杠杆法主要是利用平面镜转动，将微小角位移放大成较大的线位移后进行测量。仪器利用光杠杆组件实现放大测量功能。光杠杆组件包括：反射镜、与反射镜连动的动足、标尺等组成。其放大原理如图 3.3.7 所示。

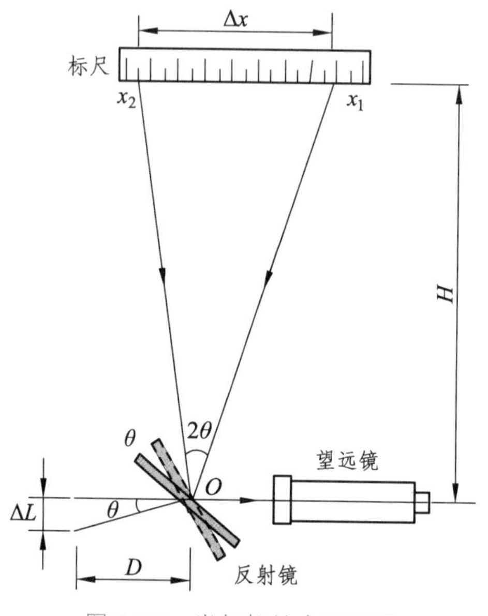

图 3.3.7 光杠杆放大原理图

开始时，望远镜对齐反射镜中心位置，反射镜法线与水平方向成一夹角，在望远镜中恰能看到标尺刻度 x_1 的像。动足足尖放置在夹紧金属丝的夹头的表面上，当金属丝受力后，产生微小伸长 ΔL，与反射镜连动的动足尖下降，从而带动反射镜转动相应的角度 θ，根据光的反射定律可知，在出射光线（即进入望远镜的光线）不变的情况下，入射光线转动了 2θ，此时望远镜中看到标尺刻度为 x_2。

实验中 $D \gg \Delta L$，所以 θ 甚至 2θ 会很小。从图的几何关系中我们可以看出，2θ 很小时有：

$$\Delta L \approx D \cdot \theta, \quad \Delta X \approx H \cdot 2\theta$$

故有

$$\Delta x = \frac{2H}{D} \cdot \Delta L \tag{3.3.10}$$

其中 $2H/D$ 称作光杠杆的放大倍数，H 是反射镜中心与标尺的垂直距离。仪器中 $H \gg D$，这样一来，便能把一微小位移 ΔL 放大成较大的容易测量的位移 Δx。将式（3.3.10）代入式（3.3.9）得到

$$E = \frac{8mgLH}{\pi d^2 D} \cdot \frac{1}{\Delta x} \tag{3.3.11}$$

如此，可以通过测量式（3.3.11）右边的各参量得到被测金属丝的杨氏模量，式（3.3.11）中各物理量的单位取国际单位（SI 制）。

实验内容与步骤

实验前应保证上下夹头均夹紧金属丝，防止金属丝在受力过程中与夹头发生相对滑移。

光杠杆法测量金属丝杨氏模量的实验步骤：

（1）将杨氏模量实验架放置于台面上，调节三角底座使光杠杆台面水平。

（2）将金属丝上端用上夹头固定并锁死，下端穿过光杠杆台的孔，与下夹头连接并锁死，保证下夹头顶部与光杠杆台平面在同一水平面。

（3）旋松光杠杆动足上的锁紧螺钉，调节光杠杆动足至适当长度（以动足尖能尽量贴近但不贴靠到金属丝，同时两前足能置于台板上的同一凹槽中为宜），用三足尖在平板纸上压三个浅浅的痕迹，通过画细线的方式画出两前足连线的高（即光杠杆常数），然后用游标卡尺测量光杠杆常数的长度 D，并将实验数据记入式（3.3.5）。将光杠杆置于台板上，并使动足尖贴近金属丝，且动足尖应在金属丝正前方。

（4）将标尺背光源电源插上，使背光源发光，确保标尺刻度清晰可见。

（5）用钢卷尺测量金属丝的原长 L，钢卷尺的始端放在金属丝上夹头的下表面，另一端对齐下夹头的上表面，将实验数据记入式（3.3.5）。

（6）用钢卷尺测量反射镜中心到标尺的垂直距离 H，钢卷尺的始端放在标尺板上表面，另一端对齐反射镜中心，将实验数据记入式（3.3.5）。

（7）用螺旋测微器测量不同位置、不同方向的金属丝直径视值 $d_{视j}$（至少 6 处），注意测量前记下螺旋测微器的零差 d_0。将实验数据记入式（3.3.6）中，计算直径视值的算术平均值 $\overline{d_{视}}$，并根据 $\bar{d}=\overline{d_{视}}-d_0$ 计算金属丝的平均直径。

（8）将望远镜移近并正对实验架台板（望远镜前沿与平台板边缘的距离在 0 ~ 30 cm 范围内均可）。调节望远镜使其正对反射镜中心，然后仔细调节反射镜的角度，直到从望远镜中能看到标尺背光源发出的明亮的光。

（9）调节目镜视度调节手轮，使得十字分划线清晰可见。调节调焦手轮，使得视野中标尺的像清晰可见。转动望远镜镜身，使分划线横线与标尺刻度线平行后再次调节调焦手轮，使得视野中标尺的像清晰可见。

（10）再次仔细调节反射镜的角度，使十字分划线横线对齐≤2.0 cm 的刻度线（避免实验做到最后超出标尺量程）。水平移动支架，使十字分划线纵线对齐标尺中心。

注：下面步骤中不能再调整望远镜，并尽量保证实验桌不要有震动，以保证望远镜稳定。

（11）通过光杠杆观察记录此时对齐十字分划线横线的刻度值 x_1，取 1 kg 砝码，小心放到砝码盘上，读取并记录十字分划线的刻度值 x_1^+，继续放入砝码，每放上一个记录一次，一直到将第八块砝码放到砝码盘上。

（12）将第八块砝码小心地从砝码盘上取下，读取并记录此时的十字分划线刻度 x_i^-，继续取下砝码，每取下一个记录一次，直至剩最后一个砝码。

（13）实验完成后，取下砝码盘和金属丝，并妥善保存。

数据记录及处理

1. 数据记录

表 3.3.5 一次性测量数据

L/mm	H/mm	D/mm

表 3.3.6 金属丝直径测量数据

螺旋测微器零差 d_0 =_____（mm）

序号 i	1	2	3	4	5	6	平均值
直径视值 $d_{视j}$/./mm							

表 3.3.7 加减力时刻度与对应拉力数据

序号 i	1	2	3	4	5	6	7	8
砝码质量 m_i/kg								
加力时标尺刻度 x_i^+/mm								
减力时标尺刻度 x_i^-/mm								
平均标尺刻度/mm $x_i=(x_i^+ + x_i^-)/2$								
每千克标尺刻度改变量/mm								

2. 数据处理

数据处理步骤（1）（2）与拉伸法测量杨氏模量数据处理相同。

（3）E：

$$E=\frac{8mgLH}{\pi(\bar{d})^2 D\Delta x} \quad (\mathrm{N/m^2})$$

相对不确定度：

$$\frac{u(E)}{E}=\sqrt{\left(\frac{\partial \ln E}{\partial L}u_L\right)^2+\left(\frac{\partial \ln E}{\partial D}u_D\right)^2+\left(\frac{\partial \ln E}{\partial d}u_d\right)^2+\left(\frac{\partial \ln E}{\partial H}u_H\right)^2+\left(\frac{\partial \ln E}{\partial \Delta x}u_{\Delta x}\right)^2}$$

$$=\sqrt{\left(\frac{u_L}{L}\right)^2+\left(\frac{u_D}{D}\right)^2+\left(2\frac{u_d}{d}\right)^2+\left(\frac{u_H}{H}\right)^2+\left(\frac{u_{\Delta x}}{\Delta x}\right)^2}$$

合成不确定度：

$$u(E)=\frac{u(E)}{E}\times\bar{E} \quad (\mathrm{N/m^2})$$

（4）测量结果表示为：

$$E=\bar{E}\pm u(E) \qquad (\mathrm{N/m^2})$$

注意事项

（1）禁止用手触摸各种光学元件的表面，光杠杆望远镜必须轻拿轻放。

（2）加减砝码时，注意轻拿轻放，砝码缺口交错放置。

（3）读标尺读数时应使标尺数值静止后再读数。

（4）该实验是测量微小量，实验时应避免实验台震动。

（5）实验完毕后，若长时间不再使用，应取下砝码盘和金属丝，并妥善保存。

（6）严禁使用望远镜观察强光源，如太阳等，避免人眼灼伤。

（7）金属丝不用时应涂上防锈油，避免生锈。

3.3.2 共振法测金属材料的杨氏模量

杨氏模量是工程材料的一个重要物理参数，它标志着材料抵抗弹性形变的能力。过去物理实验中学所用的测量方法是“静态拉伸法”，这种方法由于拉伸时载荷大，加载速度慢，存在弛豫过程，故不能真实地反映材料内部结构的变化；对脆性材料无法用这种方法测量。它也不能测量在不同温度时的杨氏模量。而弯曲共振法因其适用范围广、实验结果稳定、误差小而成为世界各国广泛采用的测量杨氏模量的方法。

实验目的

（1）掌握共振法测杨氏模量的原理和方法。

（2）培养综合应用仪器的能力。

实验仪器

本实验仪器由 YM-2 信号发生器、测试台和示波器组成，如图 3.3.8 所示。

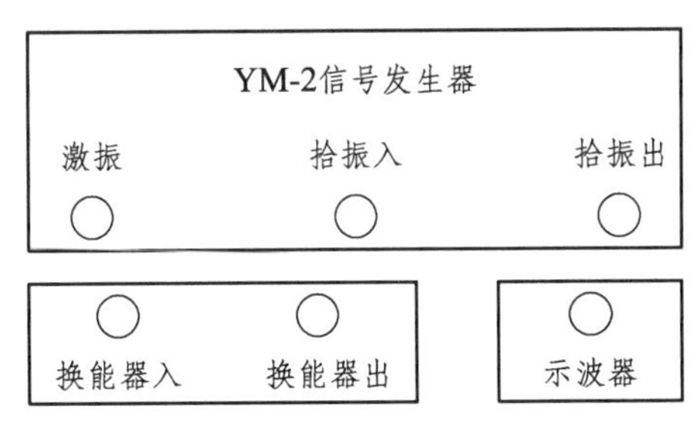

图 3.3.8

由信号发生器输出的等幅正弦波信号从“激振”端输出，送到测试台“换能器入”端，通过传感器Ⅰ把电信号转变成机械振动，再由悬丝把机械振动传给传感器Ⅱ，这时机械振动又转变成电信号，该信号由测试台“换能器出”端送到信号发生器的“拾振入”端，经由信号发生器内含的放大器放大后由“拾振出”端输出，送到示波器中显示。

当信号发生器的输出频率不等于试样的共振频率时，试样不发生共振，示波器上几乎没有信号波形或波形很小；当频率相等时，试样发生共振，示波器上波形突然增大，读出的频率就是试样在该温度下的共振频率。根据公式即可计算出试样的杨氏模量。

YM-2 型信号发生器面板介绍：前面板如图 3.3.9 所示，后面板如图 3.3.10 所示。

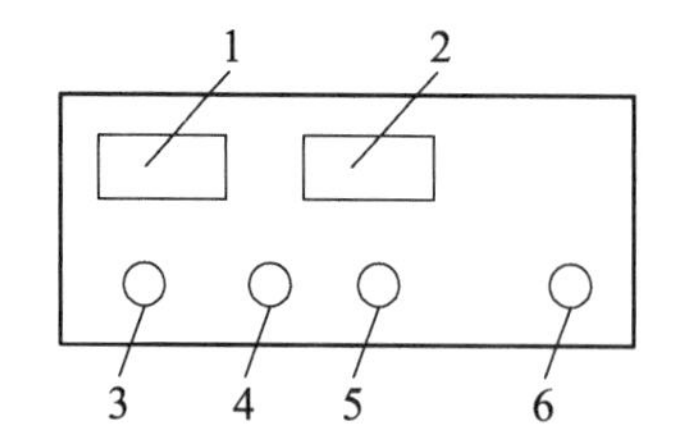

1—幅值指示；2—频率指示；3—幅值调节；4—频率粗调；5—频率细调；6—电源开关。

图 3.3.9　YM-2 型信号发生器前面板

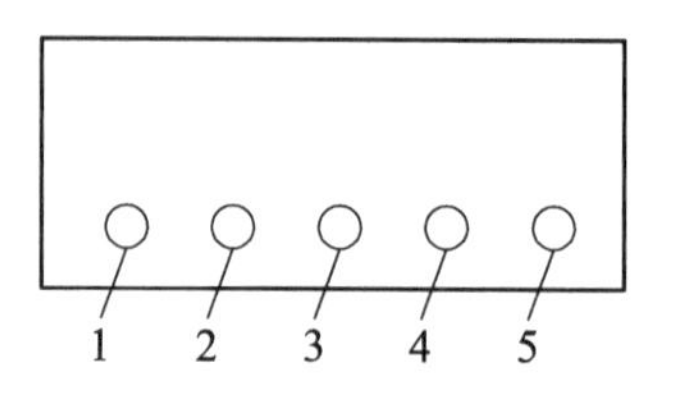

1—放大器输出；2—拾振信号输入；3—激振信号输出；4—保险丝盒；5—电源输入。

图 3.3.10　YM-2 型信号发生器后面板

图 3.3.9 中幅值是液晶显示，由旋钮 3 调节。频率为液晶显示，由旋钮 4 和 5 配合调节，频率调节范围为 200 ~ 2 000 Hz。从频率选择范围可见，本信号发生器频率范围较窄，而一般信号发生频率范围较宽，但细调不够精细，稍微调节，频率就变化 2 ~ 3 Hz。本仪器频率细调达 0.1 Hz，对于共振峰十分尖锐的本实验是最适用的。

实验原理

用悬丝耦合弯曲共振法测量金属材料杨氏模量的基本方法是：将一根截面均匀的试样（圆棒或矩形棒）用两根细丝悬挂在两只传感器（即换能器，一只激振，一只拾振）下面，在试样两端自由的条件下，激振信号通过激振传感器产生振动，并由拾振传感器检测出试样共振时的共振频率。再测出试样的几何尺寸、密度等参数，即可求得试样材料的杨氏模量。

截面均匀的试样作弯曲振动，其固有振动频率由下式确定：

$$f_n^2 = \frac{(k_n l)^4 EJ}{(2\pi)^2 \rho l^4 S}$$

式中：$(k_n l)$ 为取决于边界条件的特定系数；J 为取决于截面形状的惯性力矩；E 为杨氏模量；ρ 为密度；l 为试样长度；s 为试样横截面积；n 为表示谐波次数的角标。所以

$$E = \frac{(2\pi)^2 l^4}{(k_n l)^4} \cdot \frac{\rho S}{J} f_n^2$$

基频振动时 $(k_1 l) = 4.73$ ，此时

$$E = 7.881\ 7 \times 10^{-2} \frac{l^4 \rho S}{J} f_1^2 \tag{3.3.12}$$

圆棒的惯性矩为

$$J = Sr^2 = S\left(\frac{d}{4}\right)^2 = \frac{\pi}{64} d^4$$（r 为回转半径，d 为棒直径）

代入式（3.3.12）有

$$E = 1.606\ 7\frac{ml^3}{d^4}f_1^2 \quad (3.3.13)$$

矩形棒的惯性矩为

$$J = Sr^2 = S\left(\frac{h}{2\sqrt{3}}\right)^2 = \frac{bh^3}{12}$$（b 为截面宽度，h 为截面厚度）

代入式（3.3.12）有

$$E = 0.94645\frac{ml^3}{bh^3}f_1^2 \quad (3.3.14)$$

式中，l 为棒长，单位为 m；d 为圆形棒直径，单位为 m；b 为矩形棒截面宽度，单位为 m；h 为矩形棒截面厚度，单位为 m；m 为棒的质量，单位为 kg；f_1 为试样共振基频，单位为 Hz。

如果在实验中测量了试样在不同温度时的固有频率 f，即可计算出试样在不同温度时的杨氏模量 E。

值得注意的是，以上两个公式是根据最低级次（基频）的对称非振动的波形推导出来的。由图 3.3.11 可见，试样在基频振动时存在两个节点，分别在 $0.224l$ 和 $0.776l$ 处。显然，节点是不振动的，实验时悬丝不能吊挂在节点上。

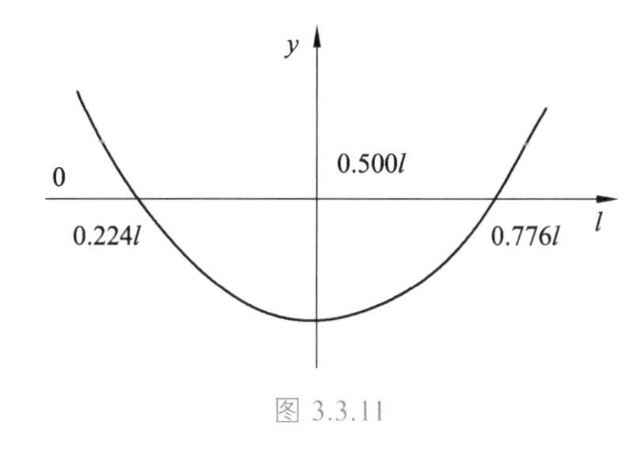

图 3.3.11

实验内容和步骤

（1）用游标卡尺测量试样的长度，用千分尺测量试样的直径，用物理天平称出质量 m。重复测 5 次，填入表 3.3.8 中。

（2）按图 3.3.8 所示接好线路，测共振频率 f。先估算出共振频率 f（室温下 $E_{钢} = 1.2\times 10^{11}\,\text{N}\cdot\text{m}^{-2}$）以便寻找共振点，然后利用“粗调”“细调”配合调节，并调节激振电压（U）和示波器（V/div），使共振时示波器上呈现出明显的共振波形，测出共振频率 f。但因试样共振状态的建立需要一个过程，且共振峰十分尖锐，所以在共振点附近调节信号频率时必须十分缓慢地进行。重复测 5 次，填入表 3.3.8 中。

（3）逐步改变吊扎点位置，逐点测出试样的共振频率 f。设试样端面至吊扎点的距离为 x，以 $\frac{x}{l}$ 作为横坐标，共振频率 f 为纵坐标作图，将数据填入表 3.3.9 中。

从而求出吊扎点在试样节点$\left(\frac{x}{l}=0.224\right)$时的共振频率 f 。

（4）求出试样的杨氏模量。

数据记录及处理

1. 数据记录

表 3.3.8 数据记录

次数	l/mm	Δd/mm	d/mm	Δd/mm	m/g	Δm/g	f_1/Hz	Δf_1/Hz
1								
2								
3								
4								
5								
平均值								

表 3.3.9 数据记录

x/mm	22.50	30.00	31.50	33.00	34.50	37.50	45.00
$\frac{x}{l}$	0.15	0.20	0.21	0.22	0.23	0.25	0.30
f_1/Hz							
激振电压/V							

2. 数据处理

$u_A(\bar{l})=\sqrt{\frac{\sum(l_i-\bar{l})^2}{n(n-1)}}=$ ________ $(n=5)$　　$u(l)=\sqrt{u_A^2(\bar{l})+\frac{\Delta_{仪}^2}{3}}=$ ________

$u_A(\bar{d})=\sqrt{\frac{\sum(d_i-\bar{d})^2}{n(n-1)}}=$ ________ $(n=5)$　　$u(d)=\sqrt{u_A^2(\bar{d})+\frac{\Delta_{仪}^2}{3}}=$ ________

$u_A(\bar{m})=\sqrt{\frac{\sum(m_i-\bar{m})^2}{n(n-1)}}=$ ________ $(n=5)$　　$u(m)=\sqrt{u_A^2(\bar{m})+\frac{\Delta_{仪}^2}{3}}=$ ________

$u_A(\bar{f})=\sqrt{\frac{\sum(f_i-\bar{f})^2}{n(n-1)}}=$ ________ $(n=5)$　　$u(f)=\sqrt{u_A^2(\bar{f})+\frac{\Delta_{仪}^2}{3}}=$ ________

$$\bar{E}=1.6067\frac{\overline{ml}^3}{\bar{d}^4}\cdot\bar{f}_1^2=\_\_\_\_\_\_\_\_$$

$$E_r=\sqrt{\left(\frac{u(m)}{m}\right)^2+\left(3\frac{u(l)}{l}\right)^2+\left(4\frac{u(d)}{d}\right)^2+\left(2\frac{u(f)}{f}\right)^2}=\_\_\_\_\_\_\_\_$$

$$u(E)=\bar{E}\cdot E_r=\_\_\_\_\_\_\_\_$$

注意事项

（1）实验时悬丝不能吊在节点上；

（2）共振点附近调节信号频率时须十分缓慢；

（3）在实际测量中，往往会出现几个共振峰，应能正确分辨。

实验 3.4　物体转动惯量的测量

物体转动惯量的测量

转动惯量是刚体转动时惯性大小的量度，是表示刚体特性的一个物理量。刚体定轴转动时，具有以下特征：首先是轴上各点始终静止不动。其次是轴外刚体上的各个质点，尽管到轴的距离（即转动半径）不同，相同的时间内转过的线位移也不同，但转过的角位移却相同，因此只要在刚体上任意选定一点，研究该点绕定轴的转动并以此来描述刚体的定轴转动。刚体转动惯量除了与物体的质量有关外，还与转轴的位置和质量分布（即形状、大小和密度分布）有关。如果刚体形状简单，且质量分布均匀，可以直接计算出它绕特定转轴的转动惯量。对于形状复杂，质量分布不均匀的刚体，计算将极为复杂，通常采用实验方法来测定。

3.4.1　扭摆法测转动惯量

实验目的

（1）熟悉扭摆的构造和使用方法。

（2）学会用扭摆测定几种不同形状物体的转动惯量和弹簧的扭转常数。

（3）了解平行轴定理。

实验仪器

1. 扭摆及几种待测转动惯量的物体

空心金属圆柱体，实心塑料圆柱体，木球，验证转动惯量平行轴定理用的细金属杆（杆上有 2 块可以自由移动的金属滑块），数字式计数计时器以及数字式电子台秤。

2. 转动惯量测试仪

仪器由主机和光电传感器两部分组成。

主机采用新型的单片机作为控制系统，用于测量物体转动和摆动的周期，以及旋转体的转速，能自动记录、存储多组实验数据并能够精确地计算实验数据的平均值。

光电传感器主要由红外发射管和红外接收管组成将光信号转换为脉冲电信号，送人主机。工作因人眼无法直接观察仪器工作是否正常，但可用遮光物体往返遮挡探头发射光束通路，检查计时器是否开始计量和到达预定周期数时是否停止计数。为防止过强光线对光电探头的影响，光电探头不能置放在强光下，实验时采用窗帘遮光，确保计时的准确。

3. 仪器使用方法

（1）调节光电传感器在固定支架上的高度，使被测物体的挡光杆能自由往返地通过光电门，再将光电传感器的信号传输线插入主机输入端（位于测试仪背面）。

（2）开启主机电源，“摆动”指示灯亮，参量指示为 P_1，数据显示为“---”。

（3）本机设定扭摆的周期数为 10，如要更改，可参照仪器使用说明 3 重新设定。更设后的周期不具有记忆功能，一旦切断电源或按“复位”键，便恢复原来的默认周期数。

（4）按“执行”键，数据显示为“0000”，表示仪器已处在等待测量状态，此时，当被测物体往复摆动的挡光杆第一次通过光电门时，仪器即开始连续计时，直至达到仪器所设定的周期数时停止计时，由“数据显示”给出累计时间，同时，仪器自行计算周期 P_1 并予以存储，以供查询和多次测量求平均值，至此，P_1（第一次测量）测量完毕。

（5）按“执行”键，“P_1”变为“P_2”，数据显示又回到“0000”，按（4）时执行 P_2（第二次测量）。本机设定重复测量的最多次数为 5 次，即 P_1，P_2，…，P_5，通过“查询”键可知各次测量的周期值 C_i（$i=1$，2，…，5）及它们的平均值。

实验原理

1. 转动惯量的计算

扭摆的构造如图 3.4.1 所示，在其垂直轴 1 上装有一根薄片状的螺旋弹簧 2，用以产生恢复力矩。在轴的上方可以装上各种待测物体。垂直轴与支座间装有轴承，使摩擦力矩尽可能降低。

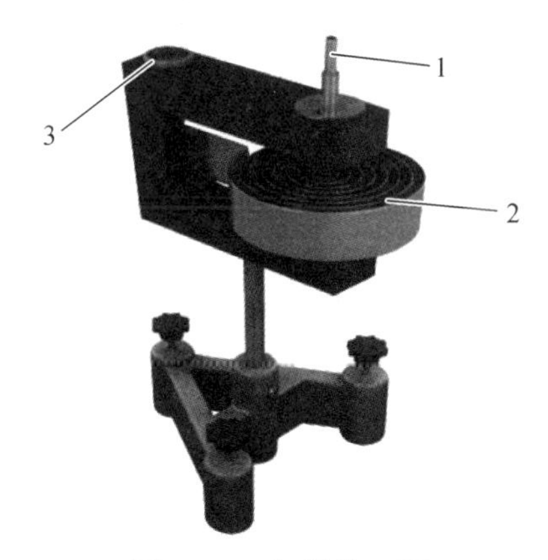

图 3.4.1　扭摆装置图

将物体在水平面内转过一角度 θ 后，在弹簧的恢复力矩作用下，物体就开始绕垂直轴作往返扭转运动。根据胡克定律，弹簧受扭转而产生的恢复力矩 M 与所转过的角度 θ 成正比，即

$$M=-K\theta \tag{3.4.1}$$

式中，K 为弹簧的扭转常数。根据转动定律

$$M=I\beta$$

式中，I 为物体绕转轴的转动惯量，β 为角加速度，由上式得

$$\beta=\frac{M}{I} \tag{3.4.2}$$

令 $\omega^2=\dfrac{K}{I}$，且忽略轴承的摩擦阻力矩，由式（3.4.1）与式（3.4.2）得

$$\beta = \frac{d^2\theta}{dt^2} = -\frac{K}{I}\theta = -\omega^2\theta$$

上述方程表示扭摆运动具有角简谐振动的特性，即角加速度与角位移成正比，且方向相反。此方程的解为

$$\theta = A\cos(\omega t + \varphi)$$

式中，A为谐振动的角振幅，φ为初相位角，ω为角速度。此谐振动的周期为

$$T = \frac{2\pi}{\omega} = 2\pi\sqrt{\frac{I}{K}} \tag{3.4.3}$$

利用式（3.4.3）测得扭摆的摆动周期后，在I和K中任意一个量已知时即可计算出另一个量。

本实验采用一个几何形状规则的物体，它的转动惯量可以根据它的质量和几何尺寸用理论公式直接计算得到。再计算出本仪器弹簧的K值。若要测定其他形状物体的转动惯量，只需将待测物体安放在本仪器顶部的各种夹具上，测定其摆动周期，由式（3.4.3）即可算出该物体绕转动轴的转动惯量。

2. 平行轴定理

若质量为m的物体（小金属滑块）绕通过质心轴的转动惯量为I_0时，当转轴平行移动距离x时，则此物体的转动惯量变为$I_0 + mx^2$。为了避免相对转轴出现非对称情况，由于重力矩的作用使摆轴不垂直而增大测量误差。实验中采用两个金属滑块辅助金属杆的对称测量法，验证金属滑块的平行轴定理。这样，I_0为两个金属滑块绕通过质心轴的转动惯量，m为两个金属滑块的质量，$I_{杆}$为杆绕摆轴的转动惯量。当转轴平行移动距离x时（实际上移动的是通过质心的轴），测得的转动惯量

$$I = I_{杆} + mx^2$$

实验内容和步骤

（1）用台秤、游标卡尺测量待测物体的质量和必要的几何尺寸。如圆筒的内径和外径、圆柱体的外径、木球的直径等。

（2）在转轴上装上对此轴的转动惯量为I_0的金属载物圆盘。测量 10 个摆动周期所需要的时间$10T_0$。再在载物圆盘上放置转动惯量为I_1的塑料圆柱体，其值可由圆柱体的质量m_1和外径D_1算出，即$I_1 = \frac{1}{8}m_1D_1^2$，则总的转动惯量为$I_1 + I_0$，并测量出 10 个摆动周期所需要的时间$10T_1$。

由式（3.4.3）很容易得到

$$\frac{T_0}{T_1} = \frac{\sqrt{I_0}}{\sqrt{I_0 + I_1}} \text{或} \frac{I_0}{I_1} = \frac{T_0^2}{T_1^2 - T_0^2}$$

同时计算出弹簧的扭转常数

$$K = 4\pi^2 \frac{I_1}{T_1^2 - T_0^2} \tag{3.4.4}$$

在国际单位制（SI）中，弹簧的扭转常数 K 的单位为 $kg \cdot m^2 \cdot s^{-2}$ 或 $N \cdot m$。

（3）将金属圆筒放在载物盘上，测出其摆动 10 个周期所用时间 $10T_2$。

（4）取下载物圆盘，装上木球，测量出摆动 10 个周期所用时间 $10T_3$。

（5）取下木球，将细杆装在转轴上，细杆中心与转轴重合，测量出摆动 10 个周期所用时间 $10T_4$。

数据记录及处理

弹簧的扭转系数：$K = 4\pi^2 \frac{I_1}{T_1^2 - T_0^2} =$

表 3.4.1　扭摆法测转动惯量数据记录表

物体名称	质量 m/kg	几何尺寸 $/10^{-2}$m		周期 /s		转动惯量理论值 /$kg \cdot m^2$	转动惯量实验值 /$kg \cdot m^2$	百分差 E%
载物圆盘				T_0			$I_0 = I_1 \frac{\overline{T}_0^2}{\overline{T}_1^2 - \overline{T}_0^2}$	
				$\overline{T}_0$				
实心圆柱体		D_1		T_1		$I_1 = \frac{1}{8} m_1 D_1^2$	$I_1' = \frac{K}{4\pi^2} \overline{T}_1^2 - I_0$	
		平均值		$\overline{T}_1$				
空心金属圆筒		$D_{外}$		T_2		$I_2 = \frac{1}{8} m_2 (\overline{D}_{外}^2 + \overline{D}_{内}^2)$	$I_2' = \frac{K}{4\pi^2} \overline{T}_2^2 - I_0$	
		平均值		$\overline{T}_2$				
		$D_{内}$						
		平均值						
金属细杆		l		T_3		$I_3 = \frac{1}{12} m_3 \overline{l}^2$	$I_3' = \frac{K}{4\pi^2} \overline{T}_3^2$	
		平均值		$\overline{T}_3$				

注意事项

（1）扭转用力不要过猛，弹簧的扭转常数 K 不是固定的常数，它与摆角大小略有关系，摆角在 90° ~ 40° 间基本相同。为了减少实验的系统误差，在测定各种物体的摆动周期时，摆角应基本保持在同一个范围内。

（2）光电探头宜放置在挡光杆的平衡位置处，挡光杆不能与它接触，以免增加摩擦力矩。

（3）在安待测物体时，其支架必须全部套入扭摆的主轴，并且将止动螺丝旋紧，否则扭摆不能正常工作。

3.4.2 用三线摆测量刚体的转动惯量

测量刚体转动惯量的方法有多种，三线摆法是具有较好物理思想的实验方法，它具有设备简单、直观、测试方便等优点。

实验目的

（1）熟悉三线摆的构造和使用方法。

（2）学会用三线摆测定几种不同形状物体的转动惯量和弹簧的扭转常数。

（3）了解平行轴定理。

实验仪器

三线摆转动惯量测定仪、光电计时器、米尺、游标卡尺、数字式电子台秤。

实验原理

1. 转动惯量公式推导

如图 3.4.2 所示，三线摆实验装置。实验仪器的上下圆盘通过三个对称分布的等长悬线相连，上圆盘固定，下圆盘可绕中心轴作扭摆运动。

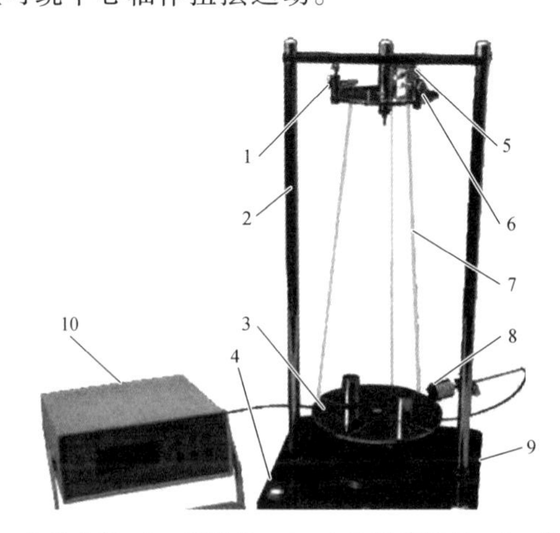

1—悬线调节螺钉；2—金属支架；3—下圆盘；4—水平调节螺钉；5—转动手柄；6—上圆盘；7—悬线；8—光电门；9—底板；10—光电计时器。

图 3.4.2 三线摆实验装置

下面根据能量守恒定律和刚体转动定律对下圆盘绕中心轴的转动惯量进行推导。设下圆盘的质量为 m_0；上下悬点离各自圆盘中心距离分别为 r、R；平衡时上下两圆盘的间距为 H_0；下圆盘作简谐运动的周期为 T_0；重力加速度为 g；推导示意图如图 3.4.3 所示。当下盘转动角度为 θ 时，且 θ 很小，忽略空气阻力，扭摆绕中心轴 OO' 的运动可近似看作简谐运动，运动方程为

$$\theta = \theta_0 \sin\frac{2\pi}{T_0}t \tag{3.4.5}$$

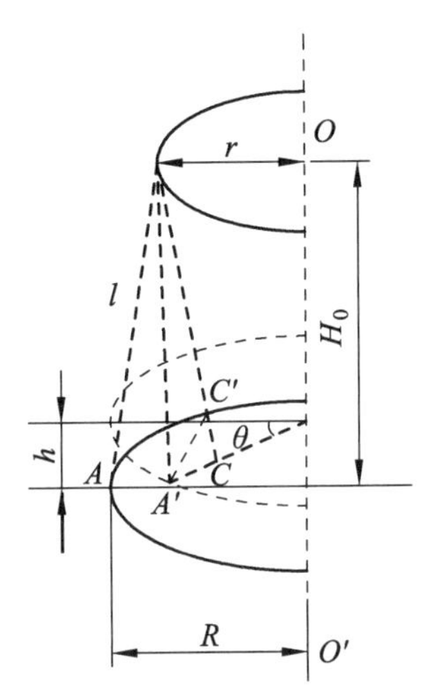

图 3.4.3　三线摆的原理

当摆离开平衡位置最远时，其重心上升 h，由机械能守恒定律有

$$\frac{1}{2}I_0\omega_0^2 = m_0 gh \tag{3.4.6}$$

即

$$I_0 = \frac{2m_0 gh}{\omega_0^2} \tag{3.4.7}$$

其中

$$\omega = \frac{\mathrm{d}\theta}{\mathrm{d}t} = \frac{2\pi\theta_0}{T_0}\cos\frac{2\pi}{T_0}t \tag{3.4.8}$$

当 $t = 0$ 时，则

$$\omega_0 = \frac{2\pi\theta_0}{T_0} \tag{3.4.9}$$

将式（3.4.9）代入式（3.4.6）得

$$I_0 = \frac{m_0 ghT_0^2}{2\pi^2\theta_0^2} \tag{3.4.10}$$

从图 3.4.3 中的几何关系可得

$$(H_0-h)^2+R^2+r^2-2Rr\cos\theta_0=l^2=H_0^2+(R-r)^2 \tag{3.4.11}$$

化简可得

$$H_0h-\frac{h^2}{2}=Rr(1-\cos\theta_0) \tag{3.4.12}$$

由于$H_0 \gg h$，故$\frac{h^2}{2}$可忽略，且$1-\cos\theta_0\approx\frac{\theta_0^2}{2}$，则$h=\frac{Rr\theta_0^2}{2H_0}$，代入式（3.4.10）可得

$$I_0=\frac{m_0gRr}{4\pi^2H_0}T_0^2 \tag{3.4.13}$$

式（3.4.13）即为下圆盘绕中心轴的转动惯量。

当把一刚体（质量为M_1）放置在下圆盘时，忽略因重力变化而引起的悬线伸长，则由式（3.4.13）可得刚体和下圆盘绕几何中心轴线的转动惯量为

$$I_1=\frac{(m_0+M_1)gRr}{4\pi^2H_0}T_1^2 \tag{3.4.14}$$

待测刚体绕中心轴的转动惯量为

$$I=I_1-I_0=\frac{gRr}{4\pi^2H_0}[(m_0+M_1)T_1^2-m_0T_0^2] \tag{3.4.15}$$

2. 转动惯量的平行轴定理

设质量为m的刚体，绕其质心轴转动的转动惯量为I_c。当该刚体绕距离质心轴x处的新轴OO'转动时，其转动惯量为

$$I_{OO'}=I_c+mx^2 \tag{3.4.16}$$

式（3.4.16）称为转动惯量的平行轴定理。

在实验过程中，通常是采用将两个质量均为m，形状和质量分布完全相同的小圆柱体对称放置在下圆盘上，如图 3.4.4 所示。根据公式（3.4.15），只要测出两个小圆柱体和下圆盘绕中心轴OO'的转动周期T_x，即可求出每个小圆柱体对中心转轴的转动惯量

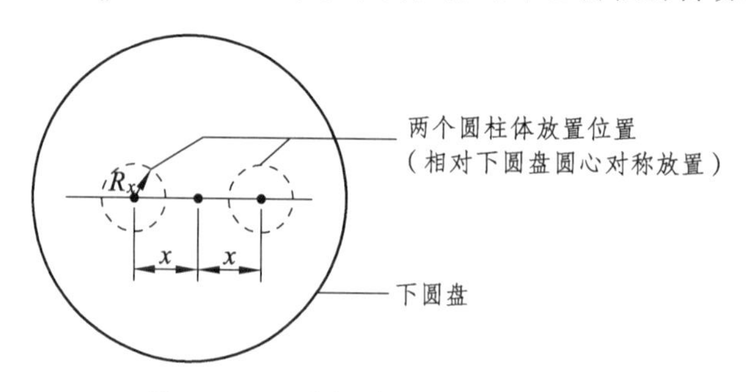

图 3.4.4　三线摆法验证平行轴定理

$$I_x = \frac{1}{2}\left[\frac{(m_0 + 2m)gRr}{4\pi^2 H_0} T_x^2 - I_0\right] \qquad (3.4.17)$$

根据平行轴定理，如果测量出小圆柱体中心到下圆盘中心之间的距离 x 和小圆柱体的半径 R_x，即可计算出小圆柱体绕下圆盘中心轴的转动惯量理论值

$$I_x' = \frac{1}{2} m R_x^2 + m x^2 \qquad (3.4.18)$$

通过比较 I_x 与 I_x' 的大小，进而验证转动惯量的平行轴定理。

实验内容和步骤

1. 测定圆环对通过其质心且垂直于环面轴的转动惯量。

（1）调整两盘水平。先调节调平螺钉使上圆盘水平，再调节上圆盘上的悬线调节螺钉，通过改变悬线的长度，将下圆盘调节水平。

（2）测量下圆盘绕中心轴 OO' 转动的周期 T_0。将光电门置于合适的位置并安装好，通过轻轻转动上圆盘的转动手柄，来带动下圆盘作扭摆运动。一般采用累积放大法来提高测量摆动周期的精度，即测量 20 ~ 50 个周期的时间，再计算出 T_0。

（3）测出待测圆环与下圆盘共同摆动的周期 T_1。将待测圆环放置在下圆盘，并使两者中心重合，按照步骤（2）的方法测量出周期 T_1。

（4）其他物理量的测量

① 用米尺测量出上下圆盘三悬点之间的距离 a 和 b，然后分别计算出上下悬点到各自圆盘中心的距离 r 和 R。

② 用米尺测量出上下圆盘之间的垂直距离 H_0；用游标卡尺测量出圆环的内、外直径 $2R_1$、$2R_2$ 和小圆柱体的直径 $2R_x$。

③ 用数字式电子台秤测量出圆环质量 M_1 和小圆柱体质量 m。

2. 用三线摆法验证转动惯量的平行轴定理

将两个小圆柱体对称放置在下圆盘上，并测量出两个小圆柱体之间的距离 $2x$ 和两小圆柱体与下圆盘共同摆动的周期 T_x。为了减小误差，不改变小圆柱体放置的位置，重复测量 5 次。

数据记录与处理

表 3.4.2　转动周期数据记录表

	下圆盘		下圆盘加圆环	
摆动 20 次所需时间	1		1	
	2		2	
	3		3	
	4		4	
	5		5	
	平均		平均	
摆动周期	$T_0 =$		$T_1 =$	

表 3.4.3　其他物理量数据记录表

次数	上圆盘悬孔间距 a/cm	下圆盘悬孔间距 b/cm	待测圆环		小圆柱体直径 $2R_x$/cm
			外直径 $2R_1$/cm	内直径 $2R_2$/cm	
1					
2					
3					
4					
5					
平均					

$\bar{r}=\dfrac{\sqrt{3}}{3}\bar{a}=$__________　　　　$\bar{R}=\dfrac{\sqrt{3}}{3}\bar{b}=$

下圆盘质量 $m_0=$__________　　　　待测圆环质量 $M_1=$

小圆柱体质量 $m=$__________　　　　上下圆盘间距 $H_0=$

利用以上数据计算出待测圆环的转动惯量及其不确定度，并计算相对误差 $E=\dfrac{|I-I_{理论}|}{I_{理论}}\times 100\%$，式中 $I_{理论}=\dfrac{M_1}{2}(R_1^2-R_2^2)$。

表 3.4.4　验证平行轴定理数据记录表

次数	小孔间距 $2x$/m	摆动周期 T_x/s	转动惯量的实验值 $I_x/\mathrm{kg\cdot m^2}$	转动惯量的理论值 $I_x'/\mathrm{kg\cdot m^2}$	小圆柱体直径 $2R_x$/cm
1					
2					
3					
4					
5					

利用以上数据验证转动惯量的平行轴定理。

注意事项

（1）在调节上下圆盘水平时，一定要认真，尽量调整到严格水平，测量过程中要检查悬线是否松弛，避免影响实验结果。

（2）控制好扭摆角度，最好控制摆角小于 5°，转动上圆盘手柄要缓慢，尽量避免三线摆在作扭摆运动时发生晃动。

（3）放置待测圆环时，应让其中心与下圆盘中心严格重合；放置小圆柱体时，也要注意严格对称，避免影响实验结果。

拓展阅读

对轴的角动量守恒广泛应用在生产、生活和科技活动中，现分别针对刚体和非刚体对轴的角动量守恒进行举例说明。

（1）回转仪是刚体对轴的角动量守恒的典型案例。它是绕几何对称轴调整旋转的边缘厚重的转子。当转子高速旋转时，由于摩擦力矩基本可以忽略，因此在较长时间内转子的角动量守恒。由于刚体的转动惯量不变，由角动量守恒定律可知，角速度的大小、方向也不变，因此，回旋仪的轴的方向保持不变，即无论底座如何移动，回转仪的自转方向不变，从而起到定向的作用。在航行过程中，当飞行方向与回转仪的自转轴方向发生偏转时，自动驾驶仪会及时对航行方向进行校正。

历史上著名的诺曼底登陆，当时的德国在战争中大败，腹背受敌，希特勒垂死挣扎，请出了自己的秘密武器—V-1 和 V-2 飞航式导弹，此种导弹在飞行时无需驾驶员的操作，可以按预定轨道自动操纵飞行，给当时的英国和美国造成了巨大的损失。在这种导弹自动飞行中起重要作用的就是回转仪，基于对轴的角动量守恒，对导弹进行定向，从而保证其在飞行过程中不会迷失方向。回转仪同样可以用在飞机飞行中。在遇到雷雨、气流或在夜间飞行时，飞行员的视野会受到严重干扰，无法辨明方向，回转仪可以帮助驾驶员自动定向。另外，飞行员在万米高空中，有时会出现空间定向障碍，在此状态下，驾驶员对空间的方向、距离出现错乱，从而会导致严重的飞行事故。而回转仪的发明则可以有效避免此类悲剧的发生。距离大家生活最近的自动驾驶汽车，除了得益于现代雷达、激光等技术外，回转仪的功劳也不可小觑。而自动驾驶汽车的发明，除了解放人们的时间，更能有效地减少交通事故的发生，因为数据显示大部分交通事故是人为造成的。由以上几个例子可以清楚地感受到，回转仪的发明，对世界和全人类具有重大的意义。科学改变命运，科技改变世界，当代大学生应明白科技兴国的重要性，培养热爱科学、积极探索的精神，具备时代使命感，将理论与实践相结合，为人类的进步积极努力。

（2）对于非刚体而言，转动惯量是可变的。当满足合外力矩等于零时，物体对轴的角动量守恒，此时，转动惯量增大时，角速度减少；转动惯量减小时，角速度增大。对于花样滑冰运动员、芭蕾舞演员来讲，通过收拢双臂或展开身体等优美漂亮的舞姿来改变自身的转动惯量，从而改变角速度的大小，实现旋转速度的变化。

2008 年北京举办第 29 届夏季奥运会，我国运动员共获得 51 枚金牌，位列金牌榜首，在这其中就有中国的跳水皇后郭晶晶的 3 米板跳水单人和双人金牌。播放此次比赛郭晶晶跳水的比赛视频，解析在跳水过程中郭晶晶的动作变化，收拢双臂和双腿时，减小转动惯量，提高角速度，从而实现旋转多圈；打开双臂与双腿时，增大转动惯量，减小角速度，从而可以平稳入水。向学生说明，郭晶晶一系列漂亮的动作离不开她训练时的努力与比赛心态的稳定。郭晶晶克服了运动员训练生活的枯燥与痛苦，跳水技术才得以稳定在世界顶尖水平。值得一提的是，郭晶晶的职业生涯并非一帆风顺，也遭遇过几次重大比赛失利的情况。她没有自暴自弃，除了在专业上更加刻苦努力之外，在心理上更加强大，使得她最终笑傲跳水台，为中国赢得无数喝彩。近几年在花样滑冰项目中，令人惊艳的日本选手羽生结弦也同样让人钦佩。播放羽生结弦的花样滑冰视频，解读舞蹈动作与角动量守恒的关系：在需要快速自身旋转多圈时，运动员会收拢双臂和双腿；当全场慢速滑大圈或结束自身旋转时，运动员会伸展身体。

羽生结弦的旋转、衔接一系列动作具有极高的难度，除了在花样滑冰上的天赋之外，刚毅的性格和勤奋的练习也是必不可少的。由以上郭晶晶和羽生结弦的职业经历，让学生可以感受到，努力拼搏、不畏失败是成功的关键。当代大学生是祖国未来的希望，肩负着中国繁荣昌盛的重任。在此背景下，勤奋刻苦学习文化知识，不畏惧艰难险阻，坚强勇敢，在成功中收获经验，在失败中吸取教训，努力向前，是当代大学生成为祖国栋梁的关键[1].

下面介绍自然界中脉冲星形成过程中角动量守恒的例子我国在脉冲星导航技术方面开展的开创性研究。

当恒星到达其寿命周期的尽头时由于引力和聚变的辐射压不能维持平衡，恒星会发生坍缩，质量为太阳质量 1.4 倍以上的恒星，其核心由中子组成，称为中子星。坍塌使得中子星半径 r 大大减小，因而转动惯量大大减小。根据角动量守恒 $I\omega$ = 常量，中子星转动的角速度 ω 会大大增加。中子星的磁场可以束缚电子，高速旋转的电子在切线方向辐射能量。于是，在地球上的观察者可以接收到周期性的脉冲信号。所以，高速自转的中子星又称脉冲星。

1967 年 8 月，剑桥射电天文台的女研究生贝尔在记录纸带上察觉到一个奇怪的“干扰”信号，经多次反复钻研，她成功地认证：地球每隔 1.33 秒接收到一个极其规则的脉冲。 进一步的测量表明，这个天体发出脉冲的频率精确得令人难以置信。接下来，贝尔又发现了另外 3 个类似的脉冲信号源，排除了外星人信号的可能性。许多人认为，贝尔在发现脉冲星的过程中起到了关键的作用。可是，1974 年的诺贝尔奖没有授予贝尔，只授予了她的导师休伊什，这样的失误是难于原谅的，人们对诺贝尔奖委员会授奖前的调查欠周密提出了批评。这个至高无上的学术奖励也出现如此严重的问题，提醒我们学术严谨、学术规范以及学术道德必须时刻铭记心间，这样才能使我们的科研之路走得更远。

脉冲星是恒星核能耗尽后的一种遗骸，属于高速自转的中子星，由于角动量守恒，其自转周期极其稳定，尤其是毫秒脉冲星的自转周期变化率小到 $10^{-21} \sim 10^{-19}$，被誉为自然界最精准的天文时钟。因此，脉冲星可以成为人类在宇宙中航行的“灯塔”，为近地轨道、深空和星际空间飞行的航天器提供自主导航信息服务。2016 年 11 月 10 日我国发射一颗脉冲星导航试验卫星（XPNAV-1），验证了脉冲星导航的可行性。这一次，中国不再跟随美欧的脚步，而要成为“第一个吃螃蟹的人。我们打算通过 5 年到 10 年的努力 ，探测 26 颗脉冲星，建立脉冲星导航数据库。然而，利用基于 X 射线脉冲星实现航天器自主导航涉及诸多关键技术，如 X 射线脉冲星导航数据库技术；大尺度时空基准的建立与维持技术；脉冲到达时间转换模型技术；X 射线脉冲星探测器技术；星载时钟的时间保持技术等。这些技术都有待人们去探索，在这个探索过程中肯定会遇到许许多多困难和挫折，需要人们发扬不折不挠，勇于创新的精神[2]。

参考文献

[1] 梁平. 科教文汇. 大学物理中的课程思政——以“角动量守恒定理”为例[J]. 2019，479：73-74.

[2] 蒋最敏. 物理与工程. 在大学物理力学中的课程思政实践[J]. 2021，31：92-96.

实验 3.5　金属比热容的测定

实验目的

（1）了解和掌握基本的量热方法——混合法。

（2）学会测定金属的比热容。

（3）学习一种对系统误差的修正方法。

实验仪器

量热器（见图 3.5.1），温度计（0.00 ~ 50.00 °C 和 0.00 ~ 100.00 °C 的温度计各 1 支），物理天平，游标卡尺，停表，电热杯，待测金属块，小量筒。

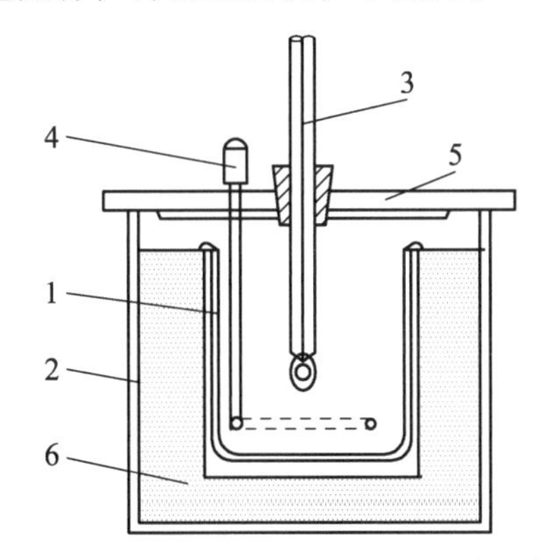

1—内筒；2—外筒；3—温度计；4—搅拌器；5—橡胶木；6—绝热架。

图 3.5.1　量热器

实验原理

测量金属比热容的方法有很多，比如动态法、冷却法、混合法等。本实验采用的是混合法来测定待测金属的比热容。

1. 热平衡原理

混合法其实就是根据热平衡原理来测定固体的比热容。如果将不同温度的物体混合在一起，热量将由高温物体传递给低温物体，且在混合过程中，该系统与外界没有热交换，最后系统将达到均匀的、稳定的平衡状态，两个物体具有相同的温度。在此过程中，高温物体所释放出的热量等于低温物体所吸收的热量，即为热平衡原理。

在物理学中，比热容是热学中的一个重要概念，是反映物质吸热或者放热本领大小的一个物理量，是物质一种基本属性。任何物质都具有比热容，其值各有不同，即使是对于相同物质，只要物态不同，比热容也会不相同。比热容与热量、温度和质量之间的变化关系为：

$$c = \frac{Q}{m \cdot \Delta T} \tag{3.5.1}$$

该公式的物理意义为：某种物质的比热容（或比热）表示使 1 kg 的该物质温度升高或者降低 1 °C 所吸收或者放出的热量。在国际单位制中，比热容的单位为 $J \cdot kg^{-1} \cdot K^{-1}$。

2. 求比热容

根据热平衡原理可以求解出物质的比热容。将质量为 m（kg），温度为 T_2（°C）的金属块投入盛有水的量热器中（金属块的温度高于水的温度）。设待测金属块比热容为 c，量热器（包括内筒、搅拌器、温度计插入水中的部分）的热容为 C，水的质量为 m_0（kg），比热容为 $c_水$，金属块投入水之前，水的温度为 T_1（°C）。金属块投入后，其混合后的温度为 θ（°C）。若在不计量热器与外界热交换的情况下，根据热平衡原理将存在以下关系式：

$$mc(T_2-\theta)=(m_0c_{水}+C)(\theta-T_1) \tag{3.5.2}$$

即

$$c=\frac{(m_0c_{水}+C)(\theta-T_1)}{m(T_2-\theta)} \tag{3.5.3}$$

上式中量热器的热容 C 为：

$$C=m_1c_1+1.9V \tag{3.5.4}$$

式中，m_1（kg）为量热器内筒和搅拌器的总质量，其比热容 $c_1=c_{铜}$；$1.9V$ 为水银温度计插入水中部分的热容（V 为水银温度计侵入水中部分的体积，单位为 cm^3）。则公式（3.5.3）可改写为：

$$c=\frac{(m_0c_{水}+m_1c_1+1.9V)(\theta-T_1)}{m(T_2-\theta)} \tag{3.5.5}$$

在实验中，只要能测量出各部分的质量、温度计插入水中部分的体积、水和待测金属块的初始温度、混合后的温度，代入式（3.5.5），即可计算出待测金属块的比热容。

本实验中，$c_1=c_{铜}=0.385\times10^3\,J\cdot kg^{-1}\cdot K^{-1}$，$c_{水}=4.187\times10^3\,J\cdot kg^{-1}\cdot K^{-1}$。

3. 系统误差的修正

对于上述讨论所得的公式（3.5.5）是在假定量热器与外界没有热交换的前提条件下得到结论，而在量热实验中，是无法避免系统与外界进行热交换，实验结果总是存在系统误差，因此，必须采用散热修正，以减少热散失所带来的影响。

在本实验中减少热散失的主要途径有三个方面：第一是物体在加热后，在投入到量热器的水中这一过程中产生的热散失，对于这部分的热量不容易修正，只能在操作过程中尽量缩短投放时间；第二是在投下待测金属块后，在混合过程中，量热器由外部吸热和高于室温后向外散失的热量，对于这一部分的热散失，本实验中要着重进行修正；第三是要注意量热器内筒的外部不能有水附着，以防止由于水的蒸发损失较多的热量，可用干布或者纸将其擦干。

消除第二种热散失的方法，即热量出入相互抵消的方法如下：

控制量热器的初温，即水的温度 T_1 低于环境温度 T_0，混合后的末温 θ 高于环境温度 T_0，并使 T_0-T_1 大致等于 $\theta-T_0$。

由于实验在混合的过程中，量热器与环境之间有热交换，其过程是先吸热，后放热，就致使由温度计读出的初温 T_1 和混合后的温度 θ 都与无热交换时的各温度不同，因此必须要对

初温 T_1 和混合温度 θ 进行修正，可利用图解法进行修正，如图 3.5.2 所示。

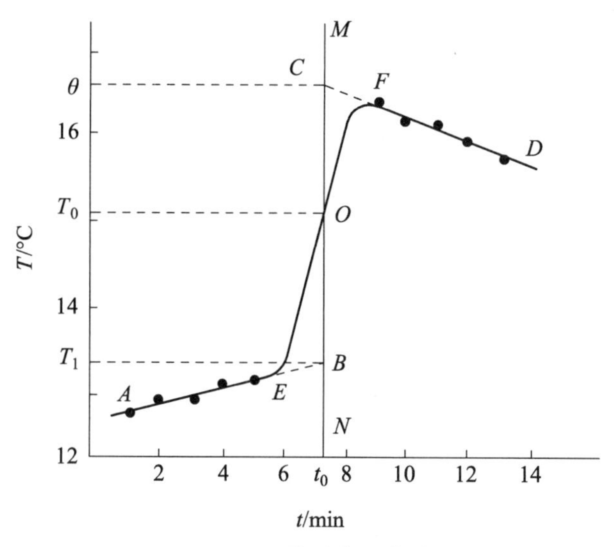

图 3.5.2 散热修正曲线

利用上图数据来对修正过程进行简单的说明：实验时，从投放金属块前 5 ~ 6 mim 开始，每隔 1 min 记录水的温度，并且记录下投放金属块的时刻与温度。投入高温金属块之后（连续计时），记录下温度达到 T_0 的时刻 t_0，水温达到最高点后继续测量 5 ~ 6 mim，依然每隔 1 min 记录水的温度。过 t_0 作一竖直线 MN，过 T_0 作一水平线，二者交于 O 点，然后描出投物前的吸热线 AE，与 MN 交于 B 点，描出混合后的放热线 FD 与 MN 交于 C 点，混合后的实际升温线 EF 分别于 AB、CD 交于 E 和 F。因为水温达到室温前，量热器一直在吸热，所以混合过程的初温应该是与 B 点对应的温度 T_1，此值高于投物时记下的温度；同理，水温高于室温后，量热器向环境放热，所以混合后的最高温度应该是与 C 点对应的温度 θ，此值也高于温度计显示的最高温度。在图 3.5.2 中，吸热用面积 BOE 表示，散热用面积 COF 表示，当两面积相等时，说明在实验过程中，系统对环境的吸热和放热相互抵消，否则，实验将受到环境的影响。实验中，应力求两面积相等。

实验内容和步骤

（1）用物理天平称量待测金属块的质量 m，同时记下此时的室内温度 T_0。

（2）将待测金属块吊在电热杯中加热待用（80 °C 左右），注意插入的温度计要靠近待测金属块。

（3）用量热器内筒盛低于室温的冷水，用物理天平设法称量出水的质量 m_0（内筒盛水时的总质量减去空内筒的质量）、量热器内筒和搅拌器的总质量 m_1。

（4）测量量热器内筒中的水温并记录时间，每 1 min 测量一次，连续测下去（测量 5 ~ 6 min）。

（5）将加热后的金属块（电热杯中）快速地放入量热器中，并记录此时电热杯中水的温度，即为高温金属块的温度 T_2，同时记录金属块放入量热器中的那一时刻（一定要与前面连续记时）。

（6）用搅拌器轻轻搅拌，并观察温度计的示值，其间一定要观察并记录混合温度在上升过程中达到室温 T_0 的时刻 t_0（用来作竖直线 MN 用）。当混合湿度达到最大值时，记下此时刻对应的湿度值，以后每 1 min 测量一次，连续测下去（测量 5 ~ 6 min）。

（7）设法测出温度计插入水中部分的长度，进而求出温度计浸入水中部分的体积 $V(\mathrm{cm}^3)$

数据记录及处理

1. 数据记录

表 3.5.1　实验温度数据记录表

前 5 分钟		放入金属块后、温度达到温室的数据		后 5 分钟	
t	T/°C	T/°C		t	T/°C
1				1	
2		t		2	
3		T/°C		3	
4				4	
5		t_0		5	

表 3.5.2　相关数据记录表

m_0/kg /kg	m/kg	m_1/kg	c_0/J·kg^{-1}·K^{-1}	c_1/J·kg^{-1}·K^{-1}	V/cm^3

2. 数据处理

（1）用坐标纸依照图 3.5.2 绘制 T - t 图，求出混合前的初温 T_1 和混合温度 θ（修正后的值）。

（2）将上述各测量值代入式（3.5.5），计算被测金属块的比热容和相对误差。

注意事项

（1）温度计易碎，在揭开和盖上绝热盖时，都要先把温度计妥善放好。

（2）混合过程中，量热器中温度计的位置要适中，不要使它靠近放入的高温金属块，因为未混合好的局部温度可能很高。

（3）水的初温 T_1 不宜比室温 T_0 低得过多，温度差控制在 2 ~ 3 °C 即可。

（4）搅拌时不要过快，以防止有水溅出。

（5）实验时应擦干量热器的外筒壁。

（6）整个实验过程（记录温度变化的过程）中时间的记录是连续的，中途不得将停表归零。

实验 3.6　电子元件伏安特性的研究

电子元件伏安特性的研究

实验目的

（1）掌握用伏安法测量电阻的阻值，分析电表的接入误差。

（2）描绘待测电阻、晶体二极管的伏安特性曲线。

实验仪器

电阻元件伏安特性实验仪（见图 3.6.1）、导线若干。

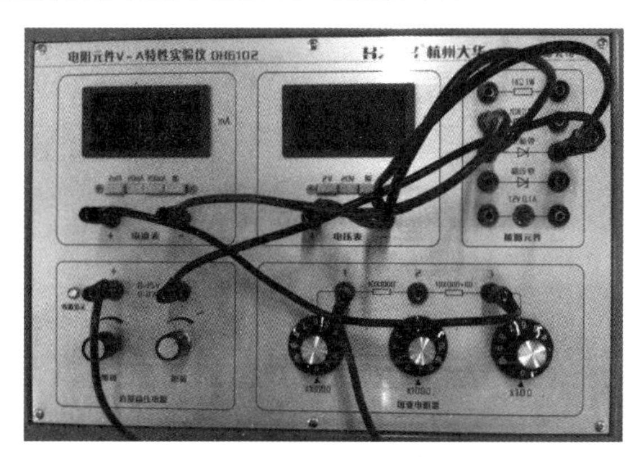

图 3.6.1　电阻元件伏安特性实验仪

实验原理

1. 伏安法测电阻

当直流电流通过待测电阻 R 时，用电压表测出 R 两端的电压 U，同时用电流表测出通过 R 的电流 I，根据欧姆定律 $R=\dfrac{U}{I}$ 计算出待测电阻 R 的数值，这种方法称为伏安法。以测得的电压值为横坐标，相对应的电流值为纵坐标作图，所得流过电阻元件的电流强度随元件两端电压变化的关系曲线，称为电阻的伏安特性曲线。

要测得一个元件的伏安特性曲线，就应该同时测量流过元件的电流强度及元件两端的电压。其电路连接有两种可能，即电流表内接和电流表外接，由于电表的影响，无论哪种接法，都会产生接入误差，下面对它们引入误差进行分析。

（1）电流表内接。

如图 3.6.2 所示，设电流表的内阻为 R_A，回路电流为 I，则电压表测出的电压值

$$U=IR+IR_A=I(R+R_A)$$

即电阻的测量值 R_x 为

$$R_x=R+R_A \tag{3.6.1}$$

可见测量值大于实际值，测量的绝对误差为 R_A，相对误差为 $\frac{R_A}{R}$。当 $R_A << R$ 时，用内接法。

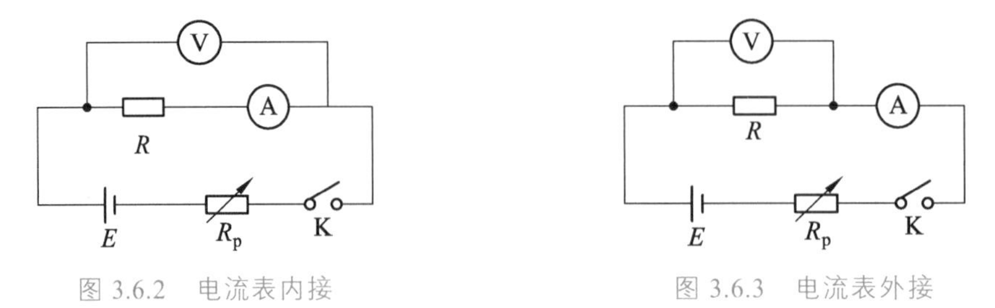

图 3.6.2　电流表内接　　　　图 3.6.3　电流表外接

（2）电流表外接。

如图 3.6.3 所示，设电阻 R 中流过的电流为 I_R，又设电压表流过的电流为 I_V，电压表内阻为 R_V，则电流表中的电流为

$$I = I_R + I_V = U\left(\frac{1}{R} + \frac{1}{R_V}\right)$$

因此电阻 R 的测量值 R_x 为

$$R_x = \frac{U}{I} = R \cdot \frac{R_V}{R + R_V}$$

由于 $R_V < (R + R_V)$，所以测量值 R_x 小于实际值 R，测量的相对误差为

$$E_r = \frac{|R_x - R|}{R} = \frac{R}{R + R_V} \tag{3.6.2}$$

式中负号是由于绝对误差是负值，可见只有当 $R_V \gg R$ 时才可用外接法。

因此，在具体的实验过程中，可以通过比较 $\frac{R_A}{R}$ 与 $\frac{R}{R_V}$ 的大小，来选择电流表的接法。如果 $\frac{R_A}{R} < \frac{R}{R_V}$，即 $R^2 > R_A R_V$，此时采用电流表内接法系统误差小；如果 $\frac{R_A}{R} > \frac{R}{R_V}$，即 $R^2 < R_A R_V$，此时采用电流表外接法系统误差小；如果 $\frac{R_A}{R} = \frac{R}{R_V}$，即 $R^2 = R_A R_V$，则两种接法都可以。

2. 测量晶体二极管的伏安特性

晶体二极管 PN 结具有单向导电性，即加正向电压时电阻很小，处于正向导通状态；而加反向电压时电阻很大，处于截止状态。当所加电压大小发生变化时，流过二极管的电流和所加电压不是线性关系，其伏安特性曲线为

$$I = I_S\left(e^{\frac{qU}{kT}} - 1\right) \tag{3.6.3}$$

由此可知，二极管是一种非线性元件，如图 3.6.4 所示。

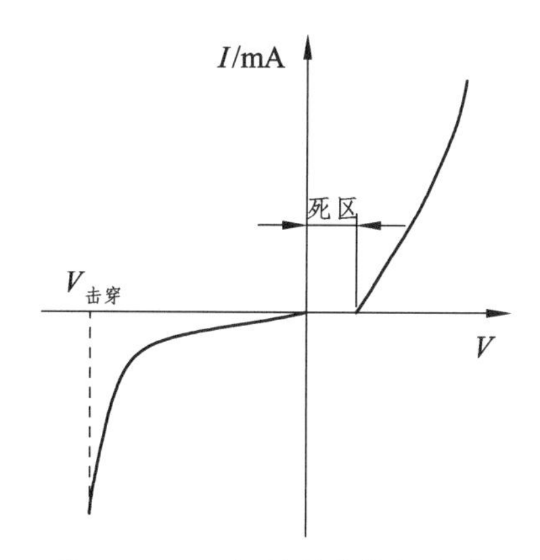

图 3.6.4　二极管伏安特性曲线

从二极管的伏安特性曲线可知，其伏安特性由两部分构成：

（1）正向伏安特性曲线。

当在二极管两端加上正向电压时，如果正向电压较小，二极管呈现较大的正向电阻，流过二极管的正向电流很小，此区域称为死区。当正向电压超过死区电压（一般硅管为 0.7 V，锗管为 0.2 V），电流增长很快，且近似地和电压呈线性关系。二极管使用时，其正向电流不允许超过最大整流电流，否则将导致二极管的正向击穿。

（2）反向伏安特性曲线。

在二极管两端加上反向电压，由于少数载流子的作用，会形成反向电流。当反向电压在一定范围内时，反向电流很小，而且几乎不变，此时的反向电流称为反向饱和电流。当反向电压增大到一定程度后，反向电流突然增大，此时二极管处于击穿状态，所以二极管必须给出反向工作电压（通常是击穿电压的一半）。

实验内容和步骤

1. 测定金属膜电阻的伏安特性

（1）在电子元件伏安特性实验仪上选择待测电阻 1 kΩ，选取电压表量程为 20 V 挡位，其内阻为 10 MΩ，电流表量程为 20 mA 挡位，内阻为 10 Ω，1、3 孔件的变阻器调为 700 Ω，请分析选择用内接法（见图 3.6.2）还是外接法（见图 3.6.3）连接电路。

（2）电路连接好后，仔细检查线路，无误后打开电源开关。从电压表读数为 0 V 开始，通过调节电源电压粗调与细调旋钮，来改变电压的读数，并每隔 1 V 记录其相应的电流，直到电压表读数为 8.000 V，将数据记录在数据记录表中，断开电源开关。

2. 描绘晶体二极管的伏安特性曲线

（1）按图 3.6.5 连接电路，选取电压表量程为 2 V 档位，电流表量程为 20 mA 档位，1、3 孔件的变阻器调为 700 Ω。

（2）打开电源开关，调节电源电压的粗调和细调，使电压表读数从 0 V 开始，然后使电压表读数为 0.500 V，记录对应的电流，之后每隔 0.050 V 读一次电流，直到电压表达到 0.800 V 为止，将二极管的电压及对应的电流数据记录在表格中，断开电源开关。

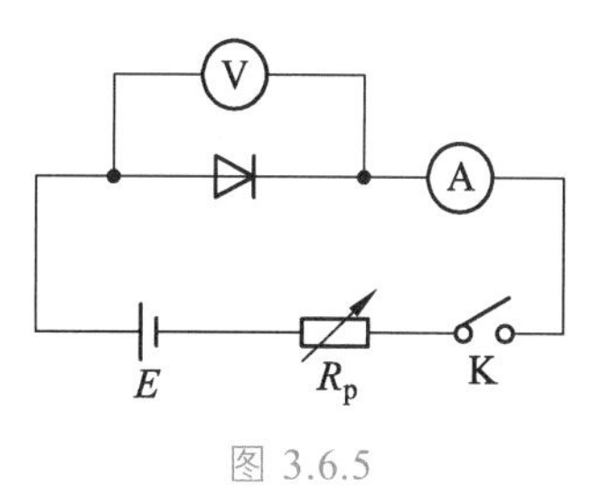

图 3.6.5

数据记录及处理

1. 数据记录

表 3.6.1　金属膜电阻（1 kΩ）数据记录表

次数	U/V	I/mA
1	1.000	
2	2.000	
3	3.000	
4	4.000	
5	5.000	
6	6.000	
7	7.000	
8	8.000	

表 3.6.2　二极管正向伏安特性数据记录表

次数	U/V	I/mA
1	0.000	
2	0.500	
3	0.550	
4	0.600	
5	0.650	
6	0.700	
7	0.750	
8	0.800	

2. 数据处理

（1）利用表 3.6.1 金属膜电阻伏安特性数据，以电压为横坐标，以电流为纵坐标描绘伏安特性曲线，根据伏安特性曲线图求待测电阻的阻值，并计算出相对误差。

（2）利用表 3.6.2 二极管正向伏安特性数据，以电压为横坐标，以电流为纵坐标作正向伏安特性曲线。

注意事项

（1）连接电路图时，要认真检查是否连接正确，打开实验仪器电源的同时，观察电压表和电流表显示是否正常，保护好实验仪器。

（2）调节待测元件两端电压时，要缓慢进行，尽量调节至规定的电压值，做好对应电流记录。

（3）测量二极管时，应先断开电源，再将二极管正向接入，且勿反向，避免烧坏元件。

实验 3.7　惠斯通电桥测电阻

惠斯通电桥测电阻

实验目的

（1）掌握惠斯通电桥的测量原理及特点。

（2）初步了解影响电桥精度的原因，并分析测量误差。

实验仪器

QJ19 型直流电阻电桥、指针式灵敏检流计、待测电阻、导线若干。

实验原理

1. 惠斯通电桥的工作原理

惠斯通电桥工作原理如图 3.7.1 所示，三个电阻箱 R_1，R_2，R_0 和待测电阻 R_x 连成一个四边形，每一条边称作电桥的一个臂。对角线 AC 上接电源 E，对角线 BD 上接检流计 G。所谓“桥”就是指 BD 这条对角线而言，它的作用是将“桥”两端的电位 U_B 和 U_D 直接进行比较。在一般情况下，检流计上有电流通过，其指针发生偏转。

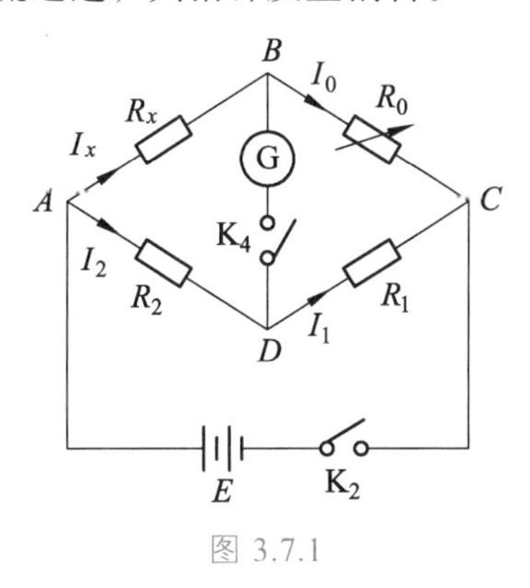

图 3.7.1

调节 R_1，R_2 和 R_0 的阻值使 B、D 两点的电位相等（即 $U_B = U_D$），检流计中无电流通过，这时电桥达到平衡。当电桥平衡时，有 $I_G = 0$，所以

$$I_1 = I_2,\quad I_x = I_0 \tag{3.7.1}$$

又因 $U_B = U_D$，根据欧姆定律有

$$I_x R_x = I_2 R_2,\quad I_0 R_0 = I_1 R_1 \tag{3.7.2}$$

所以由式（3.7.1）和式（3.7.2）得

$$R_x = \frac{R_2}{R_1} R_0 \tag{3.7.3}$$

可见，待测电阻 R_x 由 R_2 与 R_1 的比率（R_2 / R_1）与 R_0 的乘积决定。因此，通常把 R_1，R_2 所

在的桥臂称为“比率臂”，R_0所在的桥臂称为“比较臂”。

要调节电桥达到平衡有两种办法：一是取比率臂 R_2/R_1 为某一比值（或称倍率），调节比较臂 R_0；另一种是保持比较臂 R_0 不变，改变比率臂 R_2/R_1 的比值。目前广泛采用前一种调节方法。因此，用电桥测电阻时，只需确定比率臂，调节比较臂使检流计指针指零。

电桥法测量电阻的误差，主要来源于两个方面：一是 R_1、R_2 和 R_0 本身的误差，二是检流计的灵敏度。

2. 交换法减小测量的误差

假设检流计的灵敏度足够高，主要考虑 R_1、R_2 和 R_0 引起的误差。

将图 3.7.1 中的桥臂电阻 R_1 与 R_2 交换，调节 R_0 为 R_0' 时的电桥平衡，则有

$$R_x = \frac{R_1}{R_2} R_0' \tag{3.7.4}$$

将式（3.7.3）与式（3.7.4）相乘，得

$$R_x = \sqrt{R_0 R_0'} \tag{3.7.5}$$

由式（3.7.5）可见，R_x 的误差只与 R_0 的仪器误差有关

$$\frac{\Delta R_x}{R_x} = \frac{\Delta R_0}{R_0} \tag{3.7.6}$$

一般 R_0 为精度较高的电阻箱（如实验常用的电阻箱的精度为 0.1 级），因此 R_x 可得到较准确的测量值。

3. 电桥的灵敏度

检流计在“桥”上的作用是作为一种示零器，并不用来读数。当调节电桥平衡时，若有微小电流 I_G 经检流计，因其灵敏度低以至观察不出指针的偏转，由此给测量带来了误差。为了定量地描述由于检流计的限制给电桥测量带来的误差，引入“电桥灵敏度”这一概念，其定义为

$$S = \frac{\Delta n}{\Delta R / R} \tag{3.7.7}$$

式中，ΔR 为电桥平衡后 R 的改变量；Δn 为电桥失去平衡后检流计偏转的格数。可见，电桥的灵敏度越高，对电桥平衡的判断越准确，给测量带来的误差也越小。例如，当 R 的相对改变量为 1%，检流计偏转 1 格，则 $S=100$ 格；R 的相对改变量为 0.1%，检流计偏转 10 格，则 $S=1\,000$ 格，后者比前者高 10 倍。在实际测量时要注意观察电桥灵敏度对测量的影响。另外，电桥的灵敏度除了与检流计的灵敏度有关，还与电源电压及各桥臂电阻的搭配有关。

因为 R 是电桥四臂中任意的一臂，所以，改变任一桥臂电阻得到的电桥灵敏度是相同的。在实际测量中，为了方便，通常改变 R_0 的阻值为 ΔR_0，从而求出电桥灵敏度

$$S = \frac{\Delta n}{\Delta R_0 / R_0} \tag{3.7.8}$$

当检流计的指针偏转小于 1/10（偏转格的最小分辨率），就不能被察觉，由此引起的测量的相对误差为

$$\frac{\Delta R_x}{R_x} = \frac{\Delta n_0}{S} \tag{3.7.9}$$

式中，$\Delta n_0 = 0.2$ 格为检流计的最小分辨率；S 为电桥的灵敏度。

4. 电桥灵敏阈的概念

电流计偏转值取分度值（1）的 1/5（即 0.2 格）时所对应的被测量 R_x 的变化量 δR_x，则

$$\delta R_x = \frac{0.2\Delta R_x}{\Delta n} = \frac{0.2}{\Delta n} \cdot \frac{R_2}{R_1} \Delta R_0 = K\frac{0.2}{S} \cdot R_0$$

其中 $K = R_2 / R_1$，则电桥被测量 R_x 的不确定度用标准差表示为

$$\sigma_{R_x} = \left[(\delta R_x)^2 + \left(\frac{R_0}{R_1}\right)^2 \sigma_{R_2}^2 + \left(\frac{R_0 R_2}{R_1}\right)^2 \sigma_{R_1}^2 + \left(\frac{R_2}{R_1}\right)^2 \sigma_{R_0}^2 \right]^{1/2}$$

通常只取第一项就可以了，即

$$\Delta S = \sigma_{R_x} = \delta R_x = 0.2KR_0 / S$$

实验内容和步骤

1. QJ19 型电桥

（1）用不同比率臂测量电阻。

① 将待测电阻接入 QJ19 型电桥的未知单两个接线柱端口。

② 根据待测电阻的值选择适当的比率臂 R_2 / R_1 和 R_0，R_0 要保证 5 个量程旋钮都用到。

③ 用检流计上的调零旋钮，将检流计上的指针调零。

④ 测量时先按下检流计（粗调）按钮开关，调节 R_0 的值，使检流计指针指“0”；再按下检流计（细调）按钮开关，调节 R_0 的值，使检流计指针指“0”记下 R_0 的值，则有 $R_x = \frac{R_2}{R_1} R_0$。

⑤ 用不同的比率臂，测三次 R_x，计算待测电阻的平均值。

（2）测量电桥的灵敏度。

① 在上述电桥平衡的基础上，将 R_0 改变 ΔR_0，使检流计偏转 Δn 格，由式（3.7.8）算出电桥的灵敏度 S，计算出电桥灵敏度的平均值 $\overline{S}$。

② 将 $\overline{S}$ 代入式（3.7.9），可求 ΔR_x，即由电桥灵敏度引起的测量标准差 ΔS。

2. QJ47 型电桥

（1）测量电阻。

① 将被测电阻接入 QJ47 型箱式电桥的“RX”两个接线柱端口（见图 3.7.2）。

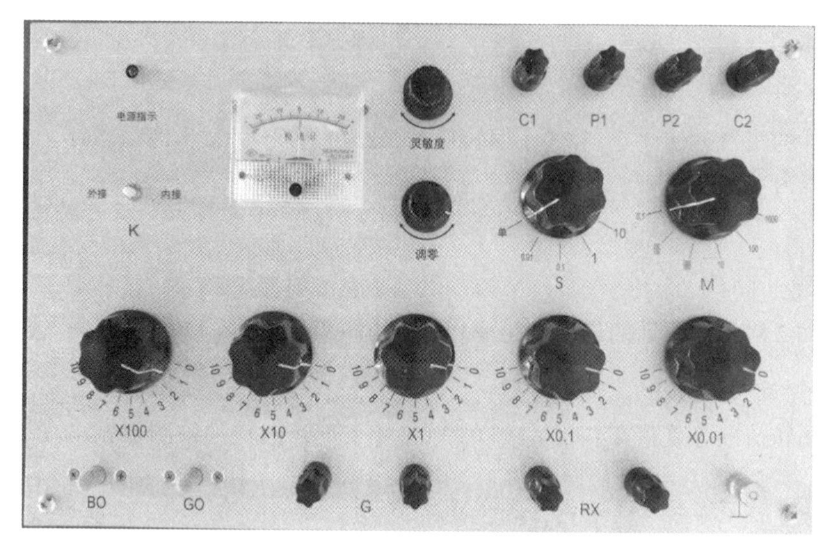

图 3.7.2　QJ47 型箱式电桥面板图

② 将 K 开关扳向“内接”方向，“BO”和“GO”旋钮处于弹起状态，灵敏度电位器调到中间位置。

③ S 开关置于“单”档。根据待测带电阻的标称值选择适当的 M（比例臂）和 R_0（比较臂），R_0 要保证 5 个量程旋钮都用到。

④ 打开仪器电源，按下“GO”开关（按下后，旋转可紧锁），接通检流计，这时由于阻抗的变化，指针可能会有少量的偏移，请再次调节调零电位器，使指针准确调零，弹起“GO”开关。

⑤ 按下“BO”开关，将标度盘 R_0 各档置于适当位置，采用点触式将“GO”旋钮进行闭合和断开（保护检流计），一边观察检流计偏转情况，一边调节 R_0，直到检流计指针在“0”刻度附近。按下并紧锁“GO”开关，调节 R_0，使检流计准确指零，这时电桥平衡，则有 $R_x = M \cdot R_0$，即可得到待测电阻 R_x。

（2）测量电桥灵敏度。

在上述电桥平衡的基础上，将 R_0 改变 ΔR_0，使检流计偏转 Δn 格，即可计算出电桥灵敏度 S 和 ΔS。

（3）用不同比率臂测量不同的待测电阻。

数据记录及处理

1. 数据记录

表 3.7.1　惠斯通电桥测电阻数据记录表（QJ19 型）

次数	R_1/Ω	R_2/Ω	R_0/Ω	$\Delta R_0/\Omega$	Δn/ 格
1	10	100			
2	100	1 000			
3	1 000	10 000			

表 3.7.2 单臂电桥测电阻数据记录表（QJ47 型）

待测电阻	约 20 Ω	约 200 Ω	约 2 000 Ω
M			
R_0 / Ω			
ΔR_0 / Ω			
Δn / 格			

2. 数据处理

（1）计算待测电阻的平均值。

（2）根据仪器误差和电桥灵敏度引起的测量标准差，计算测量结果的不确定度，写出正确的结果表达式。

思考题

（1）检流计指针总往一边偏，请分析可能引起此现象的原因。

（2）什么是电桥的灵敏度？电桥的灵敏度如何测量？本实验中影响电桥灵敏度的因素有哪些？

（3）如何根据待测电阻确定比率臂倍率？

实验 3.8 电位差计测量电池的电动势和内阻

电位差计测量电池的电动势和内阻

实验 3.8.1 学生式电位差计测量电池的电动势和内阻

实验目的

（1）掌握电位差计的工作原理和操作方法。

（2）学会用电位差计测电动势和内阻。

实验仪器

电位差计、灵敏检流计、标准电池、电阻箱、直流稳压电源、待测电池、待测电阻。

实验原理

1. 电位补偿原理

在直流电路中，电池电动势在数值上等于电池开路时两电极的端电压，因此，在测量时，要求没有电流通过电池，测量电池的端电压即为电池的电动势，但是，如果直接用伏安法去测量电池的端电压，由于电压表总有电流通过，而电池具有内阻，因而不能得到准确的电动势数值。要准确地测量电动势，可以使用补偿法。

图 3.8.1 是将被测电动势的电源 E_x 与一已知电动势的电源 E_0 “+”端对“+”端，“-”端对“-”端地联成一回路，在电路中串联检流计“G”，若两电源电动势不相等，即 $E_x \neq E_0$，回路中必有电流，检流计指针偏转；如果电动势 E_0 可调并已知，那么改变 E_0 的大小，使电路满足 $E_x = E_0$，则回路中没有电流，检流计指示为零，这时待测电动势 E_x 得到已知电动势 E_0 的完全补偿。可以根据已知电动势值 E_0 定出 E_x，这种方法叫补偿法。如果要测任一电路中两点之间的电压，只需将待测电压两端点接入上述补偿回路代替 E_x，根据补偿原理就可以测出它的大小。

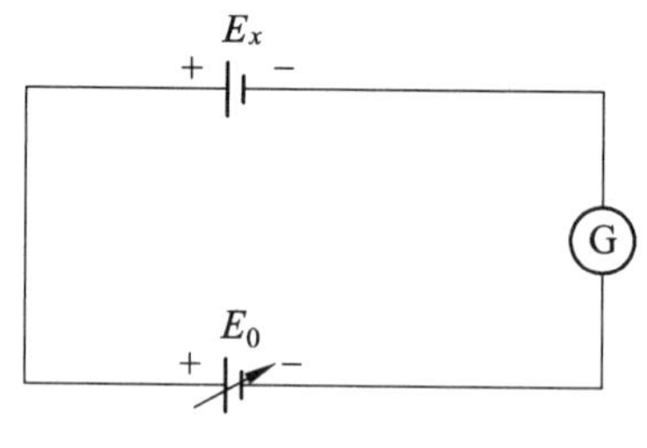

图 3.8.1 补偿法原理图

2. 电位差计

按电压补偿原理构成的测量电动势的仪器称为电位差计。由上述补偿原理可知，采用补偿法测量电动势对 E_0 应有两点要求：① 可调。能使 E_0 和 E_x 补偿。② 精确。能方便而准确地读出补偿电压 E_0 大小，数值要稳定。图 3.8.2 是实现补偿法测电动势的原理线路，即电位差计的原理图。采用精密电阻 R_{ab} 组成分压器，再用电压稳定的电源 E 和限流电阻 R 串联后向它供电。只要 R_{cd} 和 I_0 数值精确，则图中虚线内 cd 之间的电压即为精确的可调补偿电压 E_0，E_0 和 E_x 组成的回路 $cd\mathrm{G}E_x$ 称为补偿回路。

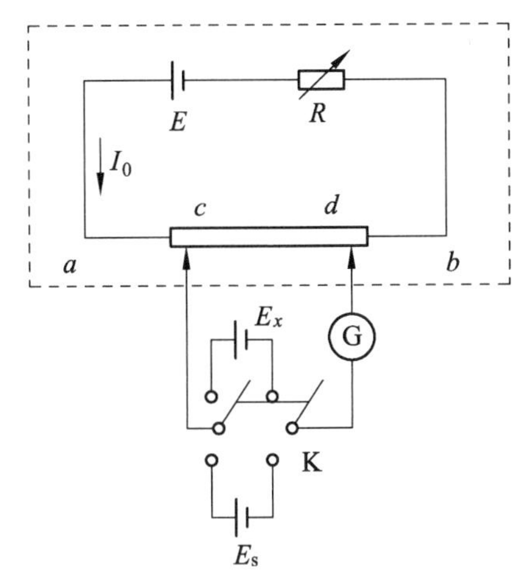

图 3.8.2　电位差计原理图

3. 电位差计的标准

要想使回路的工作电流等于设计时规定的标准值 I_0，必须对电位差计进行校准。方法如图 3.8.2 所示。E_s 是已知的标准电动势，根据它的大小，取间电阻为 R_{cd}，使 $R_{cd}=\dfrac{E_s}{I_0}$，将开关 K 倒向 E_s，调节 R 使检流计指针无偏转，电路达到补偿，这时 I_0 满足关系 $I_0=\dfrac{E_s}{R_{cd}}$，由于已知的 E_s、R_{cd} 都相当准确，所以 I_0 就被精确地校准到标准值，要注意测量时 R 不可再调，否则工作电流不再等于 I_0。

4. 测量未知电动势

在图 3.8.2 中，将开关 K 倒向 E_x，保持 R 不变即 I_0 不变，只要 $E_x \leqslant I_0R_{ab}$，调节 c、d 就一定能找到一个位置，使检流计再次无偏转，这时 c、d 间的电阻为 R_x，电压为 $E_x=I_0R_x$，因为实际的电位差计上都是把电阻的数值转换成电压数值标在电位差计上，所以可由表面刻度直接读出 $E_x=I_0R_x$ 的数值。

如果要测量任意电路中两点之间的电位差，只需将待测两点接入电路取代 E_x 即可，此时需注意，这两点中高电位的一点应替换 E_x 的正极，低的替换负极。

电位差计是用补偿法测电动势的仪器，除了具有一般比较法的优点外，在通过补偿电路将未知电动势 E_x 与补偿电压 E_0 比较时，不从 E_x 取用电流，也不向 E_x 输入电流，因而待测电源可不受测量干扰而保持原态，这称为原位测量，电位差计的优点可以这样来表达：

（1）“内阻”高，不影响待测电路，用电压表测量未知电压时总要从被测电路上分出一部分电流，这就改变被测电路的工作状态，电压表内阻越小，这种影响越显著，用电位差计测量时，补偿回路中电流为零，可测出电路被测两端的真正电压。

（2）准确度。由于电阻 R_{ab} 可以做得很精密，标准电池的电动势精确且稳定，检流计足够灵敏，所以在补偿的条件下能提供相当准确的补偿电压，在计量工作中常用电位差计来校准电表。

（3）值得注意的是电位差计在测量的过程中，其工作条件会发生变化（如回路电源 E 不稳定，限流电阻 R 不稳定等），为保证电流保持规定的数值，每次测量都必须经过校准和测量两个基本步骤，两个基本步骤的间隔时间不能过长，而且每次要达到补偿都要细致的调节，因此操作繁杂，费时。

学生式电位差计内部电路如图 3.8.3 虚线内所示，电阻 R_A、R_B、R_C 相当于图 3.8.2 中的电阻 R_{ab}，可见 B_A^+ 和 R^- 两个接头相应于图 3.8.2 的 a、b 两点，E^-E^+ 两个接头则相应于 c、d 两点。R_A 全电阻是 320 Ω，分 16 挡，每挡 20 Ω；R_B 全电阻是 20 欧姆，分 10 挡，每挡 2 Ω；R_C 为滑线盘电阻，电阻值为 2.2 欧姆。R_b 电阻在测量时，会随测量档的变化而变化，这势必引起如图 3.8.2 中 a、b 间电阻变化，破坏了工作电流 I_0 的不变的规定。为此，引入 $R_{B'}$ 所谓的替代电阻。R_b 和 $R_{B'}$ 同轴变化。当 R_b 每增加一档电阻时，$R_{B'}$ 则减少一档电阻，反之亦然。保证 R_B 不论处于哪一档，$R_B+R_{B'}=20\,\Omega$ 不变，确保图 3.8.2 中间总电阻值不变。为了实施量程变换，在产生测量补偿电压支路上并联了一条分流支路。当 ×1 时，流过测量补偿电压支路的电流为 5 mA，分流支路电流为 0.5 mA；当 ×0.1 时，流过补偿电压支路电流为 0.5 mA，流过分流支路电流 5 mA。显然，后者量程由于电流减少到十分之一，量程也变小十分之一。

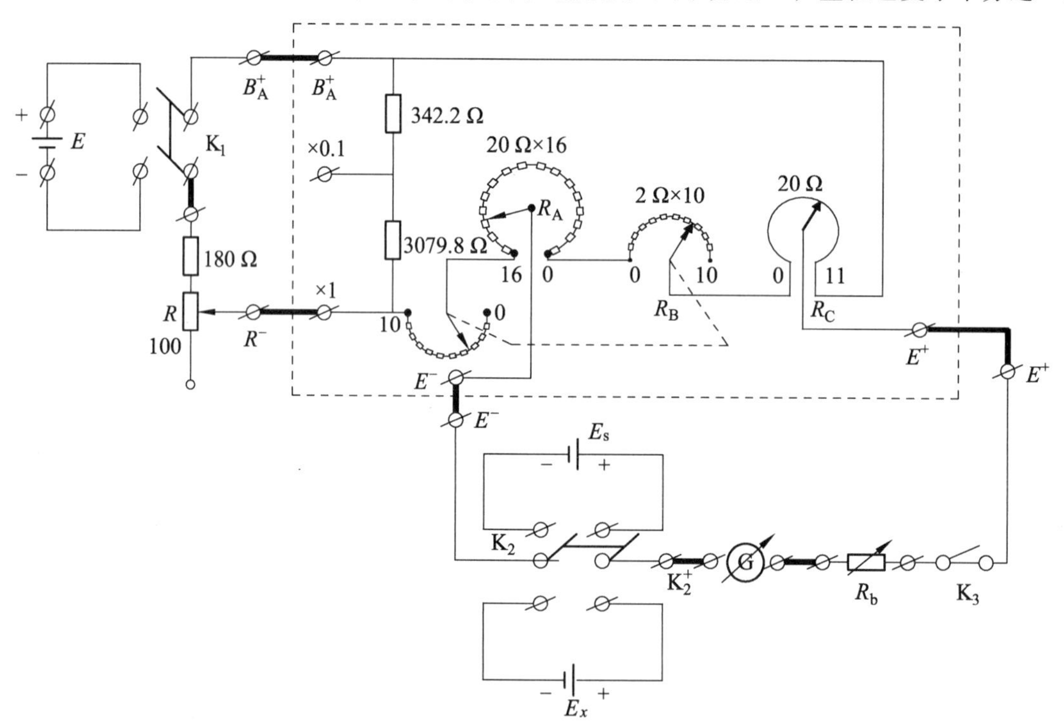

图 3.8.3 学生式电位差计

使用学生电位差计时，必须加接外电路，如图 3.8.3 所示。而 R_A、R_B、R_C（由 c 到 d）和外电路的检流计 G、保护电阻 R_b 等组成补偿回路。K_1 为电源开关，K_2 可保持 E_s 和 E_x 相互迅速替换，K_3 作检流计的开关，R_b 是可变电阻箱，用以保护检流计和标准电池。

箱子的面板图如图 3.8.4 所示。标准电势与待测低电势如图 3.8.5 所示。

图 3.8.4　87-1 电位差计面板图

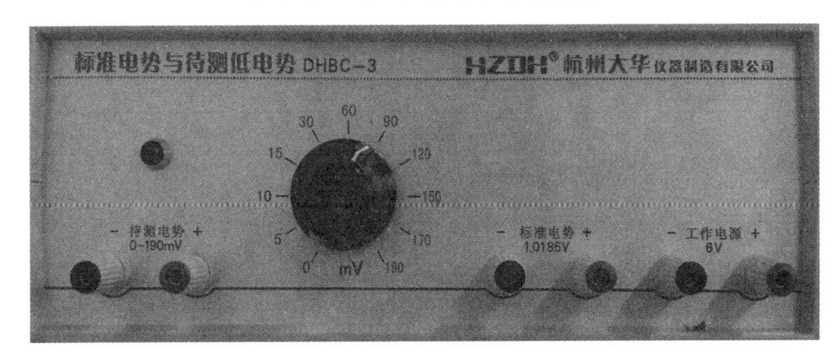

图 3.8.5　标准电势与待测低电势

实验内容和步骤

1. 电位差计的校准

将图 3.8.5 中的标准电势 E_s 接入补偿回路，图 3.8.4 中的 K_2 开关倒向 E_s 端，调节可变电阻 R 使检流计指针指零，此时工作电流 I_0 被精确的校准到了标准值，保持电阻 R 不变，定标完成。

2. 测量木知电动势

将图 3.8.5 中的待测电势 E_x 接入补偿回路，选定某一待测电势，图 3.8.4 中的 K_2 开关倒向 E_x 端，调节图 3.8.4 中的×0.1 V 、×0.01 V 、×0.001 V 三个挡位，直到检流计指针指零，记录下三个档位的数值填入数据记录表格中的 E_x 。

3. 测量电动势内阻

按图 3.8.6 将电阻箱 $R'=1\,000\ \Omega$ 接入电路，图 3.8.4 中的 K_2 开关倒向 E_x 端，调节图 3.8.4

中的×0.1V 、×0.01 V 、×0.001 V 三个挡位，直到检流计指针指零，记录下三个档位的数值填入数据记录表格中 E'。

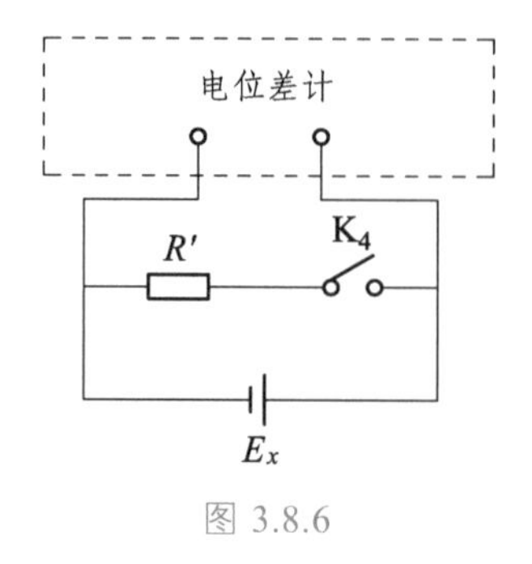

图 3.8.6

4. 选择不同的待测电势，重复上述 2，3 步骤，填入数据记录表中。

由 $E' = E_x - Ir = E_x - \dfrac{E_x}{R'+r}\cdot r$　　　化简得 $r = \left(\dfrac{E_x}{E'} - 1\right)R'$

式中：r—电池内阻，Ω；E_x—电池电动势，V；

E'—R' 端电压，V；R'—与电池并联的电阻箱阻值，Ω。

数据记录及处理

表 3.8.1　测量待测电动势及内阻数据记录表　　　$R'=1\ 000\ \Omega$

待测电动势		×0.1 V	×0.01 V	×0.001 V	E_x/V	r/Ω
90 mV	E_{x1} /V					
	E'_{x1} /V					
120 mV	E_{x2} /V					
	E'_{x2} /V					
150 mV	E_{x3} /V					
	E'_{x3} /V					

3.8.2　用新型十一线电位差计测量电动势

补偿法是电磁测量的一种基本方法。电位差计就是利用补偿原理来精确测量电动势或电位差的一种精密仪器。其突出优点是在测量电学量时，在补偿平衡的情况下，不从被测电路中吸取能量，也不影响被测电路的状态和参数，所以在计量工作和高精度测量中被广泛利用。

补偿式电位差计不但可以用来精确测量电动势、电压，与标准电阻配合还可以精确测量电流、电阻和功率等，还可以用来校准精密电表和直流电桥等直读式仪表，电学计量部门还用它来确定产品的准确度和定标。在非电参量（如温度、压力、位移和速度等）的电测法中也占有极其重要的地位。它不仅被用于直流电路，也用于交流电路。因此在工业测量自动控制系统的电路中得到普遍的应用。

实验目的

（1）学习和掌握电位差计的补偿式工作原理、结构和特点。

（2）设计线式电位差计，测量未知电动势或电位差的方法和技巧。

（3）培养学生正确连接电学实验线路、分析线路和排除实验过程中故障的能力。

实验仪器

DH325 新型十一线电位差计、DHBC-5 标准电势与待测电势、AC5 直流检流计、双刀双掷开关、单刀单掷开关、干电池。

实验原理

1. 补偿法原理

在直流电路中，电源电动势在数值上等于电源开路时两电极的端电压。因此，在测量时要求没有电流通过电源，此时测得电源的端电压，即为电源的电动势。但是，如果直接用伏特表去测量电源的端电压，由于伏特表总要有电流通过，而电源具有内阻，因而不能得到准确的电动势数值，所测得的电位差值总是小于电动势值。为了准确的测量电动势，必须使分流到测量支路上的电流等于零，直流电位差计就是为了满足这个要求而设计的。

补偿原理就是利用一个补偿电压去抵消另一个电压或电动势，其原理如图 3.8.7 所示。设 E_0 为一连续可调的标准的示值准确的补偿电压，而 E_x 为待测电动势（或电压），两个电源 E_0 和 E_x 正极对正极、负极对负极，中间串联一个检流计 G 接成闭合回路。调节 E_0 使检流计 G 示零（即回路电流 $I=0$），则 $E_x = E_0$。上述过程的实质是，E_x 两端的电位差和 E_0 两端的电位差相互补偿，这时电路处于平衡状态或完全补偿状态。在完全补偿状态下，已知 E_0 的大小，就可确定 E_x，这种利用补偿原理测电位差的方法称为补偿法测量。在测定过程中不断地用已知数值补偿电压与待测的电动势（电压）进行比较，当检流计指示电路中的电流为零时，电路达到平衡补偿状态，此时被测电动势与补偿电压相等。由上可知，为了测量 E_x，关键在于如何获得可调节的标准的补偿电压，并要求：① 便于调节；② 稳定性好；③ 示值准确。

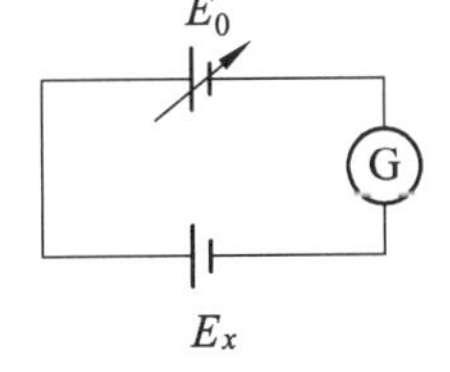

图 3.8.7　补偿法原理图

这就好比用一把标准的米尺来与被测物体（长度）进行比较，测出其长度的基本思想一样。但其比较判别的手段有所不同，补偿法用示值为零来判定。

2. 电位差计电路原理

图 3.8.8 是一种简单的直流电位差计的原理图。它由三个基本回路构成：工作电流调节回路，由工作电源 E_P、限流电阻 R_P、标准电阻 R_N 和 R_x 组成。校准回路，由标准电源 E_N、检流计 G、标准电阻 R_N 组成。测量回路，由待测电动势 E_x，检流计 G，标准电阻 R_x 组成。通过下述的两个操作步骤，可以清楚地了解电位差计的原理。

（1）“校准”：图中开关 K 拨向标准电动势 E_N 侧，取 R_N 为一预定值（对应标准电势值 $E_N = R_N \times I_0 = 1.018\ 6\ \text{V}$），调节限流电阻 R_P 使检流计 G 的示值为零，使工作电流回路内的 R_x

中流过一个已知的“标准”电流 I_0，且 $I_0 = \frac{E_N}{R_N}$。这种利用标准电源 E_N 高精度的特点，使得工作回路中的电路 I 能准确地达到某一标定工作电流 I_0，这一调整过程又叫作电位差计的“对标准”。

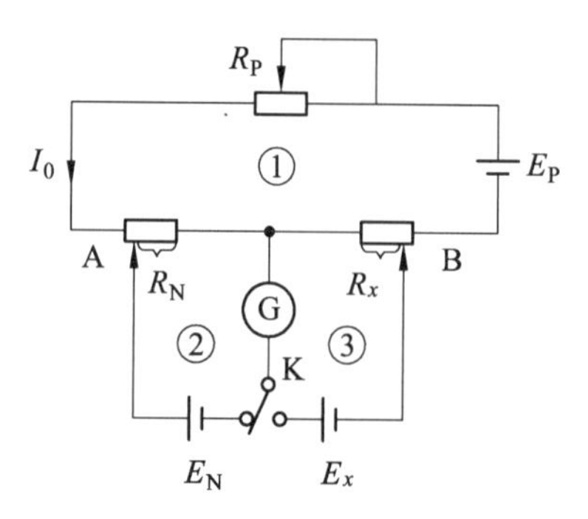

图 3.8.8　电位差计原理图

（2）“测量”：将开关 K 拨向未知电动势 E_x 一侧，保持 R_P 和 E_P 值不变，调节滑动触头 B，使检流计 G 示值为零，则 $E_x = I_0 \cdot R_x = \frac{R_x}{R_N} E_N$。被测电压与补偿电压极性相抵且大小相等，因而互相补偿（平衡）。这种测 E_x 的方法叫补偿法。补偿法具有以下优点：

① 电位差计是一电阻分压装置，它将被测电动势 E_x 和一标准电动势直接比较。E_x 的值仅取决于 $\frac{R_x}{R_N}$ 及 E_N，因而测量准确度较高。

② 在上述的“校准”和“测量”两个步骤中，检流计 G 两次示零，表明测量时既不从校准回路内的标准电动势源中吸取电流，也不从测量回路中吸取电流。因此，不改变被测回路的原有状态及电压等参量，同时可避免测量回路导线电阻及标准电势的内阻等对测量准确度的影响，这是补偿法测量准确度较高的另一个原因。

3. DH6502A 十一线电位差计实验仪的工作原理

DH6502A 十一线电位差计实验仪是一种教学用电位差计，由于它是解剖式结构，十分有利于学习和掌握电位差计的工作原理，培养看图接线、排除故障的能力。如图 3.8.9 所示，E_x

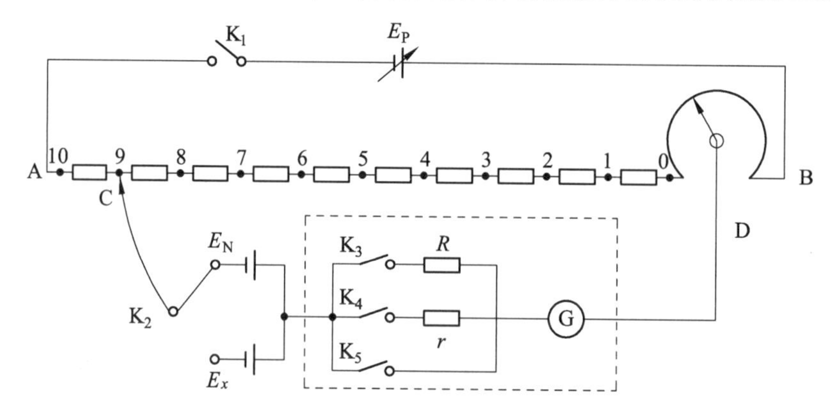

图 3.8.9　DH6502A 十一线电位差计实验仪测试电路图

为待测电动势，E_{N}为标准电势。可调稳压电源E_{P}、与长度为L的电阻丝AB为一串联电路，工作电流I_0在电阻丝AB上产生电位差。触点D为滑线盘的刻度值对应得阻值，C可在电阻丝上0~10的电阻插孔任意选取所需阻值，因此可得到随之改变的补偿电压。

（1）对标准

K_1，K_2向上合到E_{N}处，调节可调工作电源E_{P}，改变工作电流I_0或改变触点D，C位置，可使检流计G指零，此时U_{CD}与E_{N}达到完全补偿状态。则

$$E_{\mathrm{N}} = U_{CD} = I_0 \cdot r_0 \cdot L_{\mathrm{CD}} = I_0 R_{\mathrm{CD}} = I_0 \frac{\rho}{S} L_{CD} = U_0 \cdot L_{\mathrm{S}} \tag{3.8.1}$$

式中ρ为电阻丝的电阻率，S为电阻丝的截面积，r_0为单位长度电阻丝的电阻值，L_{S}为电阻丝CD段的长度L_{CD}，U_0为单位长度电阻丝上的电压降，称为工作电流标准化系数，单位是V/m。在实际操作中，只要确定了U_0，也就完成了“对标准”过程。将式（3.8.1）化简为一般测量式为

$$E_{\mathrm{S}} = U_0 \cdot L_{\mathrm{CD}} \tag{3.8.2}$$

式（3.8.2）中，E_{S}为L_{CD}上的压降，L_{CD}为电阻丝CD段的长度，当U_0保持不变时（即工作回路中的电流保持不变），可以用电阻丝CD两端点间的长度L_{CD}反映待测电动势E_x（电学量）的大小。为此，必须确定U_0的数值。为使读数方便起见，取U_0为0.1或0.2，…，1.0 V/m等数值。由于$U_0 = \frac{\rho}{S} I_0$，而且电阻丝阻值稳定，所以只有调节ABCD中工作电流I_0的大小，才能得到所需的U_0值，这一过程通常称作“工作电流标准化”。对标准实物连接如图3.8.10所示。

（2）测量E_x

工作电路中电流I_0保持不变，K_2向下合到E_x处，即用E_x代替E_{N}，调节触点C，D的位置，使电路再次达到补偿，此时流过若电阻丝长度为L'_{CD}，则：

$$E_x = I_0 \cdot r_0 \cdot L_x = U_0 \cdot L'_{\mathrm{CD}} \tag{3.8.3}$$

下面用例子说明定标和测量过程，标准电源$E_{\mathrm{N}} = 1.018\ 60\ \mathrm{V}$，取$U_0 = 0.200\ 00\ \mathrm{V/m}$。

定标：为了保证R_{AB}单位长度上的电压降$U_0 = 0.200\ 00\ \mathrm{V/m}$，则要使电位差计平衡的电阻丝长度$L_{\mathrm{CD}} = \frac{E_{\mathrm{N}}}{U_0} = 5.093\ 0\ \mathrm{m}$，调节工作电源$E_{\mathrm{P}}$使$U_{\mathrm{CD}} = E_{\mathrm{N}}$，即检流计G的电流为0，此时$R_{\mathrm{AB}}$上的单位长度电压降就是0.200 00 V/m。

测量：经过定标的电位差计就可用来测量待测电位差，调节L_{CD}，使U_{CD}和E_x达到补偿，即

$$E_x = U_{\mathrm{CD}} = U_0 \cdot L_{\mathrm{CD}} \tag{3.8.4}$$

若$L_{\mathrm{CD}} = 10.040\ \mathrm{m}$，$E_x = 0.200\ 00 \times 10.040 = 2.008\ 0$（V）。

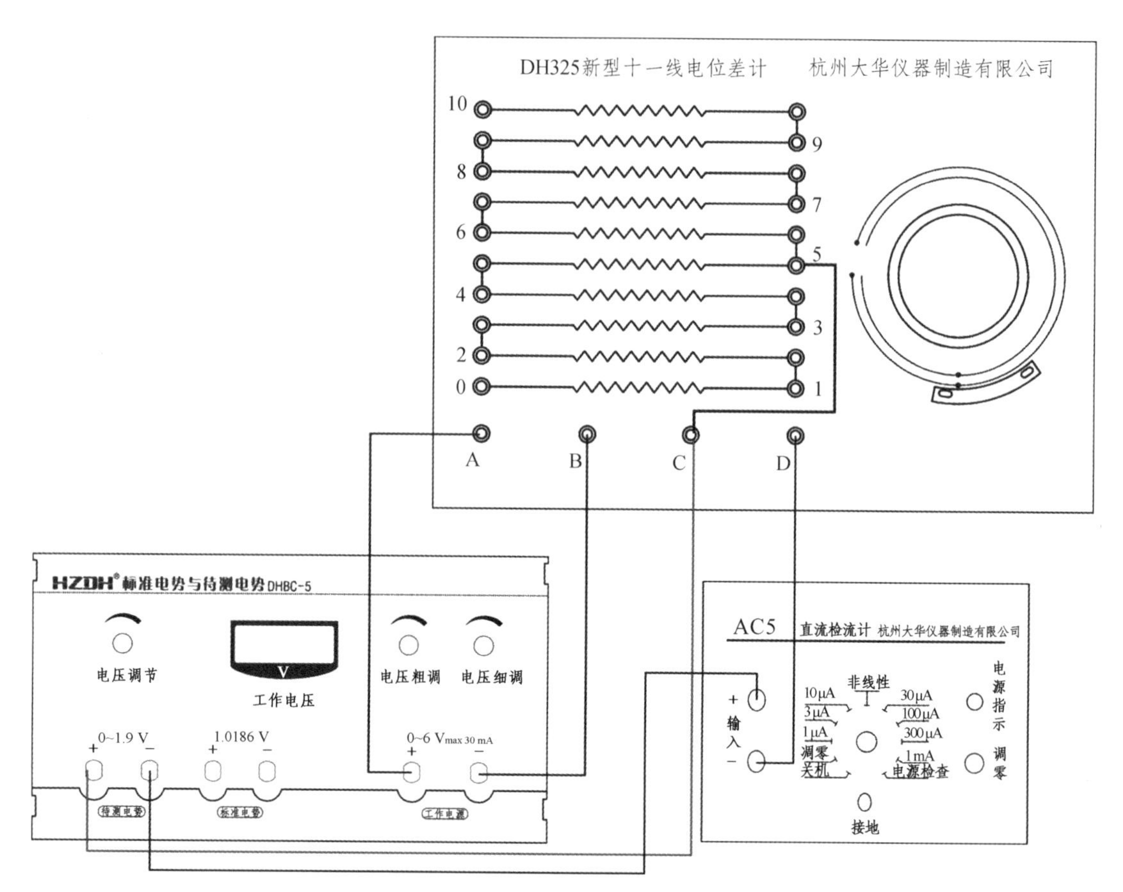

图 3.8.10 对标准实物连线图

实验内容和步骤

（1）将 DHBC-5 标准电势与待测电势，DH325 新型十一线电位差计和 AC5 型直流检流计、开关等按照原理图 3.8.11 连接起来。

（2）“对标准”，也就是“定标”，取 $U_0 = 0.2\ \text{V/m}$；具体方法见实验原理所述。

（3）测量待测电势：将待测电势调节到某一电压，可用实验室万用表先粗略测试一下大小；先把检流计灵敏度调到低档，估计一下大致把 L_{CD} 设置好，接着把双刀双掷开关 K_2 向下合（即接入待测电势），接到待测电势上，通过调节 L_{CD} 的长度，反复调节使检流计指零，最后可根据 L_{CD} 的长度，得到待测电动势的值 E_x。

$$E_x = 0.2(\text{V/m}) \cdot L_{\text{CD}}(\text{m}) \tag{3.8.5}$$

（4）测量干电池的内阻。

在测量出干电池的电动势 E_x 的基础上，根据全电路欧姆定律，通过改变外电路电阻，即把电阻箱 R 调到不同阻值，如取 $R' = 100\ \Omega$，即把 R' 并联在干电池两端，再次测定电动势值 E'（此时测得的是路端电压 E'），根据公式可计算得干电池的内阻为：

$$r = \frac{(E_x - E')}{I} = \left(\frac{E_x - E'}{E'}\right) \cdot R' \tag{3.8.6}$$

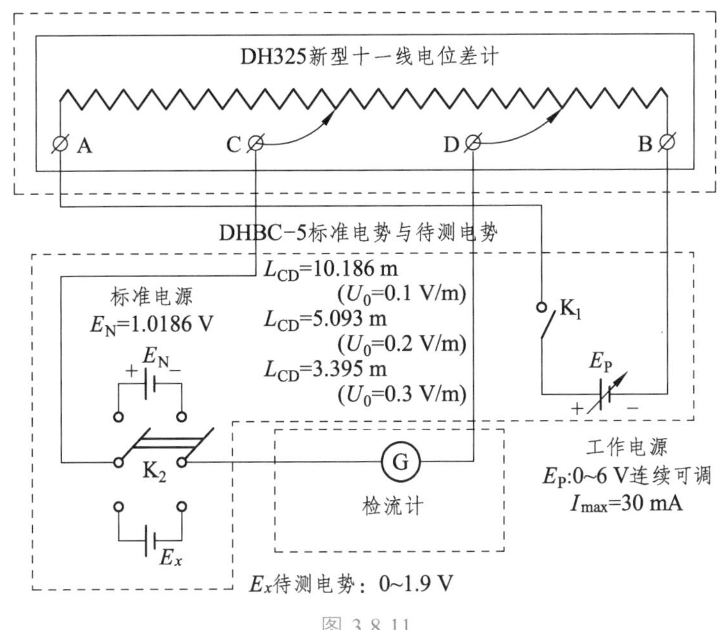

图 3.8.11

数据记录及处理

（1）按公式计算待测电动势。

（2）将待测电势更换为干电池，测量干电池的电动势及内阻。

注意事项

（1）如果用户使用其他规格的十一线电位差计实验板，其四个接线端钮的排序有可能与图 3.8.10 不一致，请用户根据自己的实验仪器的实际排序把四个端钮接到该仪器上；

（2）使用电位差计一般要先接通工作回路，然后再接通补偿回路，断开时按相反循序进行操作，电位差计标定后，工作电流必须保持稳定不变（即单位长度电压降不变）。

（3）实验仪内置标准电势源一般不怕短路，如果不小心造成短路，一旦短路故障排除，电路即恢复正常。（但如果采用外接标准电池，则必须严格按其使用注意事项操作，以免造成不必要的经济损失。）

（4）待测电动势（1 号干电池）不宜输出大电流，在测量内阻时，并联电阻 R' 取值不宜太小，一般可预置 $R'=100\ \Omega$ 左右，调节电阻箱时，要特别注意防止短路。由于待测电池盒是可拆卸式的，安装时注意极性不能搞错。

（5）电源保险丝烧断，可用同规格的保险丝更换，不可随意用大电流的保险丝代替，以免故障扩大。

（6）FB325 的 C 插孔，是一个过渡插孔，实验时一般需用叠插头接线连接，一头连接 FB322，另一头连接“选定的带编号插孔”。如果直接从 FB322 用长接线连接到“选定的带编号插孔”，作用是完全相同的。

实验 3.9　示波器的原理与使用

示波器的
原理与使用

实验目的

（1）了解示波器的构造，掌握示波器显示波形的原理。

（2）学习示波器和信号发生器各个旋钮的作用和使用方法。

（3）学习用示波器观察电信号的波形、测量电压、频率、周期和相位，观察李萨如图形。

实验仪器

双踪示波器、函数信号发生器。

实验原理

1. 示波器的结构

示波器一般由示波管、衰减系统和放大系统、扫描和整步系统及电源等部分组成，其结构如图 3.9.1 所示。为了适应各种测量的要求，示波器的电路组成是多样而复杂的，这里仅就主要部分加以介绍。

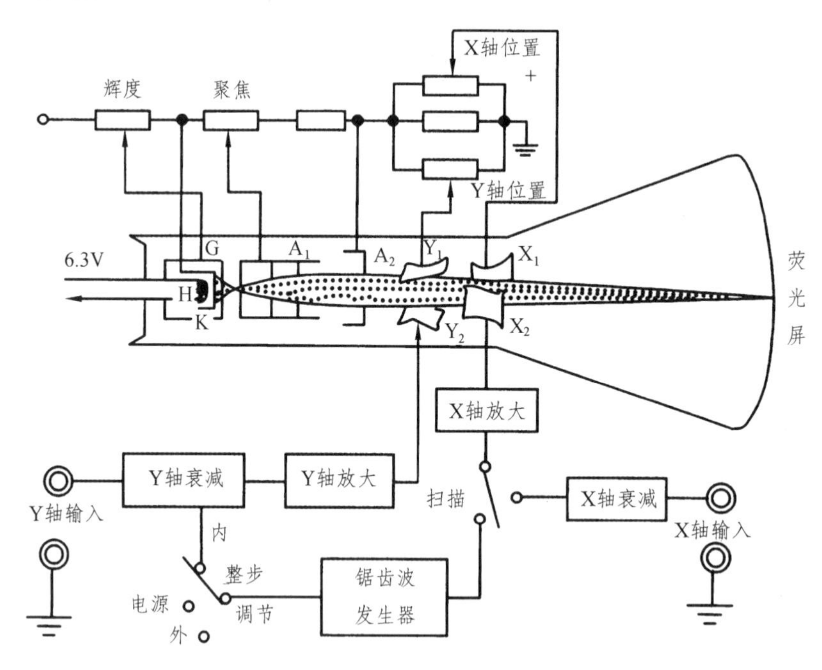

图 3.9.1　示波器的结构原理图

（1）示波管。

示波管是示波器的基本构件，它由电子枪、偏转系统和荧光屏三部分组成，全部被封装在一个高真空的玻璃管内，电子枪是示波管的核心部件。下面分别对各部分的作用进行说明：

① 阴极——电子射线源。H 是灯丝，K 是阴极，二者构成了示波器的电子射线源，阴极在受热后将产生大量电子。

② 栅极——辉度控制。G 是控制栅极，它是一个套在阴极外面的圆筒，圆筒前面突出的一边盖上一块膜片，片中央开了一个圆孔。G 极电位低于阴极 K，因此两极之间形成的电场是阻止电子运动的，只有那些能量足以克服这一阻止电场作用的电子才能穿过控制栅极。调节栅极的电位就可以控制穿过栅极的电子数，即控制了电子射线束的强度。

荧光的亮度取决于射到荧光屏上电子的能量，因此栅极电位的高低也就决定了光点的暗亮。

③ 第一阳极——聚焦。A_1 是第一阳极，呈圆柱形（或圆形），第一阳极上加有几百伏的电压，形成一个聚焦电场，当电子束通过此聚焦电场时，在电场力的作用下，电子运动轨迹改变而会合于一点，结果在荧光屏上得到一个又小又亮的光点，调节加在 A_1 上的电压可以达到聚焦的目的。

④ 第二阳极——电子的加速。A_2 称为第二阳极，其上加有 1 000 V 以上的电压。聚焦后的电子经过这个高压电场的加速获得足够的动能，使其成为一束高速的电子流，这些能量很大的电子打在荧光屏上引起荧光物质发光。能量越大，光亮越强，但电子能量也不能太大，太大可使发光强度过大，烧坏荧光屏。一般在 1 500 V 左右的电压就够了。

⑤ 偏转系统。X_1、X_2、Y_1、Y_2 是互相垂直放置的两对金属板，称为偏转板。两对板上分别加以直流电压，以控制电子束的位置，适当调节这个电压值可以把光点或波形移到荧光屏的中间部位。

⑥ 荧光屏。它是示波器的显示部分，上面涂有硅酸锌、钨酸镉、钨酸钙等磷光物质，在高能电子的轰击下发光。硅酸锌呈绿色，多为观察时使用；钨酸钙呈蓝色，多为照相时所使用。当加速聚焦后的电子打到荧光上时，屏上所涂的荧光物质就会发光，从而显示出电子束的位置。当电子停止作用后，荧光剂的发光需经一定时间才会停止，称为余辉效应。辉光的强度取决于电子的能量和数量。在电子射线停止作用后，辉光要经过一定的时间才熄灭，这个时间称为余辉时间，正是靠余辉我们得以在屏上观察到光点的连续轨迹。

（2）信号放大和衰减系统。

示波管本身相当于一个多量程电压表，这一作用是靠信号放大器和衰减系统实现的，该系统包括 X 轴衰减、Y 轴衰减、X 轴放大、Y 轴放大。

由于示波管本身的 X 及 Y 偏转板的灵敏度不高（0.1 ~ 1 mm/V），当加于偏转板上的信号电压较小时，电子束不能发生足够的偏转，以致屏上光点位移过小，不便观察。这就需要预先把小的信号电压放大后再加到偏转板上，因此设置 X 轴及 Y 轴放大器。衰减器的作用是使过大的输入信号电压减小，以适应放大器的要求，否则放大器不能正常工作，甚至受损。对一般示波器来说，X 轴和 Y 轴都设置有衰减器，以满足各种测量的需要。衰减器通常分为三挡：1、1/10、1/100，但习惯上是在仪器面板上用其倒数 1、10、100。

2. 示波器的示波原理

从示波管的原理可知，如果偏转板上不加电压，从阴极发出的电子将聚焦于荧光屏的中间而只产生一个光点。如果偏转板上加有电压，电子束的方向将会由于偏转电场的作用而发生偏移，从而使荧光屏上的亮点位置也跟着变化，在一定范围内，亮点的位移与偏转板上所加电压成正比。

（1）示波器的扫描。

经常遇到的情况是要测从 Y 轴输入的周期性信号电压的波形，即必须使信号电压在一个（或几个）周期内随时间的变化稳定地出现在荧光屏上。但如果仅把一个周期性的交变信号如正弦电压信号 $U_x = U_0 \sin \omega t$ 加到 Y 偏转板上，而 X 偏转板上不加信号电压，则荧光屏上的光点只是作上下方向的正弦振动，振动的频率较快时，我们看到的只是一条垂直的亮线，如图 3.9.2（a）所示。要在荧光屏上展现出正弦波形，这就需要将光点沿 X 轴方向展开，故必须同时在 X 锯齿板上加随时间作线性变化的电压，称扫描电压。这种扫描电压随时间变化的关系如同锯齿，故称为锯齿波电压，如图 3.9.2（b）所示。如果单独把锯齿波电压加在 X 偏转板上而 Y 偏转板不加电压信号，也只能看到一条水平的亮线，如图 3.9.2（c）所示。在 Y 偏转板上信号电压与 X 偏转板上扫描电压的同时作用下，电子束既有 Y 方向的偏转，又有 X 方向的偏转，在两者的共同影响下，穿过偏转板的电子束就可在荧光屏上显示出信号电压的波形。若扫描电压和正弦电压周期完全一致，则荧光屏上显示的图形将是一个完整的正弦波，如图 3.9.3 所示。

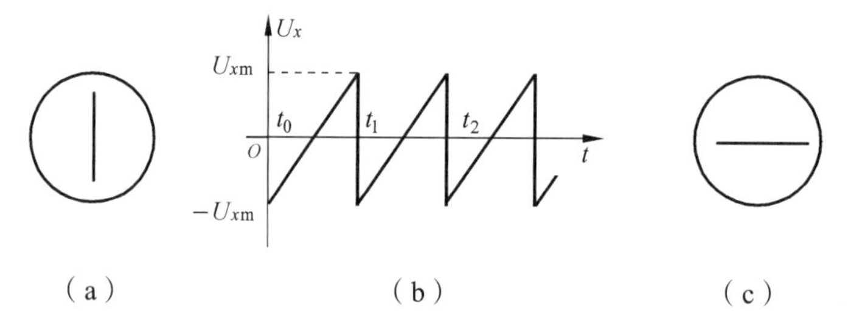

图 3.9.2　某一偏转板上示波器的扫描

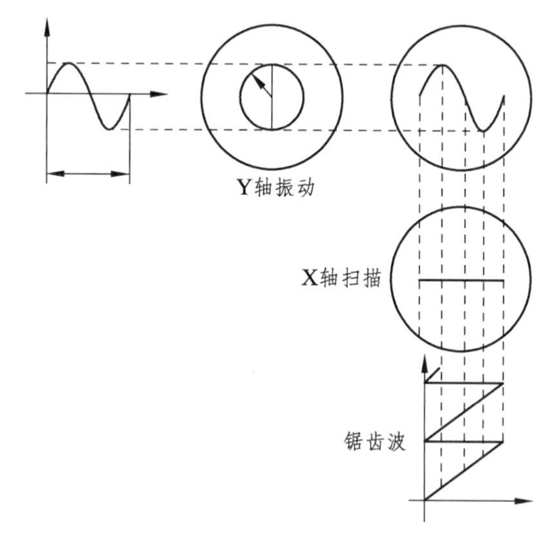

图 3.9.3　完整波形的扫描

综上所述，要观察加在 Y 偏转板上电压 U_y 的变化规律，必须在 X 偏转板上加锯齿波电压，把 U_y 产生的竖直亮线展开，这个展开过程称为“扫描”。

（2）示波器的整步。

由图 3.9.3 可以看出，当 U_y 与 X 轴的扫描电压周期相同时，亮点描完整个正弦曲线后迅速返回原来开始的位置，于是又描出一条与前一条完全重合的正弦曲线，如此重复，荧光屏上显示出一条稳定的正弦曲线。如果周期不同，那么第二次、第三次……描出的曲线与第一次的曲线就不重合，荧光屏上显示的图形就不是一条稳定的曲线，因此，只有信号电压的周期 T_y 与扫描电压的周期 T_x 严格相同或 T_x 为 T_y 的整数倍时，图形才会清晰而稳定。换言之，对于连续的周期信号，构成清晰而稳定的示波图形的条件是信号电压的频率 f_y 与扫描电压的频率 f_x 成整数倍关系，即

$$f_y = nf_x \quad (n=1, 2, 3, \cdots) \tag{3.9.1}$$

事实上，由于 U_y 与 U_x 的信号来自不同振荡源，它们之间的频率比不会自然满足简单的整数倍，所以示波器中的扫描电压的频率必须可调。调节扫描电压频率使其与输入信号的频率成整数倍的调整过程称为“整步”。细心调节扫描电压的频率，可以大体满足以上关系，但要准确地满足此关系仅靠人工调节是不容易的，待测电压的频率越高，调节越不容易。为了解决这一问题，示波器内部设有“整步”装置。在两频率基本满足整数倍的基础上，此装置可用信号电压的频率 f_y 调节扫描电压的频率 f_x，使 f_x 准确地等于 f_y 的 $1/n$ 倍，从而获得稳定的波形。

3. 示波器和函数信号发生器各旋钮的用途及使用方法

（1）GOS-620 型双踪示波器（见图 3.9.4）各旋钮的用途及使用方法。

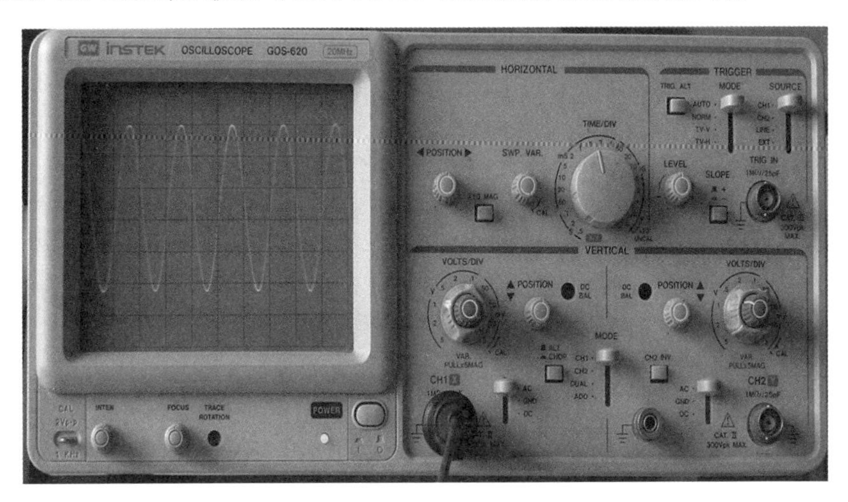

图 3.9.4　示波器及其面板

① CRT 显示屏。

INTEN：轨迹及光点亮度控制钮。

FOCUS：轨迹聚焦调整钮。

TRACE ROTATION：使水平轨迹与刻度线成平行的调整钮。

POWER：电源主开关，压下此钮可接通电源，电源指示灯会发亮。

② VERTICAL 垂直偏向。

VOLTS/DIV：垂直衰减选择钮，以此钮选择 CH1 及 CH2 的输入信号衰减幅度，范围为 5 mV/DIV ~ 5 V/DIV，共 10 挡。

AC-GND-DC：输入信号耦合选择按键组；AC：垂直输入信号电容耦合，截止直流或极低频信号输入；GND：按下此键则隔离信号输入，并将垂直衰减器输入端接地，使之产生一个零电压参考信号；DC：垂直输入信号直流耦合，AC 与 DC 信号一齐输入放大器。

CH1（X）输入：CH1 的垂直输入端；在 X-Y 模式中，为 X 轴的信号输入端。

CH2（Y）输入：CH2 的垂直输入端；在 X-Y 模式中，为 Y 轴的信号输入端。

⬍ POSITION：轨迹及光点的垂直位置调整钮。

VERT MODE：CH1 及 CH2 选择垂直操作模式。

CH1：设定本示波器以 CH1 单一频道方式工作。

CH2：设定本示波器以 CH2 单一频道方式工作。

DUAL：设定本示波器以 CH1 及 CH2 双频道方式工作，此时并可切换 ALT/CHOP 模式来显示两轨迹。

ADD：用以显示 CH1 及 CH2 的相加信号；当 CH2 INV 键为压下状态时，即可显示 CH1 及 CH2 的相减信号。

ALT/CHOP：当在双轨迹模式下，放开此键，则 CH1&CH2 以交替方式显示（一般使用于较快速之水平扫描文件位），当在双轨迹模式下，按下此键，则 CH1&CH2 以切割方式显示。（一般使用于较慢速之水平扫描文件位）

③ 水平偏向。

TIME/DIV：扫描时间选择钮，扫描范围从 0.2 μS/DIV 到 0.5 μS/DIV 共 20 个挡位。

X-Y：设定为 X-Y 模式。

SWP. VAR：扫描时间的可变控制旋钮，若按下 SWP. UNCAL 键，并旋转此控制钮，扫描时间可延长至少为指示数值的 2.5 倍。

×10 MAG：水平放大键，按下此键可将扫描放大 10 倍。

◂ POSITION ▸：轨迹及光点的水平位置调整钮。

TRIGGER 触发

LEVEL：触发准位调整钮，旋转此钮以同步波形，并设定该波形的起始点。将旋钮向“+”方向旋转,触发准位会向上移；将旋钮向“–”方向旋转，则触发准位向下移。

SLOPE：触发斜率选择键。

+：凸起时为正斜率触发，当信号正向通过触发准位时进行触发。

–：压下时为负斜率触发，当信号负向通过触发准位时进行触发。

EXT TRIG. IN：TRIG. IN 输入端子，可输入外部触发信号。欲用此端子时，须先将 SOURCE 选择器置于 EXT 位置。

TRIG. ALT：触发源交替设定键，当 VERT MODE 选择器在 DUAL 或 ADD 位置，且 SOURCE 选择器置于 CH1 或 CH2 位置时，按下此键，本仪器即会自动设定 CH1 与 CH2 的输入信号以交替方式轮流作为内部触发信号源。

SOURCE：内部触发源信号及外部 EXT TRIG。 IN 输入信号选择器。

CH1：当 VERT MODE 选择器在 DUAL 或 ADD 位置时，以 CH1 输入端的信号作为内部触发源。

CH2：当 VERT MODE 选择器在 DUAL 或 ADD 位置时，以 CH2 输入端的信号作为内部触发源。

LINE：将 AC 电源线频率作为触发信号。

EXT：将 TRIG。IN 端子输入的信号作为外部触发信号源。

TRIGGER MODE：触发模式选择开关

AUTO：当没有触发信号或触发信号的频率小于 25 Hz 时，扫描会自动产生。

NORM：当没有触发信号时，扫描将处于预备状态，屏幕上不会显示任何轨迹。本功能主要用于观察 25 Hz 信号。

TV-V：用于观测电视讯号之垂直画面信号。

TV-H：用于观测电视讯号之水平画面信号。

⑤ 其他功能。

CAL（2Vp-p）：此端子会输出一个 2Vp-p，1 kHz 的方波， 用以校正测试棒及检查垂直偏向的灵敏度。

GND：本示波器接地端子。

（2）EE1641C 型函数发生器/计数器各旋钮的用途及使用方法。

EE1641C 型函数发生器（见图 3.9.5）是一种函数信号发生器，它能产生正弦波、三角波、方波等信号。所产生信号的频率范围为 0.2 Hz ~ 2 MHz。它的频率比较稳定，输出幅度可调。面板上的电压表指示是在输出衰减前的信号电压有效值。

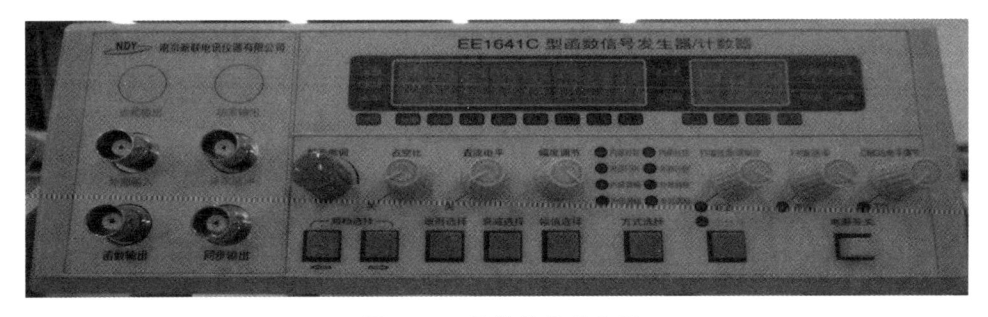

图 3.9.5　函数信号发生器

频率显示窗口：显示输出信号频率。

幅度显示窗口：显示函数信号的幅值度。

函数输出：输出多种波形受控的函数信号。

幅度调节：调节范围 20 dB。

直流电平：调节范围 – 5 V ~ + 5 V，当电位器处在关位置时，则为 0 电平。

扫描速率调节：调节此电位器可改变内扫描的速率。

扫描宽度调节：调节此电位器可改变内扫描的时间长短。

波形选择：可选择正弦波、三角波和方波输出。

频率微调：调节此旋钮可改变输出频率的 1 个频程。

（3）AG1022 双通道任意波形发生器的用途及使用方法。

AG1022 是集任意波形发生器、函数发生器为一体的双通道多功能信号发生器（见图 3.9.6 ~ 3.9.8，表 3.9.1 ~ 3.9.3）。该产品采用 DDS 直接数字频率合成技术，可生成稳定、精确、纯净的输出信号；人性化的界面设计和键盘布局，给用户带来非凡体验；支持 U 盘存储，为用户提供更多解决方案。

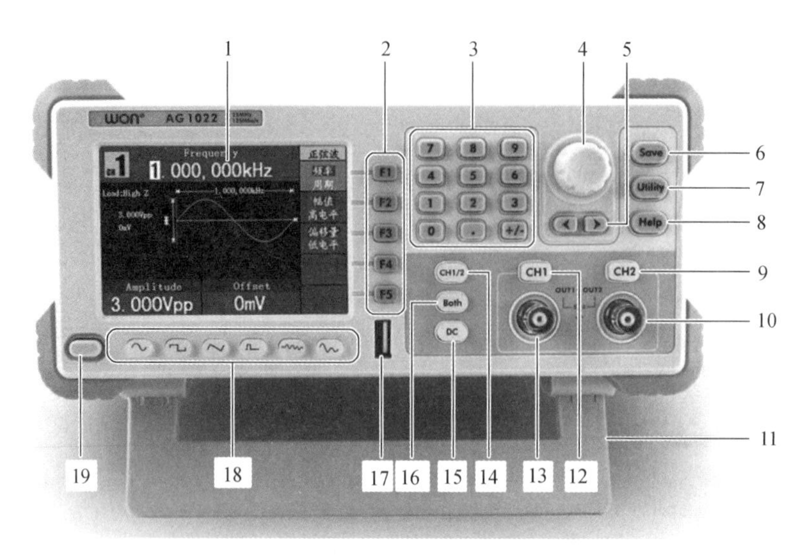

图 3.9.6　AG1022 前面板概览

表 3.9.1　前面板各按键接口功能

1——显示屏	显示用户界面
2——菜单选择键	包括 5 个按键：F1～F5，激活对应的菜单
3——数字键盘	参数输入，包括数字、小数点和正负号
4——旋钮	改变当前选中数值，也用于选择文件位置或文件名输入时软键盘中的字符。按此旋钮可显示通道复制菜单
5——方向键	选择菜单或移动选中参数的光标
6——保存（Save）	存储/读取任意波形数据
7——功能（Utillity）	设置辅助系统功能
8——帮助（Help）	查看内置帮助信息
9——CH2 输出控制	开启/关闭 CH2 通道的输出。打开输出时，按键灯亮起
10——CH2 输出端	输出 CH2 通道信号
11——脚架	使信号发生器倾斜便于操作
12——CH1 输出控制	开启/关闭 CH1 通道的输出。打开输出时，按键灯亮起
13——CH1 输出端	输出 CH1 通道信号
14——屏幕通道选择（CH1/2）	使屏蔽显示的通道在 CH1 和 CH2 间切换
15——直流（DC）	显示当前通道的直流参数设置界面。选中该功能时，按键灯亮起
16——显示/修改两个通道（Both）	在屏幕上同时显示两个通道的参数，参数可修改。选中该功能时，按键灯亮起。
17——USB 接口	与外部 USB 设置连接，如插入 U 盘
18——波形选择键	包括：正弦波、矩形波、锯齿波、脉冲波、噪声、任意波。选中某波形时，对应按键灯亮起。
19——电源键	打开/关闭信号发生器

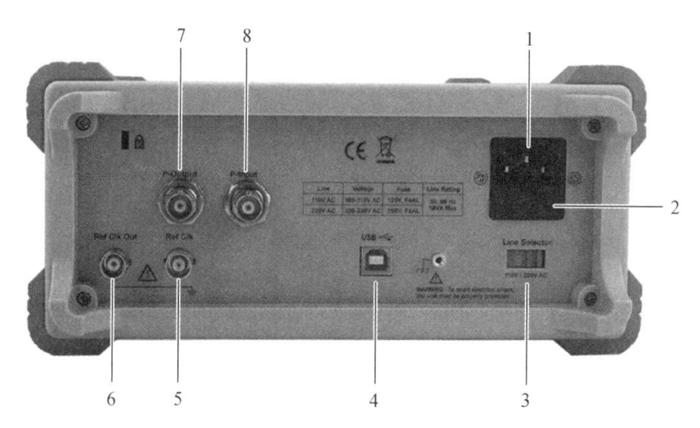

图 3.9.7　AG1022 后面板概览

表 3.9.2　后面板各按键接口功能

1——电源泉输入插座	交流电源输入接口
2——保险丝	规格为 100～120 V ｜ 250 V，F1AL 220～240 V ｜ 250 V，F0.5AL
3——电源转换开关	可在 110 V 和 220 V 两个挡位切换
4——USB（B 型）连接器	用于连接 USB 类型 B 控制器。可连接 PC，通过上位机软件对信号发生器进行控制
5——Ref Clk（参考时钟）连接器	用于接受一个来自外部的时钟信号
6——Ref Clk Out（参考时钟输出）连接器	通常用于仪器的同步。可输出由仪器内部晶振产生的时钟信号
7——P-Output（功率放大器输出）连接器	功率放大器的信号输出
8——P-Input（功率放大输入）连接器	功率放大器的信号输入

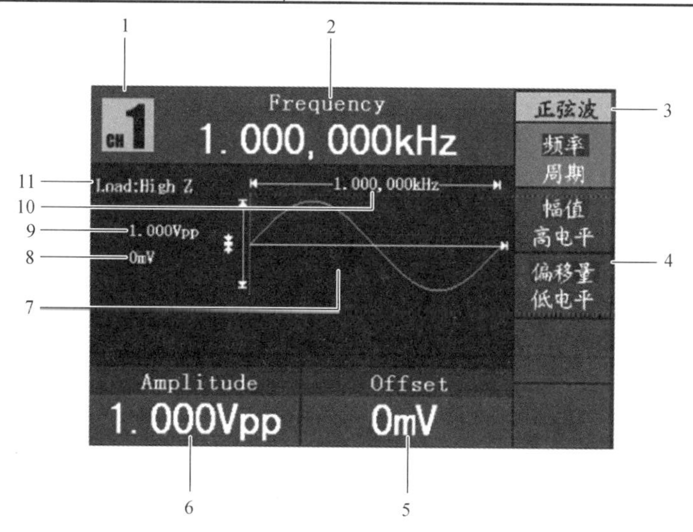

图 3.9.8　用户界面（以正弦波为例）

表 3.9.3 用户界面功能

1——显示通道名称
2——参数 1，显示参数及编辑选中参数
3——当前信号类型或当前模式
4——当前信号或模式的设置菜单
5——参数 3，显示参数及编辑选中参数
6——参数 2，显示参数及编辑选中参数
7——显示当前波形
8——偏移量/低电平，取决于右侧高亮菜单项
9——幅值/高电平，取决于右侧高亮菜单项
10——频率/周期，取决于右侧高亮菜单项
11——负载，High Z 表示高阻

① 调整脚架。

将信号发生器下方的脚架支起，如图 3.9.6 中所示的 11。

② 通电检查。

输入电源设置：可输入电压为 100 ~ 120 V 或 220 ~ 240 V 的两种交流电源。根据所在国家的电源

电压标准调节仪器后面板的电源转换开关（见图 3.9.7）。

欲改变电源电压，请按下述步骤进行操作：

a. 关闭仪器前面板的电源开关，拔掉电源线。

b. 调节电源转换开关 至所需电压值。

③ 开机。

a. 使用附件提供的电源线将仪器连接至交流电中。

警告：

为了防止电击，请确认仪器已经正确接地。

b. 按下前面板的电源键，屏幕显示开机画面。

④ 设置通道。

a. 选择屏幕显示的通道。

按 CH1/2 键可使屏幕显示的通道在 CH1 和 CH2 间切换。

b. 同时显示/修改两个通道的参数。

按 Both 键可同时显示两个通道的参数（见图 3.9.9）。

切换通道：按 CH1/2 键切换可修改的通道。

选择波形：按波形选择键 可选择当前通道的波形。

选择参数：按 F2 ~ F5 可选择参数 1 到参数 4；再按可切换当前参数，如频率切换为周期。

修改参数：转动旋钮可修改当前光标处的数值，按 ◀/▶ 方向键左右移动光标。（此时无法用数字键盘输入）

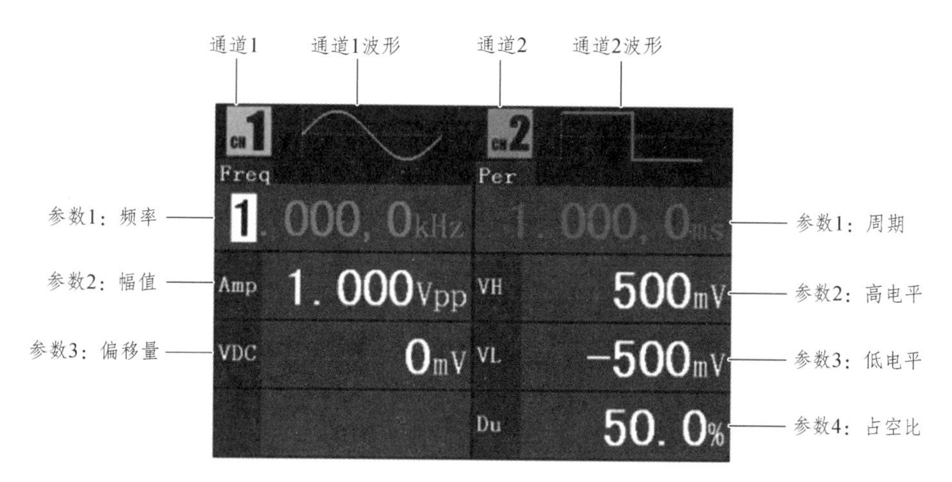

图 3.9.9 Both 键界面

c. 开启/关闭通道输出。

按 CH1 或 CH2 键可开启/关闭相应通道的输出。开启输出时对应通道的按键灯亮起。

d. 通道复制。

- 在输出波形界面下，按下前面板的旋钮可显示通道复制菜单。
- 按 F1 键选择 从 CH2 复制到 CH1；或按 F2 键选择从 CH1 复制到 CH2。

⑤ 设置波形。

以下介绍如何设置并输出正弦波。

A. 输出正弦波

按 ∿ 键，屏幕显示正弦波的用户界面（见图 3.9.10），通过操作屏幕右侧的正弦波菜单，可设置正弦波的输出波形参数。

正弦波的菜单包括频率/周期、幅值/高电平、偏移量/低电平。可通过右侧的菜单选择键来操作菜单。

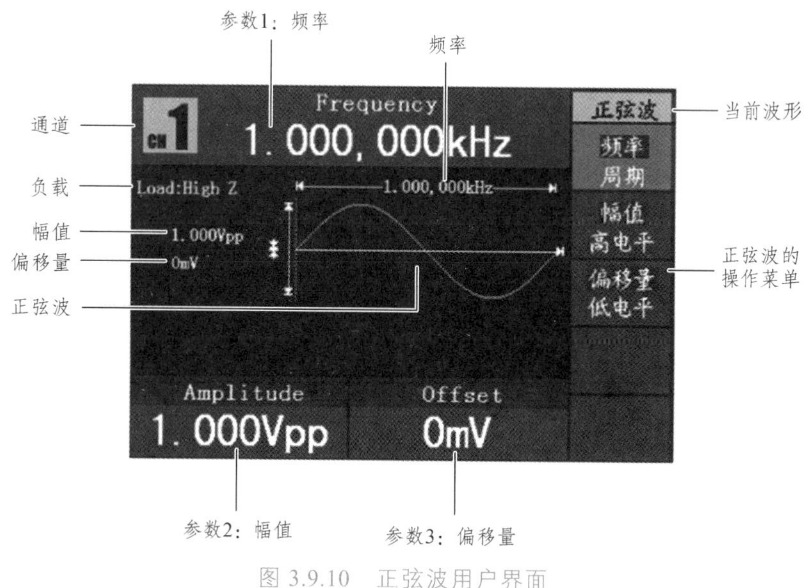

图 3.9.10 正弦波用户界面

a. 设置频率/周期。

按 F1 键，当前被选中的菜单项以高亮显示，在参数 1 中显示对应的参数项。再按 F1 键可切换频率/周期。

改变选中参数值有两种方法：

转动旋钮可使光标处的数值增大或减小。按 ◀/▶ 方向键可左右移动光标。

直接按数字键盘的某一数字键，屏幕跳出数据输入框，继续输入所需数值（见图 3.9.11）。按◀方向键可删除最后一位。按 F1 ~ F3 选择参数的单位，或按 F4 键进入下一页选择其他的单位。按 F5 取消当前输入。

AG1022：正弦波频率范围为 1 μHz ~ 25 MHz，周期范围为 40 ns ~ 1 Ms。

AG1012：正弦波频率范围为 1 μHz ~ 10 MHz，周期范围为 100 ns ~ 1 Ms。

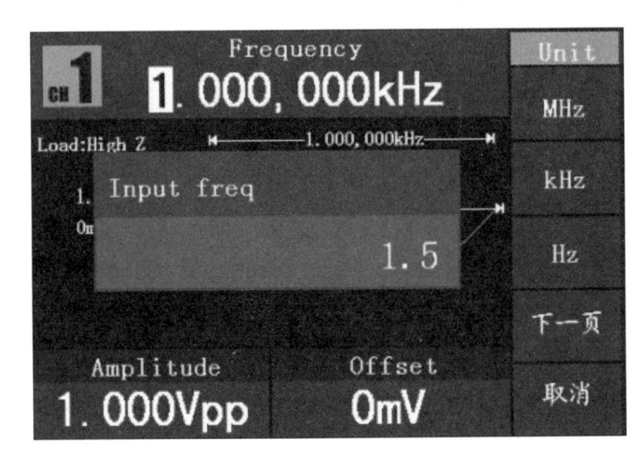

图 3.9.11　使用数字键盘设置频率

b. 设置幅值。

按 F2 键，确认“幅值”菜单项是否以高亮显示；如不是，再按 F2 键切换到“幅值”。在参数 2 中，幅值的参数值出现闪烁光标。使用旋钮或数字键盘设定所需值。

c. 设置偏移电压。

按 F3 键，确认“偏移量”菜单项是否以高亮显示；如不是，再按 F3 键切换到“偏移量”。在参数 3 中，偏移量的参数值出现闪烁光标。使用旋钮或数字键盘设定所需值。

d. 设置高电平。

按 F2 键，确认“高电平”菜单项是否以高亮显示；如不是，再按 F2 键切换到“高电平”。在参数 2 中，高电平的参数值出现闪烁光标。使用旋钮或数字键盘设定所需值。

e. 设置低电平。

按 F3 键，确认“低电平”菜单项是否以高亮显示；如不是，再按 F3 键切换到“低电平”。在参数 3 中，低电平的参数值出现闪烁光标。使用旋钮或数字键盘设定所需值。

B. 亮度控制。

a. 按 Utility 功能键，选择 显示设置，再按 F1 键选择亮度控制。

b. 转动旋钮改变当前光标位数值，按 ◀/▶ 方向键可左右移动光标；或使用数字键盘输入亮度百分比，按 F4 键选择单位。亮度范围为 0% ~ 100%。

C. 相位差。

可设定 CH1 与 CH2 两个通道输出信号的相位差。

a. 按 Utility 功能键，选择 输出设置，按 F3 键选择相位差。

b. 按 F3 键可打开/关闭相位差。

c. 打开时，可设定相位差的值。转动旋钮改变当前光标位数值，按◀/▶方向键可左右移动光标；或使用数字键盘输入，以度为单位，按 F4 键选择单位。相位差范围为 0 ~ 360°。

4. 示波器的应用

示波器能够正确地显示各种波形的特性，因而可用来监视各种信号及跟踪其变化规律。利用示波器还可将待测的波形与已知的波形进行比较，粗略地测量波形的幅度、频率和相位等各种参量。

（1）观察波形。

示波器的种类很多，性能上差异也较大，不同实验室提供的仪器可能不同，但基本思想是相同的。使用示波器前，先将各旋钮放在左右可调的中间位置，然后接通电源，预热 1 min。约 15 s 后出现基线，调节“水平位移”“垂直位移”钮，使扫迹移至荧光屏观测区域的中央。调“INTEN”旋钮使扫迹亮度适中，调节“FOCUS”旋钮使扫迹纤细清晰。调节“LEVEL”旋钮使仪器触发，为了使显示的波形清晰、稳定和幅度适中，再重新仔细调节示波器各旋钮，边调边观察，反复练习后就能比较熟练地掌握用示波器观察待测信号波形的方法。

（2）电压测量。

用示波器不仅能测量直流电压，还能测量交流电压和非正弦波的电压。它采用比较测量的方法，即用已知电压幅度波形将示波器的垂直方向分度，然后将信号电压输入，进行比较，如图 3.9.6 所示。图中的方波幅度假定为 10 V，占据了四个分度，因此每分度表示 2.5 V，即 2.5 V/div。如果待测的正弦波其峰-峰值 $U_{p\text{-}p}$ 为 2.0 div，则峰-峰电压 $U_{p\text{-}p}=5.0\ \text{V}$。

（3）测量频率或周期

用示波器测量频率或周期必须知道 X 轴的扫描速率，即 X 方向每分度相当于多少秒或者微秒。假定图 3.9.12 所示的 X 扫描速率为 10 ms/div，则方波的周期 2.0 div 相当于 20 ms，而正弦波的周期为

$$4.0\ \text{div}\times 10\ \text{ms/div}=40\ \text{ms}$$

因此频率 $f=\dfrac{1}{40\,\text{ms}}=25\,\text{Hz}$。

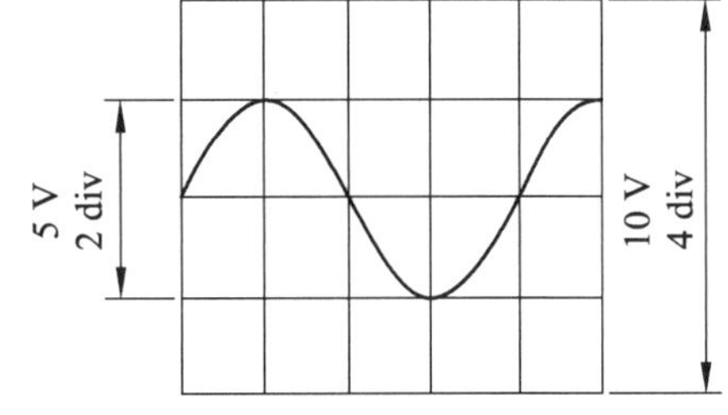

图 3.9.12 示波器正弦波图

注意：当显示波形的个数较多时，周期可根据测量几个周期的时间除以 n 来计算，以保证周期有较高的精度。

因为稳定的标准频率容易得到，示波器判别合成的波形（李萨如图形）非常直观、灵敏和准确，所以测频率时都要用到它，在复杂信号的频谱分析中也要用到它。测量线路如图 3.9.13 所示，图中待测频率的信号接在 Y 输入端，已知频率为 x 的信号作为标准正弦信号接在 X 输入端，如果出现如图 3.9.14 所示的李萨如波形，则 $f_y=nf_x$，① $f_y=f_x$，② $f_y=\dfrac{1}{2}f_x$，③ $f_y=\dfrac{1}{3}f_x$。

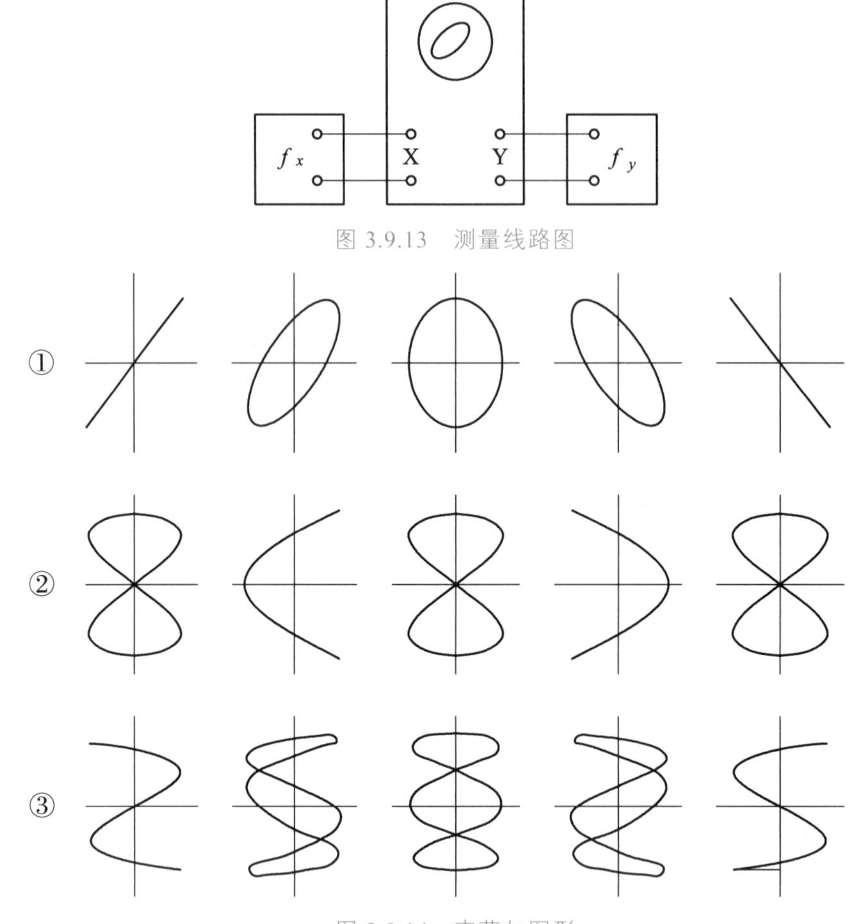

图 3.9.13　测量线路图

图 3.9.14　李萨如图形

从李萨如图形 X 轴 Y 轴上的切点数，可知比值 f_y/f_x，一般的计算公式为

$$\frac{f_y}{f_x}=\frac{\text{与X轴的切点数}N_x}{\text{与Y轴的切点数}N_y} \tag{3.9.2}$$

所以未知频率

$$f_y=\frac{N_x}{N_y}f_x \tag{3.9.3}$$

实验内容和步骤

1. 调　节

（1）调亮点。

打开示波器电源开关，稍等片刻，适当调整强度和聚焦旋钮，让亮度和聚焦适中。在示波器上将出现一个亮点从左向右移动，适当改变上下的位置和扫描频率，使亮点缓慢移动。

（2）显示扫描线。

适当旋转“TIME/DIV”旋钮和图形的上下位置，将扫描线放到屏中心的水平标度线上。此时扫描线可能由于地磁场作用而与标度线呈倾斜状态，若发生此情况，调前面光迹转动装置直到扫描线成为水平。

2. 测量信号的电压 $U_{p\text{-}p}$ 及周期 T

将信号发生器输出的正弦信号输入到示波器的“CH1”（或“CH2”）上，打开信号发生器的电源开关，按下示波器上“CH1”按钮。适当改变信号发生器的输出“频率范围”、“频率调节”、“输出衰减”；适当调节示波器上的“TIME/DIV”（扫描频率）、“LEVEL”和“VOLTS”（CH_1 增益）按钮，使产生 2～3 个周期稳定的正弦波形曲线。在测量时，一般把 TIME/DIV 开关的微调旋钮和 VOLTS/DIV 开关的微调旋钮按顺时针方向旋至满度的标准位置，再选择其中一个完整的波形，读出数据记录到表 3.9.1 中，计算出正弦波电压峰—峰值 $U_{p\text{-}p}$ 以及周期 T，再根据所测的周期求出正弦波频率。

3. 观察李萨如图形

将一个正弦信号输入到示波器的“CH1”，将另一个正弦信号输入到示波器的“CH2”，按下“CH1”“CH2”和“X-Y”按钮。适当改变信号发生器输出“频率范围”“频率调节”“输出衰减”“输出细调”，形成稳定的李萨如图形。保持 CH2（Y 端）输入的频率 $f_y=100$ Hz 的正弦波形信号不变，在 CH1（X 端）输入端上由信号发生器输入相应的正弦电压信号 f_x，记录频率 f_x，f_y 填入表 3.9.2 中。

数据记录及处理

表 3.9.1　电信号的电压 $U_{p\text{-}p}$ 及周期 T

待测信号	3 V/1 kHz	6 V/5 kHz	9 V/10 kHz
VOLTS/DIV			
纵向格数 n			
TIME/DIV			
横向格数 m			
$U_{p\text{-}p}$/V			
T/ms			

表 3.9.2　李萨如图形与振动频率之间的简单关系

$f_y : f_x$	1∶1	1∶2	1∶3	2∶3	3∶2	3∶4	2∶1
f_y / Hz	100	100	100	100	100	100	100
f_x / Hz							
N_x							
N_y							
李萨如图形（稳定时）							

注意事项

（1）接入电源前，要检查电源电压和仪器规定的使用电压是否相符。

（2）为了保护荧光屏不被灼伤，使用示波器时，光点亮度不能太强，而且也不能让光点长时间停在荧光屏的一点上。

实验 3.10 用牛顿环测定透镜的曲率半径

用牛顿环测定透镜的曲率半径

干涉现象是典型的波动现象，光的干涉现象充分表明了光的波动性。分振幅法产生的干涉是一项常用的光学技术。牛顿环干涉现象在实际生产和科学研究中有着广泛的应用，如精密测量长度、厚度和角度，检验试件加工表面的光洁度、平整度，以及在半导体技术中测量镀膜厚度等。

实验目的

（1）观察牛顿环产生的等厚干涉条纹，加深对等厚干涉现象的认识。

（2）掌握利用牛顿环测量平凸透镜曲率半径的方法。

（3）熟悉读数显微镜的结构，掌握其使用方法。

实验仪器

读数显微镜（见图 3.10.1）、牛顿环仪、钠光灯（波长 $\lambda = 589.3$ nm）。

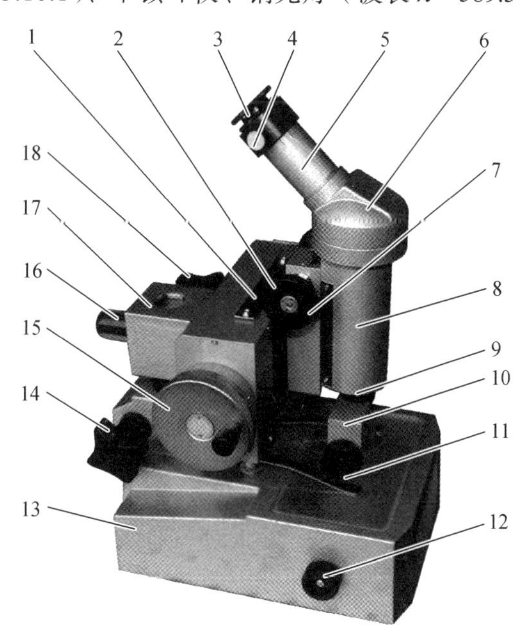

1—标尺；2—调焦手轮；3—目镜；4—锁紧螺钉；5—目镜接筒；6—棱镜室；7—刻尺；8—镜筒；9—物镜组；10—半反镜组；11—压片；12—反光镜旋轮；13—底座；14—锁紧手轮Ⅱ；15—测微鼓轮；16—方轴；17—接头轴；18—锁紧手轮Ⅰ。

图 3.10.1 读数显微镜

实验原理

当一束单色平行光垂直照射在透明薄膜上，薄膜上下两表面会对其多次反射，使入射光分解成具有一定光程差的多束反射光，它们是彼此相干的，这就是“分振幅”获得相干光的方法。如果两束反射光在相遇时的光程差仅取决于透明薄膜的厚度，则同一干涉条纹所对应的薄膜厚度相同，所以称为等厚干涉。由薄膜等厚干涉的光程差公式可知，反射后两光线的光程差δ为

$$\delta = 2nd + \frac{\lambda}{2} \tag{3.10.1}$$

其中，n为薄膜介质的折射率，d为薄膜厚度，λ为入射光的波长，$\lambda/2$是半波损失引起的附加光程差，根据波动光学干涉理论，如果两光线光程差δ为半个波长的奇数倍，即

$$\delta = 2nd + \frac{\lambda}{2} = (2k+1)\frac{\lambda}{2} \quad （k=0，1，2，3\cdots） \tag{3.10.2}$$

则两光线干涉相消，形成暗条纹。如果光程差δ为半个波长的偶数倍，即

$$\delta = 2nd + \frac{\lambda}{2} = k\lambda \quad （k=1，2，3\cdots） \tag{3.10.3}$$

则两光线干涉相长，形成明条纹。由式（3.10.2）或式（3.10.3）可知，同一级干涉条纹所对应的薄膜厚度是相等的。

牛顿环组件的构造说明：

牛顿环组件是由曲率半径较大的待测平凸透镜L和磨光的平玻璃板P叠在一起，如图3.10.2所示。框架边上有三个螺钉H，用来调节L和P之间的接触状态。调节H时，螺旋不可旋得过紧，以免接触压力过大引起透镜弹性形变，甚至损坏透镜。平凸透镜的凸面与平玻璃的上表面相切，形成一个从中心向四周逐渐增厚的空气薄膜。

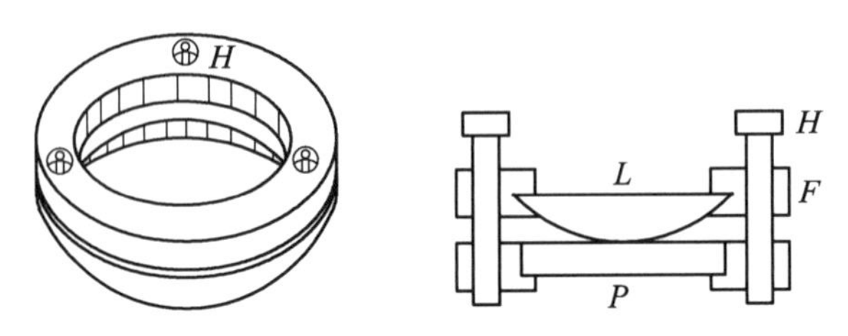

图 3.10.2　牛顿环组件

如图3.10.3所示，在平面玻璃板BB'上放置一曲率半径为R的平凸透镜AOA'，两者之间便形成一层空气薄膜。当用单色光垂直照射下来时，从空气薄膜上下两个表面反射的光束1和光束2在空气薄膜上表面附近相遇产生干涉，空气薄膜厚度相等处形成相同的干涉条纹，此等厚干涉条纹最早由牛顿发现，故称为牛顿环。因为平凸镜的凸面是球面的一部分，所以光程差相等的地方是以接触点为圆心的圆，形成如图3.10.4所示的明暗相间的干涉条纹，对于第k级暗环有如下关系：

$$R^2 = (R-d)^2 + r_k^2$$

式中R是平凸透镜凸面的曲率半径；r_k是第k级暗环半径；d是第k级暗环处空气膜厚度。因$R \gg d$（R为几米，d为几分之一厘米）。
所以

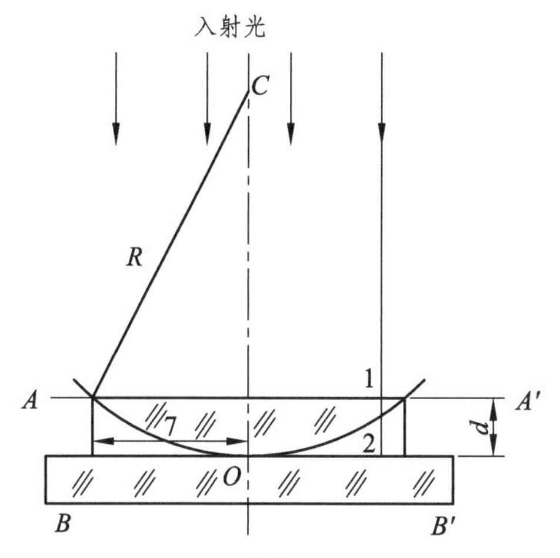

图 3.10.3　牛顿环产生原理

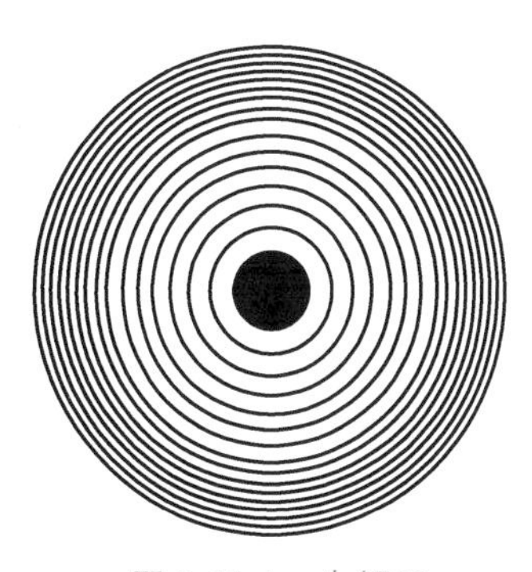
图 3.10.4　牛顿环

$$d \approx \frac{r_k^2}{2R} \tag{3.10.4}$$

因空气折射率 $n=1$，并且将（3.10.4）式带入（3.10.2）式，则

$$r_k^2 = k\lambda R \tag{3.10.5}$$

式中 $k=0$，1，2，…，是干涉条纹的级次，$k=0$ 对应中心暗环，从上往下观察，以中心暗环为准，则有

$$R = \frac{r_k^2}{k\lambda} \tag{3.10.6}$$

可见，如果知道入射光的波长，只要测出第 k 级暗环的半径 r_k，依式（3.10.6）便可计算出平凸透镜的半径 R。但是在实际的实验过程中，由于玻璃的弹性变形，以及接触面的不清洁等原因，平凸透镜与平玻璃板的接触处不是一个点而是一圆面，因此牛顿环的中心不是一个点，而是一个不太清晰的暗圆斑，而圆斑的中心很难定准。同时镜面上可能有灰尘等存在而引起一个附加厚度，从而形成附加的光程差，这样，绝对级数也不易确定。所以在实际的实验过程中，为了减小误差，测量的不是暗环半径 r_k，而是测暗环直径 D_k，并利用干涉条纹的相对级次即用逐差法，以消除某些附加光程差带来的系统误差。

用 k 级暗环的直径代替半径：

$$D_k^2 = 4kR\lambda$$

测量出第 m 级和 n 级暗环的直径：

$$D_m^2 = 4mR\lambda，\quad D_n^2 = 4nR\lambda$$

两式相减整理可得

$$R = \frac{D_m^2 - D_n^2}{4(m-n)\lambda} \tag{3.10.7}$$

实验内容和步骤

1. 观察牛顿环

（1）接通钠光灯电源使灯管预热。

（2）调整牛顿环装置，先用眼睛直接对着牛顿环装置观察，可以看到一个圆形小黑点，这就是干涉形成的密集的牛顿环条纹。将牛顿环装置放置在读数显微镜镜筒下，使黑点对准显微镜镜筒中心。

（3）待钠光灯正常发光后，调节读数显微镜，使 45° 玻璃片正对钠灯窗口，并且同高。

（4）在目镜中观察从空气层反射回来的光，整个视场应较亮，颜色呈钠光的黄色，如果看不到光斑，可适当调节读数显微镜的底座上的反光板、钠光灯与显微镜的相对位置，直至看到反射光斑，并均匀照亮视场。

（5）调节目镜，在目镜中看到清晰的十字准线的像。

（6）转动物镜调节手轮，调节显微镜镜筒与牛顿环装置之间的距离。先将镜筒下降，使 45° 玻璃片接近牛顿环装置但不能碰上，然后缓慢上升，直至在目镜中看到清晰的十字准线和牛顿环像。

（7）观察干涉条纹分布，缓慢摇动显微镜上的鼓轮，定性观察牛顿环的分布规律，练习读数。

2. 测量 11 ~ 15 环和 21 ~ 25 环的直径

（1）粗调仪器，移动牛顿环装置，使十字准线的交点与牛顿环中心重合。

（2）放松目镜紧固螺丝（该螺丝应始终对准槽口），转动目镜使十字准线中的一条线与标尺平行，即与镜筒移动方向平行。

（3）转动读数显微镜读数鼓轮，镜筒将沿着标尺平行移动，检查十字准线中竖线与干涉环的切点是否与十字准线交点重合，若不重合，按步骤（1）、（2）再仔细调节（检查左右两侧测量区域）。

（4）把十字准线移到测量区域中央（25 环左右），仔细调节目镜及镜筒的焦距，使十字准线像与牛顿环像无视差。

（5）转动读数鼓轮，观察十字准线从中央缓慢向左（或向右）移至 30 环，然后反方向自 30 环向右（或向左）移动，当十字准线竖线与 25 环外侧相切时，记录读数显微镜上的位置读数 x_{25}，然后继续转动鼓轮，使竖线依次与 25、24、23、22、21、15、14、13、12、11 环外侧相切，并记录读数填入表 3.10.1 中。过了 11 环后继续转动鼓轮，并注意读出环的顺序，直到十字准线回到牛顿环中心，核对该中心是否是 $k=0$.

（6）继续按原方向转动读数鼓轮，此时先越过干涉圆环中心，然后向右（或向左）经过记录十字准线与右边第 11、12、13、14、15、21、22、23、24、25 环外切时的读数，并记录读数填入表 3.10.1 中，注意从左边（或右边）30 环移到另一侧右边（或左边）25 环的过程中鼓轮不能倒转。

数据记录及处理

1. 数据记录

表 3.10.1　牛顿环直径数据记录表　　单位：mm

环的级别	m	25	24	23	22	21
环的位置	右					
环的位置	左					
环的直径	D_m					
环的级别	n	15	14	13	12	11
环的位置	右					
环的位置	左					
环的直径	D_n					
直径的平方	D_m^2					
直径的平方	D_n^2					
（$D_m^2-D_n^2$）						

2. 数据处理

$$\overline{R}=\frac{\overline{D_m^2-D_n^2}}{4(m-n)\ \lambda}= \qquad \text{(mm)}$$

$$\Delta_{(D_m^2-D_n^2)}=\sqrt{\frac{1}{n-1}\sum_{i=1}^{n}\left[(D_m^2-D_n^2)-(\overline{D_m^2-D_n^2})\right]^2}$$

其中，$\lambda=589.3\pm0.3\text{nm}$，$\varDelta_m=\varDelta_n=0.1, m-n=10$，

相对不确定度　$\dfrac{\varDelta_R}{\overline{R}}=\sqrt{\left(\dfrac{\varDelta_\lambda}{\lambda}\right)^2+\left(\dfrac{1}{m-n}\right)^2(\varDelta_m^2+\varDelta_n^2)+\left[\dfrac{\varDelta_{(D_m^2-D_n^2)}}{D_m^2-D_n^2}\right]^2}$

$U_{(R)}=k\overline{R}\cdot\dfrac{\varDelta_R}{\overline{R}}, P=95\%$时，$k=2$

$$R=\overline{R}\pm U_{(R)} \quad \text{(mm)}$$

注意事项

（1）使用读数显微镜时，为避免引进空程差，移测时必须向同一方向旋转，中途不可倒退。

（2）调节 H 时，螺旋不可旋得过紧，以免接触压力过大引起透镜弹性形变。

思考题

（1）牛顿环干涉条纹中心是高级次还是低级次？为什么？

（2）实验中为什么要测牛顿环直径，而不测其半径？

（3）实验中为什么要测量多组数据且采用多项逐差法处理数据？

拓展阅读

牛顿通过三棱镜的色散实验指出颜色是物体和不同色光的结果，但是无法解释肥皂薄膜的奇幻色彩，它并不是按照固定的顺序排列的。肥皂泡是极其不稳定的，很难测量其厚度和大小，于是牛顿采取了更稳妥的方法，就是磨制凸透镜。牛顿取来两块玻璃体，一块是 14 英尺（约 4.27 m）望远镜用的平凸镜，另一块是 50 英尺（约 15.24 m）左右望远镜用的大型双凸透镜。在双凸透镜上放上平凸镜，使其平面向下，当把玻璃体互相压紧时，就会在围绕着接触点的周围出现各种颜色，形成色环[1].这个实验非同小可，这其实就是光的干涉现象，牛顿这时候已经走到了波动说的边缘，不过牛顿并没有立刻深入研究，因为这时候还有更重要的事情要做。那个时候的显学是天文学，而观测星空则需要天文望远镜，制造望远镜就需要磨制镜片。而磨制镜片是一门高深的技术活，当时可没有加工厂给他们制造合适的镜片，这些天才的科学家们只好自己手工磨制，当时测量技术不佳，稍有偏差，镜片就报废了。而牛顿发现了牛顿环，就可以精密地检测镜片的精度，可以说，牛顿环就相当于一把尺子，这样就可以在磨制过程中不断调节，提高了磨制镜片的成功率。虽然提高了成功率，但是磨制镜片还是一个麻烦活，牛顿干脆重新设计了天文望远镜，之前格里高利望远镜是折射式望远镜，需要多个凹面镜，牛顿改成了反射式望远镜，只需要一个凹面镜。

实验中的现象善于观察和总结，可以成为我们解决问题的关键。

（1）牛顿环的应用。

当用单色平行光垂直入射到牛顿环上时，可获得等厚干涉条纹，这一原理可用于测量透镜的曲率半径，检测研磨质量，检测光波波长，精确测量微小长度、厚度和角度，检测物体表面的粗糙度和平整度。还可以用第一暗环的空气间隙的厚度来定量地表征相应的单色光，其实也就是光谱。应用于光谱仪、把复合光分离成单色光的组成等[2][3].

（2）牛顿环的“负面影响”

在电阻式触摸屏和液晶显示器的加工工程中（有些厂家也叫彩虹纹或彩虹）时不时地在生产与客户使用过程中出现，弄得不少工艺技术人员叫苦不迭。不是因为这个“彩虹”太美丽，而是因为它是品质杀手，太容易“闯祸”，让次品率高层不下。

在显示器模组中，牛顿环出现的区域，因为光线干涉的缘故，会造成色彩叠加因而导致最终显现的色彩不正，另一方面，也降低了该区域的显示对比度，所以都是作为致命的主要缺陷列置[4][5].

高对比度是高画质电视的重要性能指标之一，显示屏对比度越高，对低亮度画面的细节表现力就越强，显示画面也更加真实、自然。

BOE（京乐方）推出的“BD Cell”显示技术，拥有百万级超高对比度，兼具像素级精细化调光优势和超薄设计（<10 mm），显示灰阶达到 12 bit，具有超强的画面表现力，让画面细节纤毫毕现[6]。

BOE“BD Cell”显示技术，通过在液晶显示层和背光源之间增加控光液晶盒，采用像素级控光技术，控光精度达到微米级。当表现低亮度画面时，控光液晶盒可有效截止背光源光线，使黑场亮度低于0.003 nit，接近纯黑显示效果；基于数百万控光分区，BD Cell显示屏可实现百万级超高对比度， 同时搭载智能调光算法，清晰还原画面的每一个色彩和细节，让用户感受到全新的视觉震撼体验。

BOE“BD Cell”系列显示产品，基于BOE独有的ADSDS超硬屏技术，视角可达到178°，采用独特制备工艺，可广泛应用于电视、笔记本电脑、显示器等领域，具有显示效果细腻、结构轻薄、广视角等特点，兼具画质和成本优势。

参考文献

[1] 周希尚，杨之昌. 牛顿环实验综述[J]. 物理实验，1993（02）：66-69.

[2] 崔腾飞，孙敬姝. 基于多功能型分光仪上的创新实验——牛顿环[J]. 物理实验，2019，39（05）：54-56.

[3] 贾平. 中国部分精密仪器与装备发展现状及展望[J]. 科技导报， 2017，35（11）：39-46.

[4] 俞翔. 触摸屏技术及电阻式触摸屏隔离点制作工艺探讨[J]. 龙岩师专学报，2004（06）：29-31.

[5] 廉莉莉，李秀娟，王培堂. 液晶显示屏玻璃基板技术专利态势分析[J]. 2021（2014-12）：45-49。

[6] 京东方官网：https://www.boe.com/.

实验 3.11　分光计的使用

3.11.1　分光计测三棱镜顶角

分光计是一种精确测量角度的光学仪器，它常用来测量折射率、光波波长和色散率以及观察光谱等。由于它比较精密，调节时必须按照一定的步骤，仔细认真调节，才能得到较为准确的实验结果。分光计的用途广泛，它的调整思路、方法和技巧，在光学仪器中有一定的代表性，学会对它的调节和使用，对今后调整使用其他更为复杂的光学仪器，具有指导性的作用。

实验目的

（1）了解分光计的结构和原理。

（2）掌握分光计的调整方法。

（3）学会用调节好的分光计测定三棱镜顶角。

实验仪器

分光计（JJY 型）、双面平面反射镜、三棱镜。

实验原理

1. 分光计的构造

分光计外形结构如图 3.11.1 所示。本书以 JJY 型分光计为例介绍其结构和调整方法。分光计包括 5 个主要部分：（1）平行光管；（2）望远镜（可与圆周刻度盘同轴转动）；（3）载物台（可与游标盘同轴转动）；（4）度盘读数装置；（5）底座。这 5 部分中平行光管是固定在底座上，另外 3 部分均可围绕一个公共轴（分光计主轴）转动。

下面分别介绍各部分的结构和调节方法。

（1）平行光管。

平行光管的构造如图 3.11.1 所示，它是一个柱形圆筒，在筒的一端装有一个可伸缩的套筒。套筒末端有一狭缝装置 1，可以改变缝宽。平行光管另一端有一个消色差会聚透镜（即物镜）。伸缩狭缝套筒可以改变狭缝与物镜之间的距离。当狭缝位于物镜焦平面时，外来光源通过狭缝射出的光，经过物镜后便成为平行光。套筒的位置由锁紧螺钉 2 固定。

立柱 24 固定在底座上，平行光管 5 安装在立柱上，平行光管的光轴位置可以通过立柱上的调节螺钉 4、6 来进行微调，平行光管带有一狭缝装置，狭缝宽度可调节。

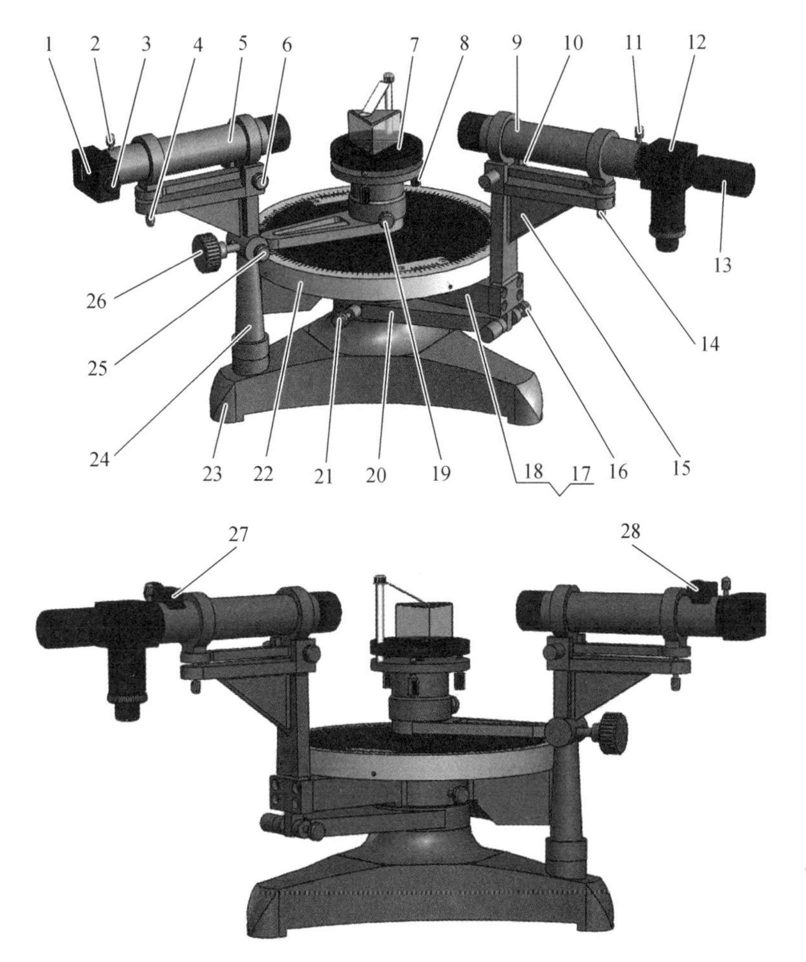

1—狭缝装置；2—狭缝体锁紧螺钉；3—狭缝宽度调节手轮；4—平行光管高低调节手轮；5—平行光管部件；6—平行光管水平调节螺钉；7—载物台；8—载物台调平螺钉；9—望远镜部件；10—望远镜水平调节螺钉；11—目镜组锁紧螺钉；12—目镜组；13—目镜调焦手轮；14—望远镜光轴高低调节螺钉；15—支臂；16—望远镜微调螺钉；17—转座；18—度盘止动螺钉；19—载物台锁紧螺钉；20—制动架；21—望远镜止动螺钉；22—度盘；23—底座；24—立柱；25—游标盘微调手轮；26—游标盘止动螺钉；27—望远镜调焦机构；28—缝体调焦机构。

图 3.11.1　JJY 型分光计

（2）望远镜。

望远镜由物镜 L_o 和目镜 L_e 构成，如图 3.11.2 所示。物镜和一般望远镜一样为消色差物镜，目镜的常用结构为阿贝式目镜和高斯式目镜，其结构和目镜中的视场分别见图 3.11.2（a）和图 3.11.2（b），此实验采用阿贝式目镜。为方便调节和测量，在物镜与目镜间装置了“十”字分划板，其上的刻痕如图 3.11.2（a）所示，可通过物镜与目镜调焦手轮，调节物镜与“十”字分划板和目镜与“十”字分划板之间的距离，使得“十”字即在物镜焦平面上，又在目镜焦平面上。

望远镜 9 安装在支臂 15 上，支臂与转座 17 固定在一起，并套在度盘上。当松开止动螺钉 18 时，转座与度盘可以相对转动，当旋紧止动螺钉时，转座与度盘一起旋转。旋紧制动架

20 与底座上的止动螺钉 21 时，可借助制动架末端上的调节螺钉 16 对望远镜进行微调(旋转)。与平行光管一样，望远镜系统的光轴位置也可以通过调节螺钉 10、14 进行微调。望远镜系统的目镜 12 可以沿光轴方向移动，以对目镜的视度进行调节。

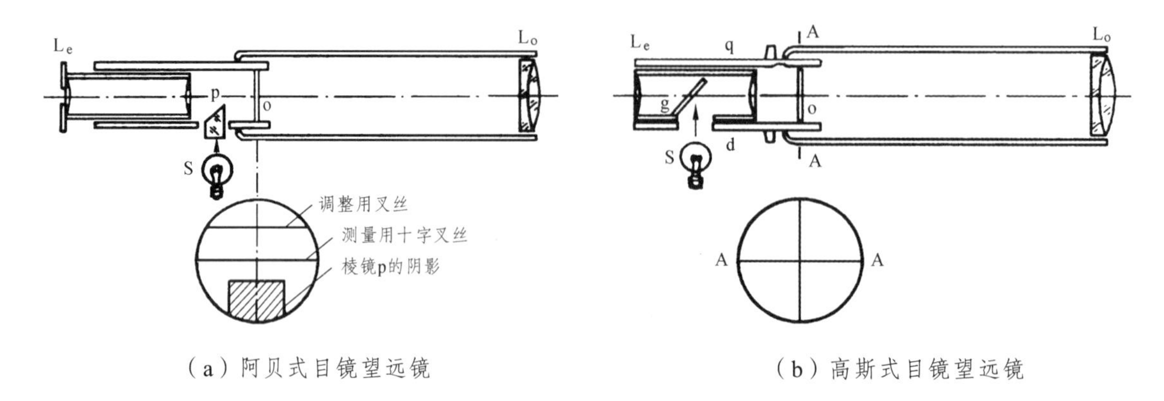

（a）阿贝式目镜望远镜　　（b）高斯式目镜望远镜

图 3.11.2　望远镜

（3）载物台。

载物台是一个用以放置棱镜、光栅等光学元件的旋转平台，包括载物台、圆盘刻度盘和转轴 3 个部分。

① 载物台：载物台 7 套在游标盘上，可以绕中心轴旋转，旋紧载物台锁紧螺钉 19 和制动架与游标盘的止动螺钉 26 时，借助立柱上的调节螺钉 25 可以对载物台进行微调(旋转)。放松载物台锁紧螺钉时，载物台可以根据需要升高或降低。调到所需位置后，再把锁紧螺钉旋紧。载物台有 3 个载物台调平螺钉 8，用来调节使载物台平面对旋转中心轴的倾斜度。

② 圆盘刻度盘：在底座 23 的中央固定一中心轴，度盘 22 和游标盘套在中心轴上，可以绕中心轴转动。度盘下端有一推力轴承支撑，使旋转轻便灵活。度盘上刻有 720 等分的刻线，每一格的格值为 30′，对称方向设有两个游标读数装置。测量时，读出两个读数值，然后取平均值，这样可以消除偏心引起的误差。

③ 转轴：无调节要求。

（4）度盘读数装置

在垂直于分光计主轴的平面安置了一个 360 刻度的圆盘刻度盘和一对左右对称的游标盘，它们均可以绕分光计的主轴旋转。度盘能与望远镜一起共轴转动，整个圆周刻有 720 等分的刻线，格值 30′。每个游标在 14°30′ 的圆弧上等分刻有 30 个刻线（游标 30 格与圆盘刻度盘 29 格相等），格值为 29′。按照游标读数原理，当度盘和游标盘重叠时，每一对准刻线值为 1′。

角度值的读数方法以游标盘的零线为准，先读出圆盘刻度值 A（每小格 30′），再找到游标上与度盘上刚好重合的刻线，读出游标上的分值 B（每格 1′），将两次读数相加，即为角度的读数值，如图 3.11.3 所示，$A=167°$，$B=11'$，$\theta=A+B=167°11'$。

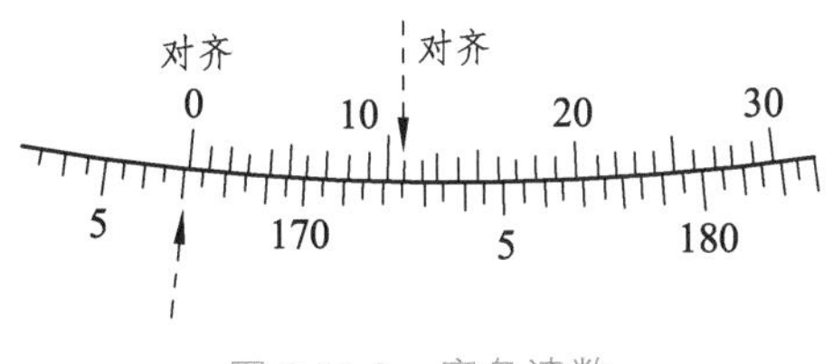

图 3.11.3　度盘读数

2. 三棱镜顶角的测量

测量三棱镜顶角的方法有反射法和自准法两种，本书介绍用自准法进行测量。如图 3.11.4 所示，利用望远镜自身产生的平行光，固定载物台，转动望远镜，使望远镜对准载物台上三棱镜的 AB 面，使 AB 面反射的十字像与望远镜筒中的双十字丝上交叉点重合，即望远镜光轴与三棱镜的 AB 面垂直，记下此时两边的游标读数 θ_1、θ_2，然后再转动望远镜，使望远镜对准载物台上三棱镜的 AC 面，使 AC 面反射的十字像与望远镜筒中的双十字丝上交叉点重合，即望远镜光轴与三棱镜的 AC 面垂直，记下此时两边的游标读数 θ_1'、θ_2'。设望远镜相对三棱镜转过的角度为 φ，则

$$\varphi = \frac{1}{2}[|\theta_1' - \theta_1| + |\theta_2' - \theta_2|] \tag{3.11.1}$$

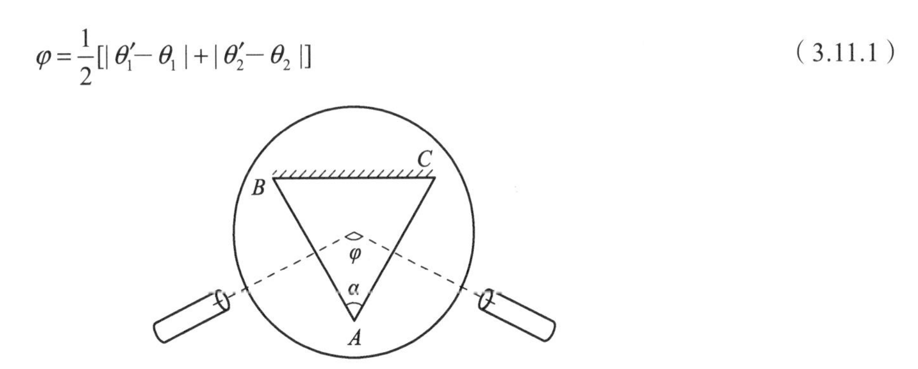

图 3.11.4　三棱镜顶角测量

实验内容和步骤

1. 分光计的调整

在用分光计进行测量前，需要对其进行一定的调节，使其达到可进行测量状态，达到可测量状态必须满足以下三个条件：一是望远镜聚焦于无穷远，其主轴线垂直于中心转轴，能接收平行光；二是载物平台平面垂直于中心转轴；二是平行光管主轴线垂直于中心转轴，能发出平行光。

由图 3.11.4 可知，棱镜主截面的顶角 α 为

$$\alpha = 180° - \varphi \tag{3.11.2}$$

其具体调节如下：

（1）调节望远镜。

① 目测粗调。

摆正仪器，用目视法，通过望远镜仰角调节螺钉将望远镜光轴与分光计主轴调到大致垂直，同时通过载物台下方的倾斜螺丝将载物台平面与分光计主轴线调到大致垂直，以肉眼判

断不出偏差最佳，以便于后续调节。

② 望远镜目镜调焦。

目镜调焦的目的是使眼睛通过目镜能清楚地看到目镜视场中分划板上的双十字叉丝刻线。

调焦方法：先把目镜调焦手轮 13 旋进，从目镜中观察，同时开始将目镜调焦手轮旋出，在此过程中寻找到清晰成像的分划板刻线，直到无视差即为最佳。

③ 望远镜物镜调焦。

望远镜物镜调焦的目的是将目镜分划板上的十字刻线调整到物镜的焦平面上，也就是望远镜对无穷远调焦。

调节方法：

接通分光计光源电源，在载物台的中央放上双面平面反射镜，其放置位置如图 3.11.5 所示，转动载物台，使双面平面反射镜镜面与望远镜光轴大致垂直，从目镜中观察，此时可以看到一亮斑，调节物镜调焦螺钉，使亮十字线成清晰的像，如图 3.11.6 所示。

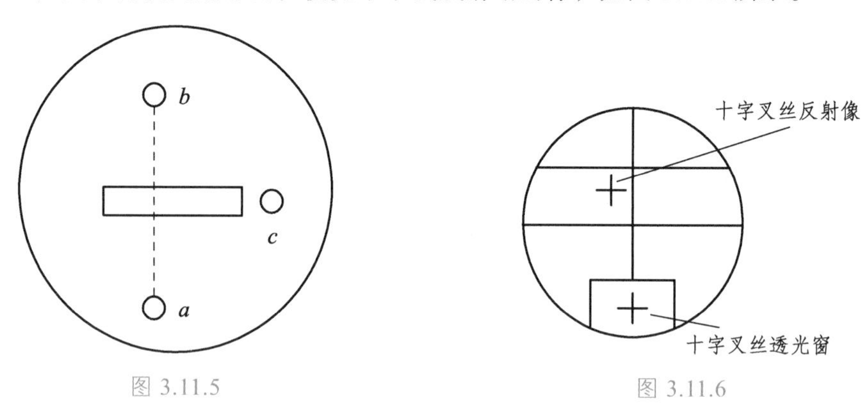

图 3.11.5　　图 3.11.6

（2）调整望远镜的光轴垂直于旋转主轴

① 基于（1）的前提，转动载物平台 180°，观察望远镜目镜视场内，在双面平面反射镜这一面垂直于望远镜主轴时，也能观察到反射回来的清晰十字叉丝反射像。观察到的十字叉丝反射像可能与另一个面反射的十字叉丝反射像有一个垂直方向的位移，可能偏高或偏低，如图 3.11.7（a）和图 3.11.7（b）所示。

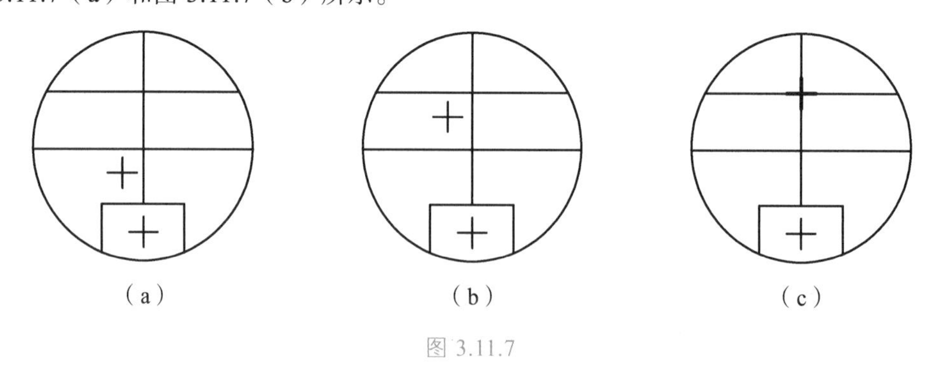

图 3.11.7

② 采用分半调节法让双面平面反射镜前后面反射的像处于同一高度：调节载物台调平螺钉 a、b，使其中一个面反射的十字叉丝像减小一半垂直方向的位移。将载物平台旋转 180°，

调节载物台调平螺钉 a、b，使另一个面反射的十字叉丝像又减小一半垂直方向的位移，重复步骤②，两个面反射的十字叉丝像就处于同一垂直高度了。

③ 调节望远镜光轴高低调节螺钉 14，使反射的十字叉丝像与分划板双十字丝上交叉点重合，重复上述步骤，使垂直方向的偏差完全消除，如图 3.11.7（c）所示。

④ 将双面平面反射镜转动 90°，如图 3.11.8 所示，转动载物台，使得双面平面反射镜镜面垂直于望远镜主轴线，从望远镜目镜中观察到反射十字叉丝像，保证其他螺钉不动的前提下，调节载物台下方 c 螺钉，使得反射十字叉丝像与分划板双十字丝上交叉点重合，将双面平面反射镜再转动 180°，检查反射十字叉丝像与分划板双十字丝上交叉点是否重合，重复步骤④，直至反射十字叉丝像与分划板双十字丝上交叉点重合为止，调节完成。

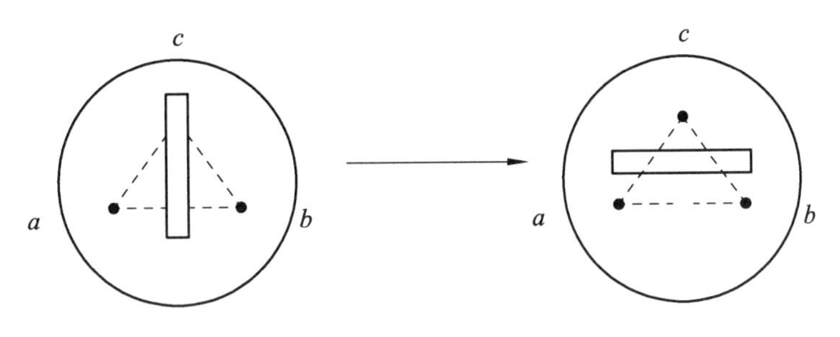

图 3.11.8

（3）平行光管的调焦。

调节的目的是把狭缝调整到物镜的焦平面上，也就是平行光管对无穷远调焦，以便于最小偏向角的测定、光栅常数的测定、光波波长的测定等。具体的调节方法如下：

① 打开平行光管的狭缝，用漫反射光照明狭缝，在平行光管物镜前放一张白纸，检查在纸上形成的光斑，调节光源的位置，使得在整个物镜孔径上照明均匀。

② 调节螺钉 6 使得平行光管光轴左右位置适中，将望远镜管正对平行光管，从望远镜目镜中观察，调节望远镜微调机构和平行光管高低调节螺钉 4，使狭缝位于视场中心。

③ 前后移动狭缝，使狭缝清晰地成像在望远镜分划板平面上，狭缝像宽约为 1 mm。

（4）调整平行光管的光轴垂直于旋转主轴

调节平行光管高低位置（调节螺钉 4），升高或降低狭缝像的位置，使得狭缝对目镜视场的中心对称如图 3.11.9（a）所示。旋转狭缝机构，使狭缝与目镜分划板的垂直刻线平行，如图 3.11.9（b）所示，注意不要破坏平行光管的调焦，然后将狭缝装置锁紧螺钉旋紧。

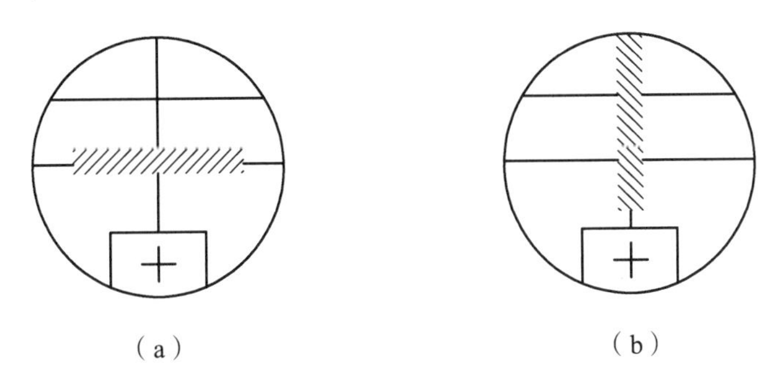

图 3.11.9

2. 测量三棱镜顶角

用自准直法测量三棱镜顶角（用自准直法测量三棱镜顶角可不用调平行光管，测量方法见原理部分），读取数据记录到表 3.11.1 中。

$$\varphi=\frac{1}{2}(|\theta_1'-\theta_1|+|\theta_2'-\theta_2|)$$

计算三棱镜主截面的顶角 α 为

$$\alpha=180°-\varphi$$

数据记录及处理

表 3.11.1　分光计测三棱镜顶角

游标刻度	θ_1	θ_2	θ_1'	θ_2'	$\phi=\frac{1}{2}(\|\theta_1'-\theta_1\|+\|\theta_2'-\theta_2\|)$
1					
2					
3					
⋮					

注意事项

（1）在调节仪器时螺丝不要拧得太紧。

（2）三棱镜要轻拿轻放，注意保护光学面，不要用手触摸反射面。

（3）在计算角度时，要注意望远镜转动过程中游标盘是否经过刻度盘的零点。如果经过刻度盘的零点，就应在相应读数上加上 360°（或减去 360°）后再计算。

（4）转动望远镜时，不能只把住望远镜目镜。

思考题

（1）分光计由哪几个主要部件组成？它们的作用各是什么？

（2）望远镜光轴与分光计光轴相垂直的调节过程为什么要用各半调节法？

（3）在分光计的调节使用过程中，要注意什么事项？

（4）在分光计的调整中，平面反射镜的放置有什么技巧？

附　录

双游标消除偏心误差的原理：

如图 3.11.10 所示，外圆表示刻度盘，其中心在 O 点；内圆表示载物台，其中心在 O'，两游标与载物台相连，并在其直径的两端，它们与刻度盘的圆弧相接触。通过 O' 的虚线表示两个游标零线的连线。假定载物台从 φ_1 转到 φ_2，实际转过的角度为 θ，而刻度盘上的读数为 φ_1、φ_1'、φ_2、φ_2'，计算得到的转角为 $\theta_1=\varphi_2-\varphi_1$，$\theta_2=\varphi_1'-\varphi_2'$。根据几何知识有：$\alpha_1=\frac{1}{2}\theta_1$，

$\alpha_2 = \frac{1}{2}\theta_2$，而 $\theta = \alpha_1 + \alpha_2$，所以载物台实际转过的角度为

$$\theta = \frac{1}{2}(\theta_1 + \theta_2) = \frac{1}{2}[(\varphi_2 - \varphi_1) + (\varphi_2' - \varphi_1')] \tag{3.11.3}$$

由式（3.11.3）可知，两游标读数的平均值即为载物台实际转过的角度，因而使用两个游标的读数装置，就可以消除偏心误差。

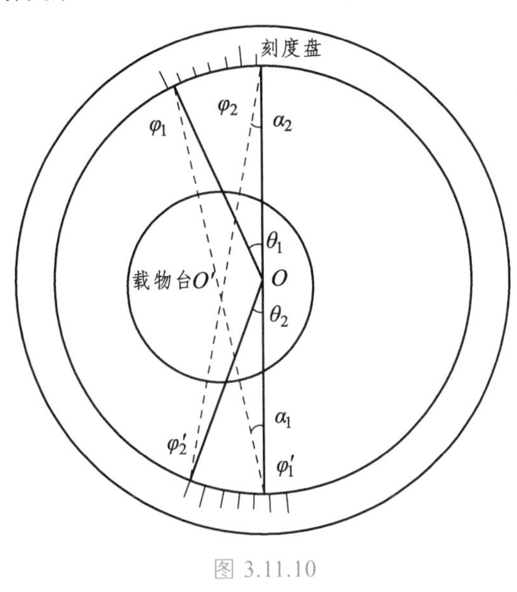

图 3.11.10

3.11.2　分光计测三棱镜折射率

折射率是物质的重要光学特性常数。测量折射率的常用方法有棱镜法、干涉法、多次反射法、偏振法等。本实验主要讨论棱镜法，这种方法需要用到分光计。

实验目的

（1）进一步熟悉分光计的调节和使用。

（2）掌握利用分光计测量玻璃三棱镜折射率的原理和方法。

实验仪器

分光计、玻璃三棱镜、低压汞灯。

实验原理

物质的折射率由物质本身的性质决定，据折射定律，当光从空气射到折射率为 n 的介质分界面时，光发生折射且有

$$n = \frac{\sin i_1}{\sin i_2} \tag{3.11.4}$$

式（3.11.4）中，i_1为入射角；i_2为折射角，可以利用这一性质对三棱镜的折射率进行测算。

当一束单色光通过三棱镜时，在入射面 AB 和出射面 AC 上都要发生折射，如图 3.11.11 所示。出射光线 R 与入射光线 I 之间的夹角称为偏向角 δ，入射光方向不同时，偏向角 δ 的大小也不同。当入射光在某一特定位置时，偏向角 δ 有最小值，称为最小偏向角，用 $\delta_{\min}$ 表示。通过折射定律式（3.11.4）和简单的几何关系，可得三棱镜对该单色光的折射率为

$$n=\frac{\sin\frac{1}{2}(\delta_{\min}+\alpha)}{\sin\frac{1}{2}\alpha} \tag{3.11.5}$$

式中，α 为三棱镜的顶角。可见，在实验中，只要测量出三棱镜的顶角 α 和最小偏向角 $\delta_{\min}$，就可以根据式（3.11.5）计算出此三棱镜的折射率。

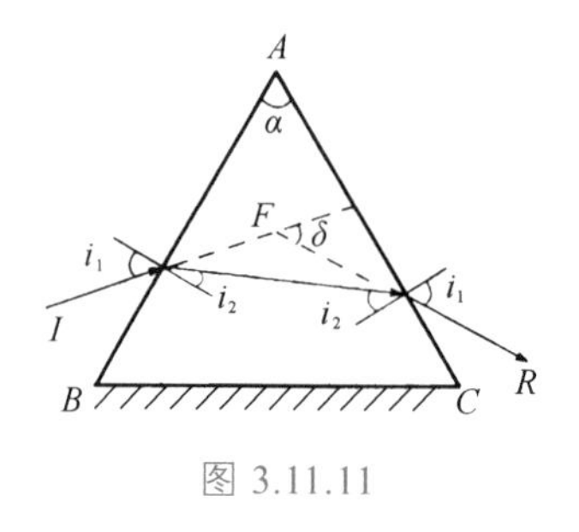

图 3.11.11

实验内容和步骤

1. 调节分光计达到可测量状态

调节方法参考实验 3.11.1.

2. 测量汞灯绿光的最小偏向角 $\delta_{\min}$

（1）将三棱镜放在载物台上，如图 3.11.12 所示，将平行光管对准光源，判断折射光线的出射方向，用眼睛迎着光线可能的出射方向，放松制动架（一）和底座上的止动螺钉 21，旋转望远镜，找到平行光管的狭缝像，可以看到几条平行的彩色谱线，观察三棱镜色散现象。将望远镜转到此方位，使从望远镜中能清楚地看到彩色谱线，并确定绿色谱线。

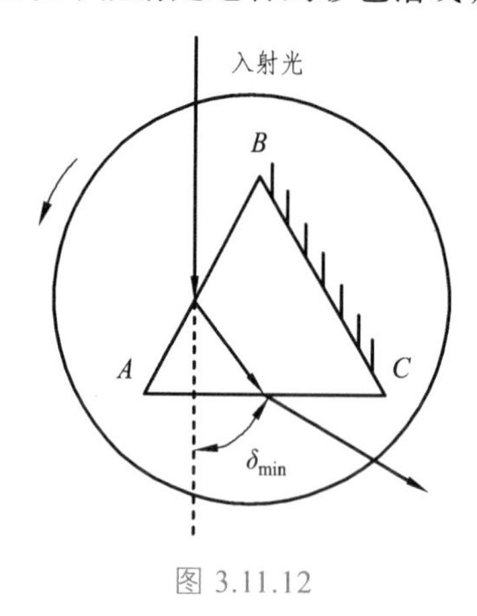

图 3.11.12

（2）放松制动架（二）和游标盘的止动螺钉 26，慢慢转动载物台，从望远镜中看到绿色狭缝像沿某一方向移动，当转到这样一个位置，即看到的狭缝像刚刚开始要反向移动，此时棱镜的位置就是平行光束以最小偏向角射出的位置。

（3）锁紧制动架（二）和游标盘的止动螺钉 26。

（4）利用微调机构，精确调整，使分划板的十字线精确地对准狭缝（在狭缝中央），记下此时游标所指示的度盘的两个读数 θ_1、θ_2。

（5）取下棱镜，放松制动架（一）和底座上的止动螺钉 21，旋转望远镜，使望远镜直接对准平行光管，然后旋紧制动架（一）和底座上的止动螺钉 21。对望远镜进行微调，使分划板的十字线精确地对准狭缝。记下游标所指示的度盘的两个读数 θ_1'、θ_2'。

（6）计算绿光的最小偏向角：

$$\delta_{\min}=\frac{1}{2}[(\theta_1'-\theta_1)+(\theta_2'-\theta_2)]$$

3. 计算玻璃对汞灯绿光的折射率

将按照实验 3.11.1 中的方法测量得到的三棱镜顶角 α 和步骤 2 中测得绿光的最小偏向角 $\delta_{\min}$ 代入式（3.11.5），计算出玻璃对汞灯绿光的折射率。

数据记录及处理

表 3.11.2　分光计测折射率

次数 游标 刻度	最小偏向角位置		入射光线位置		$\delta_{A\min}=\lvert\theta_1-\theta_1'\rvert$	$\delta_{B\min}=\lvert\theta_2-\theta_2'\rvert$	$\delta_{\min}=\frac{1}{2}(\delta_{A\min}+\delta_{B\min})$
	θ_1	θ_2	θ_1'	θ_2'			
1							
2							
3							
⋮							

注意事项

（1）光学元件（三棱镜、平面镜等）易损易碎，必须轻拿轻放。

（2）平行光管发出的光线要与望远镜目镜中分划板上竖直刻线平行。

思考题

（1）找最小偏角时，载物台应该向哪个方向转动？

（2）玻璃对什么颜色的可见光折射率最大？

（3）三棱镜在载物台上的位置怎样放置较为合理？

3.11.3　分光计测光波波长

衍射光栅是一种高分辨率的光学色散元件，它广泛应用于光谱分析中。随着现代技术的发展，它在计量、天文、光通信、光信息处理等许多领域中都有重要的作用。

实验目的

（1）加深对光波波动性的认识。

（2）观察光栅衍射现象，把握光栅衍射的特征。

（3）测量汞灯黄光的波长。

实验仪器

分光计、光栅、低压汞灯。

实验原理

普通平面光栅是在一块基板玻璃片上用刻线机刻画出一组很密的等距的平行线构成的。光射到每一刻痕处便发生散射，刻痕起不透光的作用，光只能从刻痕间的透明狭缝中通过。因此，可以把光栅看成一系列密集、均匀而又平行排列的狭缝，如图 3.11.13 所示。据光源与观察方向可将光栅分为透射光栅和反射光栅，本书以透射光栅为对象进行实验。透明玻璃片不透光部分宽度为 b 、透光部分宽度为 a 的 N 条平行狭缝，就构成了一个透射光栅。其中 $d=a+b$ ，称为光栅的光栅常数。

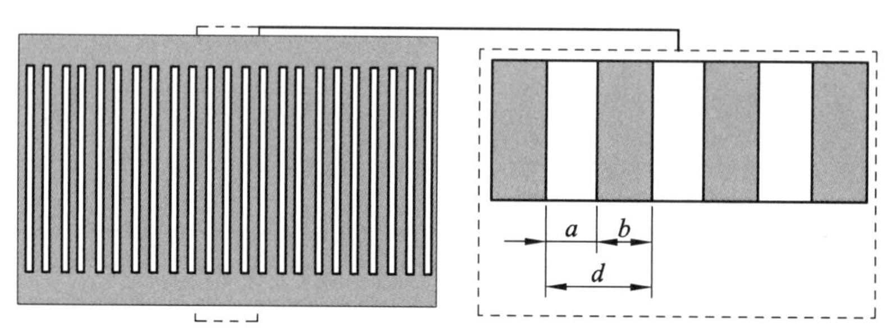

图 3.11.13　光栅片

一束单色平行光垂直射到光栅平面上时，将发生衍射，如图 3.11.14 所示，图中 φ 为衍射角。 光栅衍射的本质为单缝衍射和多光干涉的合成，在图中 ±1 点形成的条纹的明暗情况，通过分析多光干涉的情况即可（暂不考虑单缝衍射引起的缺级情况），即分析相邻两束相干光的光程差，如图 3.11.15 所示，可得 $\delta = d\sin\varphi$ 。

当 $d\sin\varphi = k\lambda$ ，在透镜焦平面上将形成主极大明条纹，此等式称为光栅的光栅方程，式中 $k=0$ ， ±1 ， $\pm2\ldots$。

平面单色光波垂直入射到光栅表面上，衍射光通过透镜聚焦在焦平面上，在观察屏上出现衍射图样，且正负同级次衍射条纹关于中央明条纹对称分布，如图 3.11.16 所示。

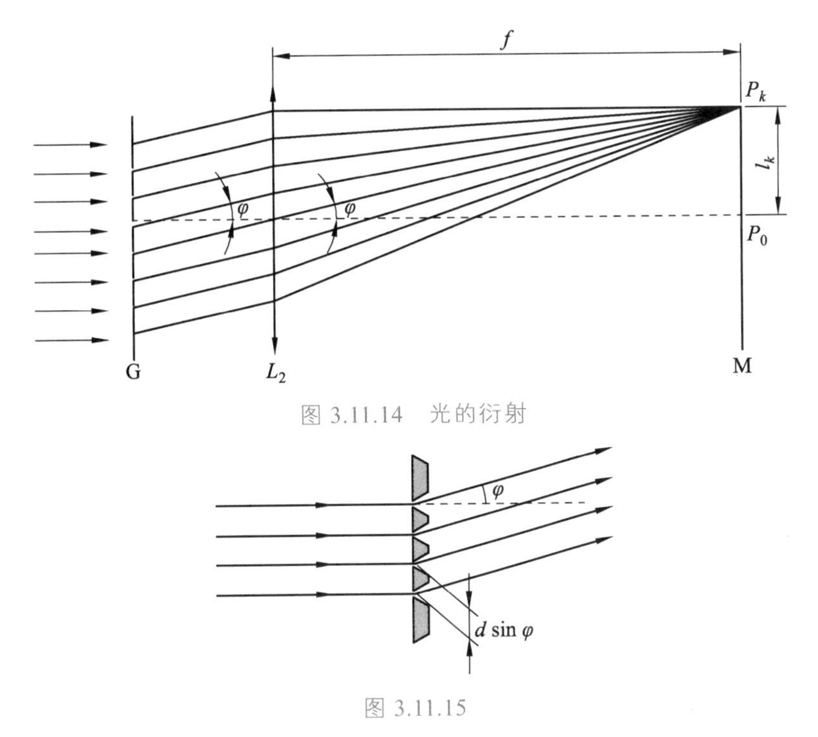

图 3.11.14　光的衍射

图 3.11.15

由光栅方程可知，当入射光为复合光时，在相同的 d 和相同级别 k 条件下，衍射角 φ 随波长增大而增大，这样复合光就可以分解成各种单色光，如图 3.11.17 所示。根据光栅方程，若已知光栅常数，根据实验现象数出条纹级别 k，测量衍射角 φ，就可以间接计算出某光的波长。波长表达式 $\lambda=\dfrac{d\sin\varphi}{k}$。

如果已知光波波长，可根据衍射角间接测量光栅常数 d。其测量表达式为 $d=\dfrac{k\lambda}{\sin\varphi}$。

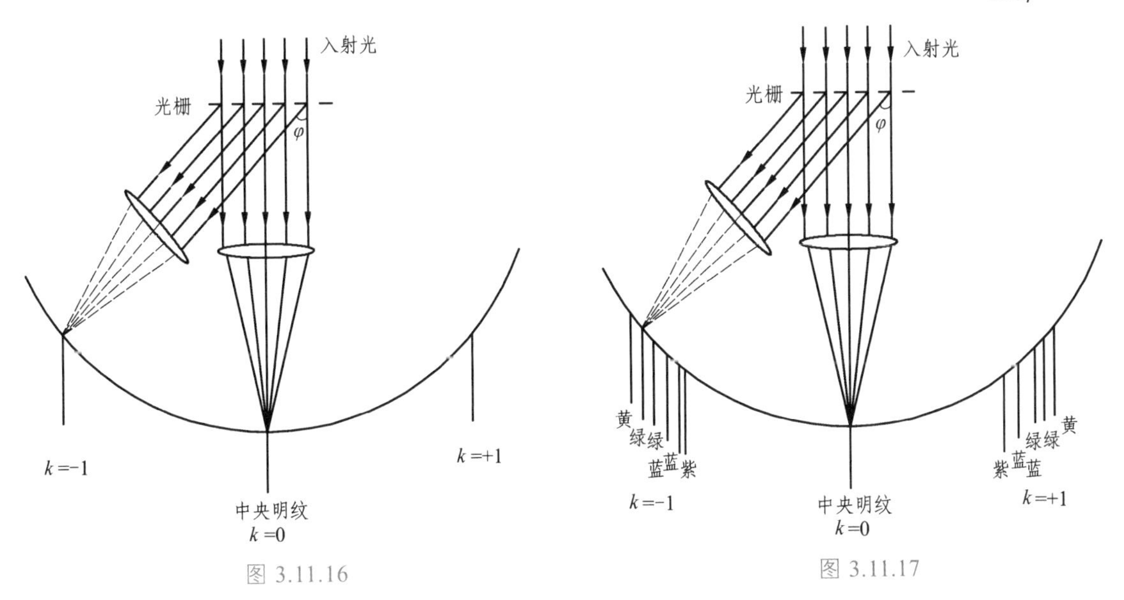

图 3.11.16

图 3.11.17

实验内容和步骤

（1）调整分光计至可使用状态。（参考实验 3.11.1）

（2）平行光管狭缝必须调铅直，并使其与光栅刻线方向和目镜分划板上的竖直刻线平行。

（3）将狭缝调窄，以获得清晰细致的汞灯光栅衍射光谱。

（4）调整载物台，使平行光管发出的光垂直入射至光栅片上。

（5）根据光栅方程 $d\sin\varphi = k\lambda$，用分光计对汞灯的一级光谱中两条黄线分别测出其 ±1 级主极大明条纹的位置，计算其衍射角，继而测得黄光的波长。左右转动分光计望远镜，也可以利用二级谱线测谱线波长。

数据记录及处理

表 3.11.3　分光计测波长数据记录

次数 位置	+1 级黄线 1		−1 级黄线 1		φ	$\bar{\varphi}$	+1 级黄线 2		−1 级黄线 2		φ	$\bar{\varphi}$
	θ_1	θ_2	θ_1'	θ_2'			θ_1	θ_2	θ_1'	θ_2'		
1												
2												
3												
⋮												

表中 $\varphi = \frac{1}{4}(|\theta_1 - \theta_1'| + |\theta_2 - \theta_2'|)$，光栅常数 $d =$ ________。

注意事项

（1）光学元件（光栅、平面镜等）易损易碎，必须轻拿轻放。

（2）光栅是精密光学器件，严禁用手触摸刻痕，以免弄脏或损坏。

思考题

（1）用光栅观察自然光，会看到什么现象？

（2）光栅衍射测量的条件是什么？

（3）平行光管的狭缝太宽或太窄，会出现什么现象？为什么？

拓展阅读

分光计是一种测量角度的仪器，是光学实验中常用的实验仪器。其基本原理是：让光线通过狭缝和聚焦透镜形成一束平行光线，经过反射或折射后进入望远镜物镜并成像在望远镜的焦平面上，通过目镜进行观察和精确测量各种光线的偏转角度，从而得到光学参量（光学中的许多基本量如波长、折射率都可以直接或间接地用光线的偏转角来表示，因而这些量都可以用分光计来测量），分光计的基本光学结构是许多光学仪器（如棱镜光谱仪、光栅光谱仪、分光光度计、单色仪等）的基础。它在物理实验中既能够培养学生的基本实验技能，又能培养学生应用理论知识解决实际问题的能力。

分光计作为不可或缺的光学仪器，在前沿科学家的研究中其精确度在不断地提高，这些研究内容会在最新的学术会议中被展示。例如，于9月18日在深圳召开的2021年中国光学学会学术大会，本次大会是目前国内光学光电子领域极具权威性、影响力的学术会议，由中国光学学会、中国科学院信息技术科学部、中国工程院信息与电子工程学部主办，深圳大学、深圳技术大学、中国国际光电博览会、深圳市光学光电子行业协会承办。会议设立21个专题，涵盖光学及光学工程领域近100个子专题研究方向。来自高校、科研院所、企事业单位等从事光学及光学工程领域的专家、科研人员及企业代表参会。

大会展示的主题包括：① 光学材料研究进展与应用；② 光学精密测试技术新进展；③ 光学薄膜技术新进展；④ 非线性光学与介观光学；⑤ 激光物理技术与应用；⑥ 红外与光电器件；⑦ 光电技术与系统；⑧ 激光先进制造技术及其应用；⑨ 生物医学光子学；⑩ 瞬态光子学；⑪ 纤维光学与集成光学；⑫ 全息与光学信息处理；⑬ 颜色科学与影像技术；⑭ 光学设计与光学制造；⑮ 环境光学技术与应用；⑯ 空间光学与光学遥感应用；⑰ 光学与光学工程教育教学研究；⑱ 微纳光学原理、制备工艺与器件应用；⑲ 光学期刊会场；⑳ 华为光通信与光成像专场；㉑ 未来科学家论坛。

中国国际光电博览会同期六展覆盖信息通信、激光、红外、紫外、精密光学、镜头及模组、传感等版块，面向通信、消费电子、先进制造、国防安防、半导体加工、能源、传感、照明显示、医疗等九大应用领域展示前沿的光电创新技术及综合解决方案，是行业人士寻找新技术新产品、了解市场先机的一站式商贸、技术及交流平台。

参考文献

[1] 龚旗煌，郭光灿，范滇元，刘文清，顾瑛，刘泽金，李儒新. 2021年中国光学学会学术大会[C]. 中国，搜狐新闻，2021.

实验 3.12　单缝衍射光强分布及单缝宽度的测量

实验目的

（1）观察单缝衍射现象，加深对衍射理论的理解。

（2）会用光电元件测量单缝衍射的相对光强分布，掌握其分布规律。

（3）学会用衍射法测量微小量。

实验仪器

激光器、单缝、硅光电池、读数显微镜、光点检流计和米尺。

实验原理

当光在传播过程中经过障碍物，如不透明物体的边缘、小孔、细线、狭缝等时，一部分光会传播到几何阴影中去，产生衍射现象。如果障碍物的尺寸与波长相近，那么，这样的衍射现象就比较容易观察到。

单缝衍射有两种：一种是菲涅耳衍射，单缝距光源和接收屏均为有限远；另一种是夫琅和费衍射，单缝距光源和接收屏均为无限远或者相当于无限远，即入射波和衍射波都可看作是平面波。

用散射角极小的激光器产生激光束，通过一条很细的狭缝（0.1 ~ 0.3 mm 宽），在狭缝后大约 1.5 m 的地方放上观察屏，就可看到衍射条纹，它实际上就是夫琅和费衍射条纹，如图 3.12.1 所示。即：

$$\sin\theta \approx \tan\theta = \frac{x}{D} \tag{3.12.1}$$

式中 D 是单缝到观察屏的距离，x 是从衍射条纹的中心位置到测量点之间的距离。

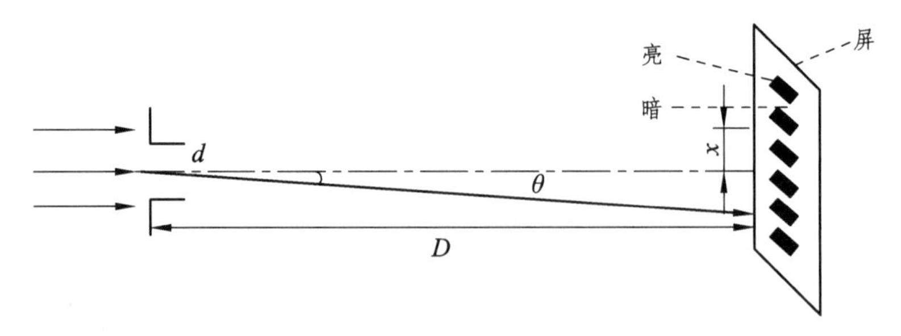

图 3.12.1　单缝衍射

当在观察屏位置处放上硅光电池和读数显微镜装置，与光点检流计相连的硅光电池可在垂直于衍射条纹的方向移动，那么光点检流计所显示出来的硅光电池的大小就与落在硅光电池上的光强成正比。如图 3.12.2 所示的实验装置。

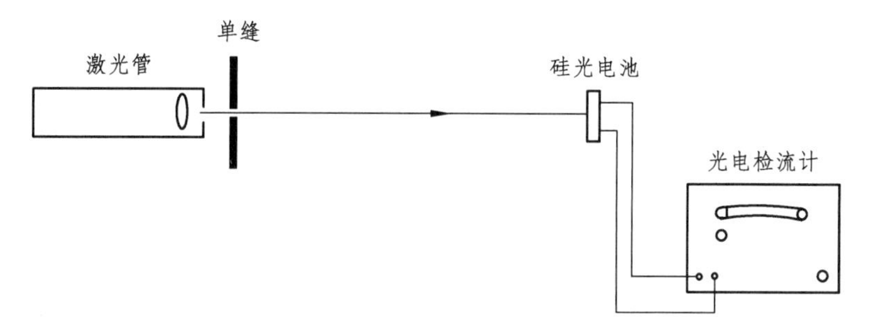

图 3.12.2　实验装置

当激光照射在单缝上时，根据惠更斯——菲涅耳原理，单缝上每一点都可看成是向各个方向发射球面子波的新波源。由于子波迭加的结果，在屏上可以得到一组平行于单缝的明暗相间的条纹。

由理论计算可得，垂直于入射单缝平面的平行光经单缝衍射后光强分布的规律为

$$I = I_0 \frac{\sin^2\theta}{\theta^2}$$

当$\theta = 0$时，$I = I_0$，在整个衍射图样中，此处光强最大，称为中央主极大。当$\theta = k\pi(k = \pm 1, \pm 2, \cdots)$时，出现暗条纹，即：

$$\sin\theta = \frac{k\lambda}{d}\ (k = \pm 1, \pm 2, \cdots) \qquad (3.12.2)$$

式中，d是狭缝宽度，λ是入射光波波长，其光强分布如图 3.12.3 所示。

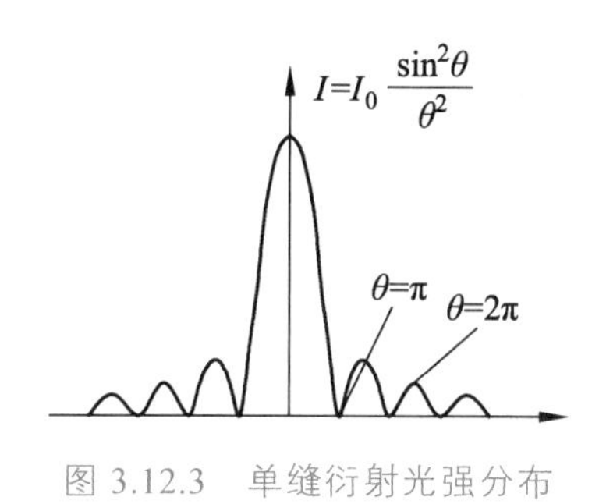

图 3.12.3　单缝衍射光强分布

由式（3.12.1）和式（3.12.2）可得

$$d = \frac{k\lambda D}{x} \qquad (3.12.3)$$

因此，如果测到了第k级暗条纹的位置x，用光的衍射可以测量细缝的宽度。

实验内容和步骤

1. 清点实验器材

激光器、单缝、硅光电池、读数显微镜、光点检流计、米尺。

2. 测　量

（1）开启激光电源，预热。

（2）将单缝靠近激光器的激光管管口，并照亮狭缝。

（3）在硅光电池处，先用纸屏进行观察，调节单缝倾斜度及左右位置，使衍射花样水平，两边对称。然后改变缝宽，观察花样变化规律。

（4）移开纸屏，在纸屏处放上硅光电池盒及移动装置。遮住激光出射处，把光点检流计调到“–60格”处作为零点基准。在测量过程中，检流计的衰减倍率要根据光强的大小换挡。换挡后的零点基准要重调，且仍遮住激光出射处，把光标调到“–60格”，倍率换档应在暗处进行。

（5）检流计倍率放在0.01挡，转动读数鼓轮，把硅光电池盒狭缝位置移到鼓轮中间位置25 mm处，调节电池盒左右、高低和倾斜度，使衍射花样中央最大两旁相同级次的光强以同样高度射入电池盒狭缝。

（6）调节单缝宽度，衍射花样的对称第四个暗点位置处在读数显微镜的读数两边缘。

（7）在略小于中央极大处开始，每经过 0.5 mm，测一点光强，一直测到另一侧的第三个暗点。

（8）测量单缝到光电池之间的距离 D 。

数据记录及处理

（1）以中央最大光强处为 x 轴坐标原点，把测得的数据归一化处理。即把在不同位置上测得的检流计光标偏转数除以中央最大的光标偏转数，然后在毫米方格（坐标）纸上做出 $I/I_0 - x$ 光强分布曲线。

（2）根据三条暗条纹的位置，用（3.12.3）式，分别计算出单缝的宽度 d ，然后求其平均值。

思考题

（1）什么叫光的衍射现象?

（2）夫琅和费衍射应符合什么条件?

（3）单缝衍射光强是怎么分布的?

实验 3.13 光栅常数的测量

衍射光栅是一种高分辨率的光学色散元件，常用于各种光谱仪器的色散系统中，在计量、光通信、信息处理等方面也有着广泛的应用。

实验目的

（1）观察光栅衍射现象，了解光栅的衍射原理。

（2）掌握在分光计上测量光栅常数和波长的实验方法。

（3）验证衍射级次和衍射角的关系。

实验设计要求

用分光计测量栅衍射谱线衍射角，并计算光栅常数。实验前须完成的内容：

（1）根据光栅衍射理论，推导出测量光栅常数的公式，注明公式中各量的含义并画出实验光路图。

（2）拟定实验步骤，包括测哪些量及测量次数等。

（3）自拟实验数据表格。

（4）指出实验条件及注意事项。

实验仪器及元件

JJY 型分光计、衍射光栅、钠光灯（ $\lambda = 589.3$ mm ）、双面反射镜。

实验设计提示

（1）光栅是由平面光学玻璃上的一组密细、平行且等间距的直线组成。光栅常数是光栅的基本参数。

（2）一束平行单色光入射到光栅平面，光波将发生衍射，可以通过衍射角的测量得到光栅常数。

（3）为准确测量衍射角，分光计需调整到位，读数应采用双游标。

思考题

（1）光栅分光和棱镜分光有哪些不同？

（2）用光栅观察自然光，看到什么现象？

（3）利用光栅方程测量波长和光栅常数的条件是什么？

（4）平行光管的狭缝太宽或太窄，会出现什么现象？为什么？

（5）用 $\lambda = 589.3$ mm 的钠光垂直入射到有 500 条/mm 刻痕的透射光栅上时，最多能看到几级光谱？

实验 3.14　光电效应测定普朗克常量

光电效应测定
普朗克常数

普朗克常量是一个非常重要的物理常数，在近代物理学有重要的地位。通过光电效应实验测量普朗克常量，有助于理解光的量子性。

1905 年，爱因斯坦在普朗克量子假说的基础上大胆提出了光子的概念，建立了著名的爱因斯坦方程，成功地解释了光电效应的实验规律。尔后密立根验证了爱因斯坦方程，精确测出爱因斯坦方程所涉及的普朗克常量。爱因斯坦和密立根因光电效应方面的杰出贡献，分别于 1921 年和 1923 年荣获诺贝尔物理学奖。

实验目的

（1）了解光电效应的规律，加深对光的波粒二象性的理解。

（2）用补偿法测量截止电压。

（3）用不同的实验法做出不同频率下的 U_a-ν 直线，并求出直线的斜率。

（4）学习对光电管伏安特性曲线的处理方法，并用以测量普朗克常量。

实验仪器

普朗克常量测量仪，包含光电管、干涉滤色片、光源、电压源和微电流放大器。

干涉滤光片：根据干涉原理制成。它能使光源中某种谱线的光透过，而不允许其附近的谱线通过，因而可获得所需的单色光。

光电管：阴极材料为银氧钾，光谱响应范围 320.0 ~ 670.0 nm，附加电流 10^{-13} ~ 10^{-12} A。

实验原理

1. 光电效应方程

当一定频率的光照射到某一金属表面上时，会有电子从金属表面逸出，这种现象叫作光电效应（确切为外光电效应），逸出的电子叫作光电子，光电子流若形成回路称为光电流。为了解释光电效应的规律，爱因斯坦提出了光量子假说，认为光是由光子组成的粒子流，对于频率为 ν 的单色光，每个光子具有的能量为

$$\varepsilon = h\nu \tag{3.14.1}$$

式中，h 称为普朗克常量，其值为 6.626×10^{-34} J·s。光电效应实质上是光子在和电子碰撞时，把全部能量 $h\nu$ 传递给电子，电子获得能量后，以其中一部分挣脱金属表面对它的束缚，其余部分为逸出金属表面后的初动能，即

$$h\nu = \frac{1}{2}mv^2 + A \tag{3.14.2}$$

式（3.14.2）称为爱因斯坦方程，式中 A 为电子逸出金属表面所耗的能量，叫作逸出功，不同的金属有不同的逸出功；v 为光电子的初速度。

根据爱因斯坦方程，可以很好地解释以下光电效应的基本规律：

入射到金属表面的光频率越高，逸出的光电子的初动能就越大，光电子的初动能与入射光的频率成正比。图 3.14.1 为光电管的伏安特性，图 3.14.2 为测量伏安特性的电路图。在图 3.14.1 中，i 为光电流，i_{m1}、i_{m2} 为饱和光电流。由于入射光强决定单位时间内到达金属表面的光子数，光子数越多，形成的光电子越多，饱和光电流越大。所以，入射光频率一定时，饱和光电流与入射光强成正比。当光子的能量小于光电子的逸出功，即 $h\nu < A$ 时，电子不能逸出金属表面，因而没有光电效应。能产生光电效应的入射光的最低频率为

$$\nu_0 = A/h \tag{3.14.3}$$

式中，ν_0 为光电效应的截止频率，又称红限频率。小于红限频率，无论光强多大，照射的时间多长，都不能产生光电效应。

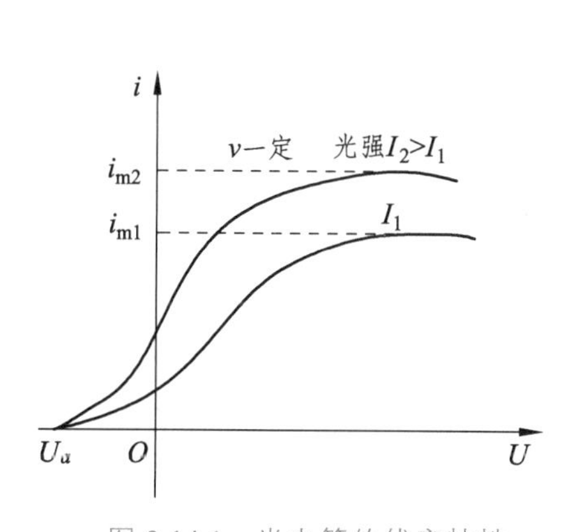

图 3.14.1　光电管的伏安特性

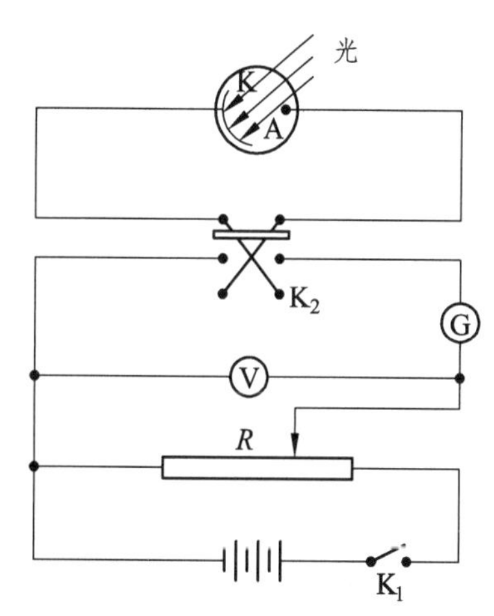

图 3.14.2　测量光电管的伏安特性电路

从金属表面逸出的光电子具有初动能 $\frac{1}{2}\bar{m}v^2$，即使阳极、阴极间未加正向电压（正向电压：阳极接电源正极，阴极接电源负极）也会形成光电流，甚至当阴阳两极间加反向电压时，也可能有光电子到达阳极形成光电流。当反向电压达到某一特定值 U_a 时，光电流降到零，这个使光电流为零的电压 U_a 称为截止电压。在图 3.14.1 中，曲线和横轴的交点电压即截止电压 U_a。根据能量守恒，此时有

$$eU_a = \frac{1}{2}mv^2 \tag{3.14.4}$$

将式（3.14.3）和式（3.14.4）代入爱因斯坦方程，可得

$$U_a = \frac{h}{e}(\nu - \nu_0) \tag{3.14.5}$$

2. 测量普朗克常量

式（3.14.5）为一线性方程，即截止电压和入射光的频率呈线性关系。因此，如果测出不同频率的光照射时对应的截止电压 U_a，作出 U_a-ν 关系曲线，如图 3.14.3 所示，并由曲线求

出斜率 k，则根据 $h=ek$，可以求出普朗克常量。这种求普朗克常量的方法叫减速电位法。

由实验测出的光电管的伏安特性曲线比图 3.14.1 所示曲线复杂，这是因为存在以下附加电流。

暗电流：由于阴极在常温下存在热电子发射，使光电管阴极未受光照时也能产生额外的微小电流，其值随外加电压的变化而变化。

光电管管壳漏电流：见图 3.14.4 中极间漏电流。

阳极光电流：在制作阴极时，阳极会被溅上阴极材料，同时阳极作为金属，本身在光照射下也会产生光电子，这两个因素使得阳极会有光电子逸出。用减速法求截止电压时，所加电压对这些光电子形成一个加速场，从而形成电流。

以上分析表明，实验中测出的阳极电流是阴极光电流、漏电流和阳极光电流的合成电流，如图 3.14.4 所示。在伏安特性曲线上，阳极电流（图中实测光电流）在负值范围内趋向一个小的饱和值。实验中为了准确地得到各种频率的入射光所对应的截止电压 U_a，采用补偿法减小附加电流的影响。在电流较大区段，附加电流对伏安特性影响很小，可以忽略。

另外，测量阳极电流时，在电流变化较快区段应适当增加测点。

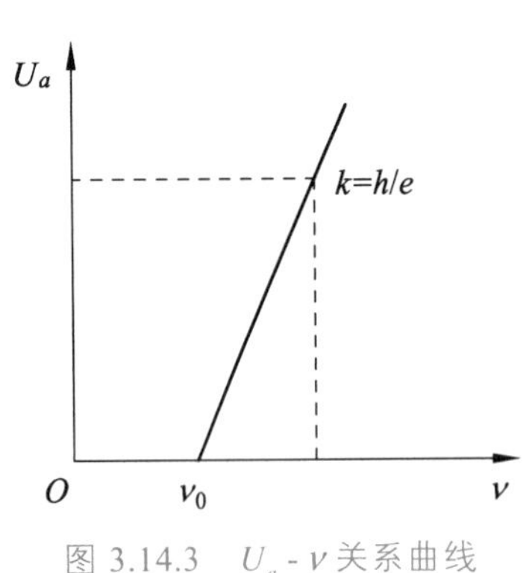

图 3.14.3 U_a - ν 关系曲线

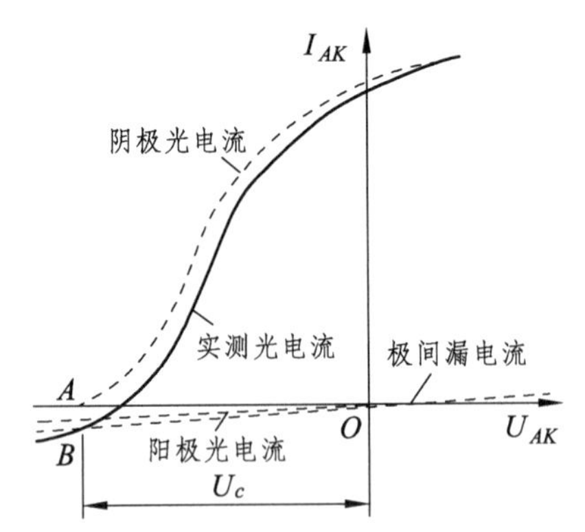

图 3.14.4 实验测出的光电管伏安特性线

实验内容和步骤

1. 准 备

调整光源与光电管间距约为 30 cm，将微电流放大器的电流输入端与光电管的电流输出端连接，电压源的输出端与光电管的电压输入端连接，接通电源，让放大器预热 20 min 左右。

2. 测附加电流与电压的关系

关闭光窗盖，微电流放大器的电流挡位设在 10^{-13} A，在光电管的两极间加 $-2 \sim 10$ V 的电压，每次增加 0.5 V，测量并记录对应的附加电流值。

3. 用补偿法测量截止电压

打开光窗盖，电流挡位设在 10^{-13} A，选取一种单色光（例如波长为 365 nm 的光），光电管上加反向电压并由小到大逐渐增大电压绝对值，仔细观察，找到电流零点对应的电压，记录该电压值；保持电压不变，关闭光窗盖，记录此时电流值 i_a（<0）；恢复光照，调节电压，使电流等于 i_a，此时已补偿了附加电流的影响，因此这时的电压值是该波长的光所对应的截

止电压 U_a。改变入射光波长，重复以上测量，最终对于 5 种不同波长（频率 ν）的光得到 5 个 U_a 值。作 U_a-ν 曲线，求出曲线斜率 k。用公式 $h=ek$，求出普朗克常量。

4. 测伏安特性曲线

电流挡位设在 10^{-13} A，调整光源与光电管距离约为 40 cm，变换 5 中不同波长的光，对于每种光，从截止电压开始，在逐步升高电压的过程中，测量阳极电流，在电流变化较快的地方，测点要适当增加，记录电压、电流数据，根据数据作伏安特性曲线（每个波长对应一条曲线）。

自拟数据表格，并如实填写实验中获取的数据。

思考题

（1）光电效应的基本规律是什么？

（2）什么叫红限频率？截止电压指的是什么电压？

（3）光电流、暗电流和阳极光电流相互间有何区别？

（4）光电管的实测伏安特性曲线和理论伏安性特曲线有何不同？为什么？

实验 3.15　迈克尔孙干涉仪测光波波长

迈克尔孙干涉仪测光波波长

实验目的

（1）了解迈克尔逊干涉仪的构造原理并掌握其调节方法。

（2）观察等倾干涉、等厚干涉现象及物理规律。

（3）用迈克尔逊干涉仪测氦氖激光波长。

实验仪器

迈克尔逊干涉仪、氦氖激光器。

实验原理

迈克尔逊干涉仪的结构如图 3.15.1 所示。它是由一套精密的机械传动系统和 4 片精密磨制的光学镜片装在一个很重的底座上组成的。

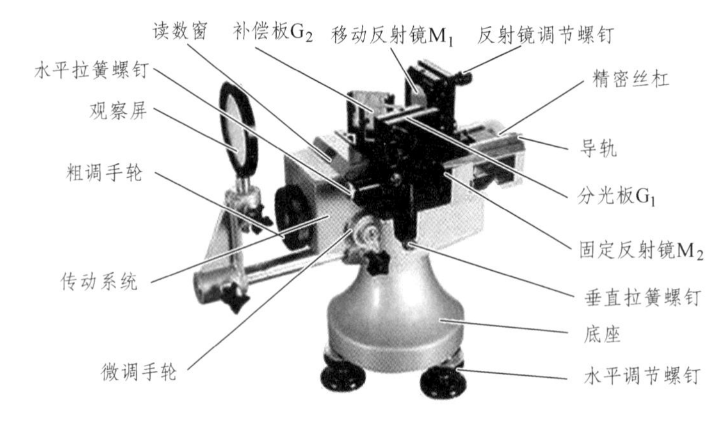

图 3.15.1　迈克尔逊干涉仪

G_1 和 G_2 是两块厚度相同的平行平面玻璃板，它们的镜面与导轨中线成 45° 角。其中 G_1 称为分光板，它的一面喷镀有一定厚度的铝膜，使照射的光线一半透射一半反射；G_2 称为补偿板。

M_1 和 M_2 是两个平面反射镜。M_2 是固定在仪器上的，称为固定反射镜。M_1 装在仪器导轨的拖板上，它的镜面法线沿着导轨的中心线，拖板由一精密丝杠带动可沿导轨前后移动，所以 M_1 镜称为移动反射镜。确定 M_1 镜的位置有 3 个读数尺：主尺是一个毫米刻度尺，装在导轨的侧面，由拖板上的标志线指示毫米以上的读数；毫米以下的读数由两套螺旋测微装置示出，第一套螺旋测微装置是直接固定于丝杠上的圆刻度盘，在圆周上分成 100 个刻度，从传动系统防尘罩上的读数窗口可以看到，刻度盘每转动一个分度，M_1 镜移动 0.01 mm；传动系统防尘罩的右侧有一个微动手轮，手轮上也附有一个百分度的刻度盘，微动手轮每转一个分度，M_1 镜仅移动 0.000 1 mm（即 0.1 μm），也就是说微动手轮旋转一整圈，读数窗口里的刻度盘转一个分度，微动手轮转 100 圈，读数窗口里的刻度盘转一整圈，这时拖板带动反射

镜 M_1 移动了 1 mm。由这套传动系统可把动镜位置读准到万分之一毫米，估计到十万分之一毫米。反射镜 M_1 和 M_2 的镜架背面各有 3 个调节螺钉，用来调节反射镜面法向的方位。为了便于更仔细地调节固定反射镜 M_2 镜面法线的方位，把 M_2 镜装在一个与仪器底座固定的悬臂杆上，杆端系有两个张紧的弹簧，弹簧的松紧可由水平拉簧螺丝和垂直拉簧螺钉调整，从而达到极精细地改变 M_2 镜方位的目的。整个仪器的水平由底座上的 3 个水平调节螺钉调整。

迈克尔逊干涉仪是凭借干涉条纹来精确地测定长度或长度变化的一种精密光学仪器。其特点是用分振幅的方法产生双光束而实现干涉的。迈克尔逊干涉仪光路如图 3.15.2 所示。

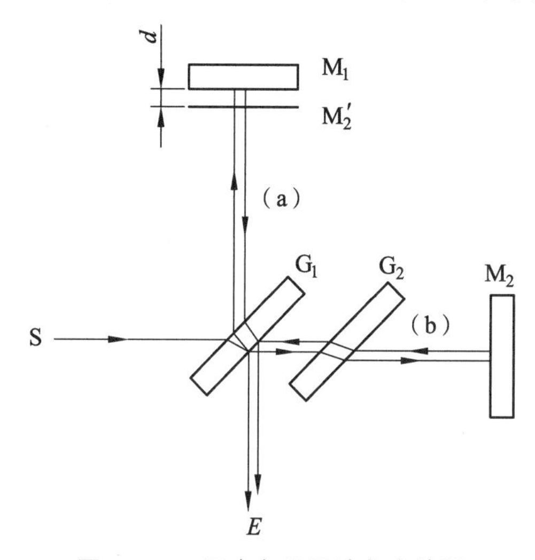

图 3.15.2　迈克尔逊干涉仪光路图

从光源 S 发出的一束光射到分光板 G_1 上时，被分光板 G_1 的半透膜分成两束，反射的一束射向反射镜 M_1，透射的一束射向反射镜 M_2 当入射光束以 45° 角射向 G_1 且当反射镜 M_1、M_2 被调得相互垂直时，由 M_1、M_2 反射回来的光再回到 G_1 的半反射膜上，又重新汇集成一束光。由于反射光（a）和透射光（b）均来自光源的同一点，为两相干光束，因此，可在 E 方向观察到干涉条纹。而 G_2 补偿了反射光（a）和透射光（b）之间的附加光程差，故 G_2 称为补偿板。由于分光板的第二个面是半反射（半透射）膜，使得 M_2 在 M_1 附近形成一虚像 M_2'，因此光自 M_1 和 M_2 的反射，相当于自 M_1 和 M_2' 的反射。由此可见，光在迈克尔逊干涉中所产生的干涉与厚度为 d 的空气膜所产生的干涉是等效的。

当 M_1 和 M_2' 平行时（即 $M_1 \perp M_2$），相当于平行平面空气膜产生的等倾干涉，观察到的是一组同心圆环干涉条纹；当 M_1 和 M_2' 成很小交角时，则相当于楔形空气膜产生的等厚干涉，所观察到的是一列直线干涉条纹。

1. 等倾干涉条纹的形成

当 M_1 和 M_2' 平行时，具有相同入射角的光对应同一级干涉条纹，条纹的形状取决于具有相同入射角的光在垂直于观察方向的平面上的交点的轨迹。如图 3.15.3 所示，用扩展光源照明，对任一入射角为 θ 的光束经 M_1 和 M_2' 反射成为（a）、（b）两束光，（a）和（b）相互平行。（a）、（b）两光束的光程差 $\varDelta$ 为

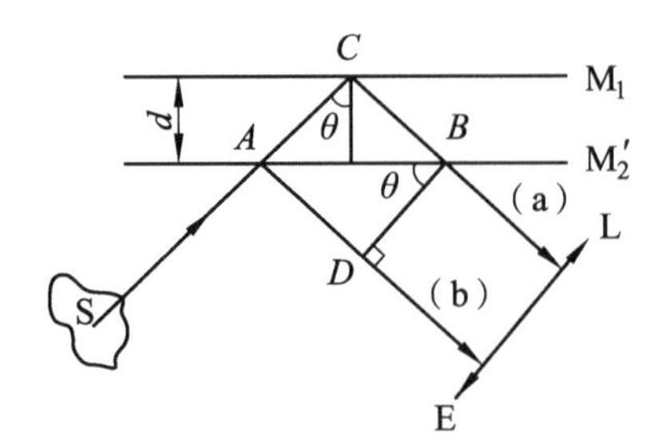

图 3.15.3　等倾干涉光路

$$\Delta = AC + CB - AD = \frac{2d}{\cos\theta} - 2d\tan\theta\cdot\sin\theta = 2d\left(\frac{1}{\cos\theta} - \frac{\sin^2\theta}{\cos\theta}\right) = 2d\cos\theta \tag{3.15.1}$$

此时在 E 的方向，用肉眼直接观察，或用一会聚透镜 L 在其后焦面用屏去观察，可以看到一组明暗相间的同心圆，每一个圆各自对应一恒定的倾角 θ，所以称为等倾干涉条纹。等倾干涉条纹定域于无穷远，在这些同心圆中，干涉条纹的级别以圆心处为最高，此时，$\theta = 0$，因而有

$$\Delta = 2d = k\lambda \tag{3.15.2}$$

当移动 M_1 使 d 增加时，圆心处的干涉条纹的级次越来越高，可看见圆条纹一个一个从中心“涌出”来；反之，当 d 减小时，条纹一个一个地向中心“陷进”去。每当“涌出”或“陷进”一个条纹时，d 就增加或减少了 $\lambda/2$。若 M_1 镜移动了距离 Δd，所引起的干涉条纹“涌出”或“陷进”的数目为 $N = \Delta k$，则有

$$2\Delta d = N\lambda \tag{3.15.3}$$

所以，若已知波长 λ，就可以从条纹的“涌出”或“陷进”的数目 N，求得 M_1 镜移动的距离 Δd，这就是干涉仪测长的基本原理。反之，若已知 M_1 镜移动的距离 Δd 和条纹“涌出”或“陷进”的数目 N，由式（3.15.3）可求得波长 λ。

利用式（3.15.2）可对不同级次的干涉条纹进行比较：

对第 k 级有 $2d\cos\theta_k = k\lambda$；对第 $k+1$ 级有 $2d\cos\theta_{k+1} = (k+1)\lambda$。两式相减，并利用 $\cos \approx 1-\theta^2/2$（当 θ 较小时），可得相邻两条纹的角距离为：

$$\Delta\theta_k = \theta_k - \theta_{k-1} \approx \frac{\lambda}{2d\theta_k} \tag{3.15.4}$$

式（3.15.4）表明：① 当 d 一定时，越靠中心的干涉圆环（θ_k 越小），θ_k 越大，即干涉条纹中间稀边缘密；② 当 θ_k 一定时，d 越小，θ_k 越大，即条纹将随着 d 的减小而变得稀疏。

2. 等厚干涉条纹的形成

如图 3.15.4 所示，当 M_1 和 M_2' 有一很小角度 α，且 M_1、M_2' 所形成的空气楔很薄时，就能出现等厚干涉条纹。

由于 α 很小，所以经过镜 M_1、M_2' 反射的两光束的光程差仍可近似地表示为

$$\delta = 2d\cos\theta$$

在镜 M_1 、M_2' 相交处，由于 $d=0$，光程差为零，应观察到直线亮条纹，但由于光束（a）和（b）是分别在分光板 G_1 背面的内、外侧反射的，光程差有半波损失，故 M_1 和 M_2' 相交处的干涉条纹（中央条纹）是暗的。

由于 θ 是有限的（取决于反射镜对眼睛的张角，一般比较小），$\Delta = 2d\cos\theta \approx 2d(1-\theta^2/d)$，在交棱附近，$\Delta$ 中第二项 $d\theta^2$ 可以忽略，光程差主要取决于厚度 d，所以在空气楔上厚度相同的地方光程差相同，观察到的干涉条纹是

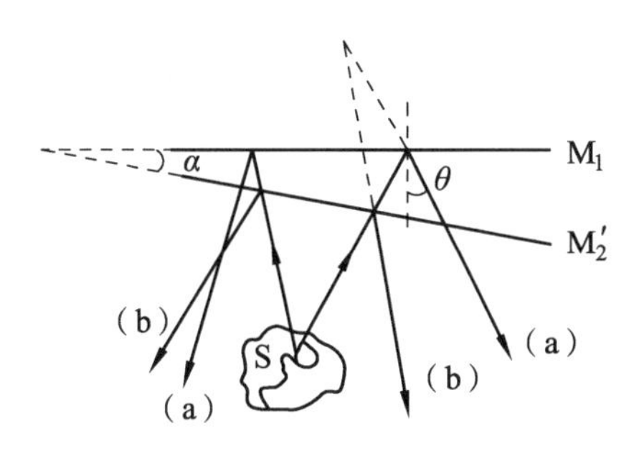

图 3.15.4　等厚干涉光路

平行于两镜交棱的等间隔的直线条纹。在远离交棱处，$d\theta^2$ 项（与波长大小可比）的作用不能忽视，而同一根干涉条纹上光程差相等，为使 $\Delta = 2d(1-\theta^2/2) = k\lambda$，必须用增大 d 来补偿由于 θ 的增大而引起的光程差的减小，所以干涉条纹在 θ 逐渐增大的地方要向 d 增大的方向移动，使得干涉条纹逐渐变成弧形，而且条纹弯曲的方向是凸向两镜交棱的方向。离交棱越远，d 越大，条纹也越弯曲。

由于干涉条纹的明暗取决于光程差 Δ 与照明光源的波长　间的关系，故若用白光作光源，则各种不同波长的光所产生的干涉条纹明暗互相重叠，一般情况下不出现干涉条纹。但在 M_1 、M_2' 相交时，交线上 $d=0$，此处对于各种波长，光程差皆为零（称为零光程位置）。由于存在反射半波损失，所以中央条纹是一直线暗条纹，在它的两旁分布有几条彩色的直条纹。

实际观察到的情况是：当 M_1 、M_2' 夹角 α 很小，且两平面距离很近（几乎重合），我们方能看到直条纹，在其两侧，当 d 增加时，条纹逐渐变弯曲。

实验内容和步骤

1. 迈克尔逊干涉仪的调整

（1）调节粗调手轮，使 M_1 、M_2 镜与 G_1 板的距离大致相等。

（2）按照图 13.5.1 布置光路，放倒观察屏，打开 He-Ne 激光器，使激光束大致垂直于 M_2，这时在 E 处能看到 G_1 板上出现两排红色亮点。

（3）若 M_1 的法线方向已调整到与导轨平行，则只要调节 M_2 后面的 3 颗螺钉，使两排红色亮点中最亮的点重合，此时 M_1 、M_2 相互垂直，M_1 、M_2' 相互平行。

（4）竖起观察屏并锁紧，观察屏上即可看见干涉条纹，再仔细地调节 M_2 镜的 2 个拉簧螺钉，使条纹中心移到视场中央，缓慢转动粗调手轮，此时将看到较为清楚的明暗相间的圆形条纹。

2. He-Ne 激光波长的测量

（1）当圆形条纹调节完成后，再慢慢转动微调手轮，可以观察到视场中条纹向外一个一个地“涌出”或向内一个一个地“陷进”中心。

（2）调零点。转动微调鼓轮时，粗条手轮随之转动；但是转动粗调手轮时，微调手轮并不随之转动。因此，在读数前需调整零点。即：将微调手轮沿顺时针（或逆时针）方向旋转至零刻度线线，然后将粗条手轮沿相同的方向旋转使之对其某一整刻度线。在以后的测量中需一直保持沿相同的方向旋转微调手轮，这样才能减小由空程差引起的误差。

（3）记下动镜 M_1 所在的位置，此为“0”位置，然后沿调零方向转动微调手轮，仔细观察屏上干涉条纹中心处“涌出”或“陷入”的干涉圆环个数。每“涌出”或“陷入”50 个圆环，记录一次动镜 M_1 的位置 d_i。共测 500 个条纹，读 10 个位置的读数，如表 3.15.1 所示。

（4）用逐差法计算出 $\overline{\Delta d}$ 后，再带入 3.15.3，即可计算出 He-Ne 激光的波长。

3. 观察等厚干涉条纹

慢慢转动粗调手轮，使干涉圆环逐渐向圆心“陷进”，同时会看到条纹由细变粗，由密变疏，直到整个视场条纹变成等轴双曲线形状时，说明 M_1 与 M_2' 已十分靠近。这时调节 M_2 镜的拉簧螺钉，使 M_2' 与 M_1 有一很小的夹角，视场中出现直线形平行干涉条纹，记录条纹的特点。

数据记录及处理

表 3.15.1　迈克尔逊干涉仪测 He-Ne 激光波长数据记录表

圆环数	M_1 的位置/mm	圆环数	M_1 的位置/mm

（1）平均值：

$$\Delta d_1=\frac{d_6-d_1}{5},\ \Delta d_2=\frac{d_7-d_2}{5},\ \Delta d_3=\frac{d_8-d_3}{5},\ \Delta d_4=\frac{d_9-d_4}{5},\ \Delta d_5=\frac{d_{10}-d_5}{5}$$

$$\overline{\Delta d}=\frac{(d_6-d_1)+(d_7-d_2)+\cdots+(d_{10}-d_5)}{25}$$

$$\overline{\lambda}=\frac{2\overline{\Delta d}}{\Delta k}=\frac{2\overline{\Delta d}}{50}$$

（2）Δd 的不确定度：

$$U_A=\sqrt{\frac{(\Delta d_1-\overline{\Delta d})^2+(\Delta d_2-\overline{\Delta d})^2+\cdots+(\Delta d_5-\overline{\Delta d})^2}{5\times(5-1)}}$$

$$U_B = \frac{\Delta_{仪}}{\sqrt{3}} = \frac{1\times10^{-4}}{\sqrt{3}}\ \mathrm{mm}$$

$$U_{(\Delta d)} = \sqrt{{U_A}^2 + {U_B}^2}$$

（3）λ 的不确定度：

$$U_{(\lambda)} = \frac{k}{n\Delta k}U_{(\Delta d)},\quad (\Delta k = 50, p = 95\%,\ k = 2,\ n = 20)$$

（3）最终结果表达为：

$$\lambda = \bar{\lambda} \pm U_{(\lambda)}$$

注意事项

（1）测量中只能单向移动 M_1 镜。

（2）干涉仪属精密光学仪器，要注意保护光学器件工作面和机械传动装置。

（3）为了避免空程差引入的误差，在整个测量过程中，微调手轮始终往同一方向转动，测量过程中不可反转。

思考题

（1）迈克尔逊干涉仪的工作原理是怎样的？迈克尔逊干涉仪调节的关键点是什么？

（2）如何利用干涉条纹的“涌出”和“陷进”测定光波的波长？

（3）观察等厚干涉条纹时，能否用点光源？

（4）分析扩束激光和钠光产生的圆形干涉条纹的差别。

拓展阅读

1900 年，开尔文在回顾物理学所取得的伟大成就时说过，物理大厦已经建成。同时，他在展望 20 世界物理学前景时讲到，动力理论肯定了热和光是运动的两种方式，在它美丽而晴朗的天空却被两朵乌云笼罩，其第一朵乌云主要是指迈克逊莫雷实验结果与当时理论认为光是通过以太作为媒介传播的假设相矛盾。

19 世纪流行着的以太学说，是随着光的波动理论而发展起来的。由于当时人们对光的本质知之甚少，就套用了机械波的概念，想象必然有一种能够传播光波的弹性物质，即以太。物理学家相信以太存在，并把这种无处不在的以太看作绝对惯性系。用实验来验证以太的存在，成为许多物理学家的目标[1][2]。

既然光的传播介质是以太，由此就有了一个新的问题。假设太阳相对以太禁止，而地球以每秒

30 公里的速度围绕太阳运动，那必然会遇到每秒 30 公里的以太风迎面而来。同时以太对光的传播造成影响。如果存在以太，当地球穿过以太绕太阳公转时，在地球相对以太运动方向所测得的光速应该大于在运动垂直方向的光速。由此迈克尔逊设计了干涉仪来寻找以太存在的证据，其精度能达到测量 0.01 个条纹的移动[3]。

迈克尔逊、莫雷利用干涉仪在不同环境下进行多次试验验证（见图 3.15.5）。按照当时的理论，如果实验中装置旋转 90°，应该会观察到 0.4 个条纹的移动，但实验的结果却是干涉条纹零偏移，迈克尔逊和莫雷难以接受，并一度怀疑自己装置的问题。结果就证明了以太根本不存在。

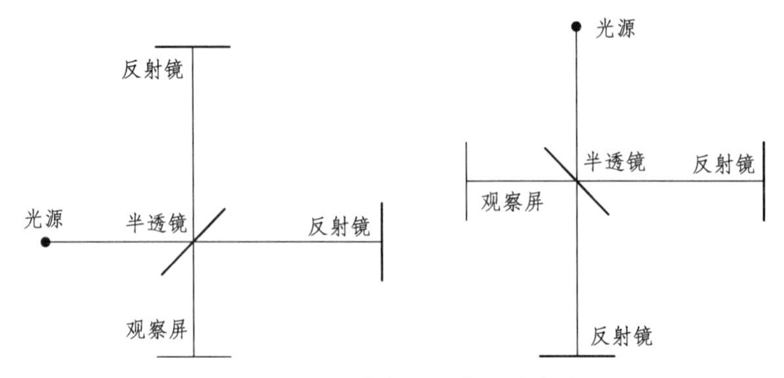

图 3.15.5　迈克尔逊和莫雷的实验

迈克尔逊—莫雷实验是物理学史上最伟大的否定性实验，也是最成功的失败实验。其动摇经典物理的基础，为狭义相对论的建立铺平道路[4]。

是迈克尔逊因为干涉仪所做的杰出贡献，被授予了 1907 年诺贝尔物理学奖，也是美国第一个诺贝尔物理学奖的获得者。

学习迈克尔逊干涉仪的相关知识，一同体会其中丰富的物理思想和精妙的设计。

参考文献

[1] Einstein，Albert: "Ether and the Theory of Relativity" （1920），republished in Sidelights on Relativity (Methuen,London,1922).

[2] Margaret Osler， Reconfiguring the World. The Johns Hopkins University Press 2010.(155).

[3] 王冬. 用于微位移测量的迈克尔逊激光干涉仪综述[J].计量学报，2021（01）：3-10.

[4] 向俊华. 20 世纪物理学“拨开乌云见晴日”[J].大众科技，2004（05）：3-5.

第 4 章

综合性实验

不同介质中声速的测量

实验 4.1　不同介质中声速的测量

实验目的

（1）了解超声换能器的工作原理和功能。

（2）学习不同方法测定声速的原理和技术。

（3）熟悉测量仪和示波器的调节使用。

（3）测定声波在空气及水中的传播速度。

实验仪器

ZKY-SS 型声速测定实验仪、模拟示波器。

实验原理

声波是一种在弹性介质中传播的机械波。声波在介质中传播时，声速、声衰减等诸多参量都和介质的特性与状态有关，通过测量这些声学量可以探知介质的特性及状态变化。例如，通过测量声速可求出固体的弹性模量，气体、液体的比重、成分等参量。

在同一介质中，声速基本与频率无关。例如，在空气中，频率从 20 Hz 变化到 80 kHz，声速变化不到 0.02%。由于超声波具有波长短、易于定向发射、不会造成听觉污染等优点，我们通过测量超声波的速度来确定声速。超声波在医学诊断、无损检测、测距等方面都有广泛应用。

声速的测量方法可分为两类：

第 1 类方法，直接根据关系式 $v=\frac{s}{t}$ 测出传播距离 s 和所需时间 t 后即可算出声速，称为“时差法”，这是工程应用中常用的方法。

第 2 类方法，利用波长-频率关系式 $v=f\lambda$，测量出频率 f 和波长 λ 来计算声速。测量波长时又可用“共振干涉法”或“相位比较法”。本实验可用 3 种方法测量气体和液体中的声速。

1. 压电陶瓷换能器

压电材料受到与极化方向一致的应力 F 时，在极化方向上会产生一定的电场，它们之间有线性关系 $E=gF$。反之，当在压电材料的极化方向上加电压 E 时，材料的伸缩形变 S 与电场 E 也有线性关系 $S=aE$，比例系数 g，a 称为压电常数，它与材料性质有关。本实验采用压电陶瓷超声换能器将实验仪输出的正弦振荡电信号转换成超声振动。压电陶瓷片是换能器的工作物质，它是用多晶体结构的压电材料（如钛酸钡、锆钛酸铅等）在一定的温度下经极化处理制成的。在压电陶瓷片的前后表面粘贴上两块金属组成的夹心型振子，就构成了换能器。由于振子是纵向长度伸缩的，直接带动头部金属作同样纵向长度伸缩，这样发射的声波方向性强、平面性好。每一只换能器都有其固有的谐振频率，换能器只能在其谐振频率才能有效地发射（或接收）。实验时用一个换能器作为发射器，另一个作为接收器，两换能器的表面互相平行，且谐振频率匹配。

2. 共振干涉（驻波）法测声速

到达接收器的声波，一部分被接收并在接收器电极上有电压输出，一部分被向发射器方向反射。由波的干涉理论可知，两列反向传播的同频率波干涉将形成驻波，驻波中振幅最大的点称为波腹，振幅最小的点称为波节，任何两个相邻波腹（或两个相邻波节）之间的距离都等于半个波长。改变两个换能器间的距离，同时用示波器监测接收器上的输出电压幅度变化，可观察到电压幅度随距离周期性地变化。记录下相邻两次出现最大电压数值时游标尺的读数，两读数之差的绝对值应等于声波波长的 1/2（见图 4.4.1）。已知声波频率并测出波长，即可计算声速。实际测量中为提高测量精度，可连续多次测量并用逐差法处理数据。

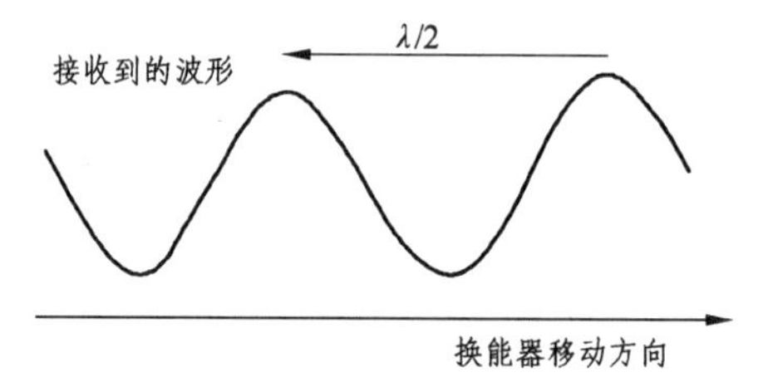

图 4.1.1 驻波法测声速

3. 相位比较（行波）法测声速

当发射器与接收器之间距离为 L 时，在发射器驱动正弦信号与接收器接收到的正弦信号之间将有相位差，相位差为

$$\Delta\varphi = 2\pi\frac{L}{\lambda} = 2\pi n + \Delta\Phi$$

若将发射器驱动的正弦信号与接收器接收到的正弦信号分别接到示波器的 X 及 Y 输入端，则相互垂直的同频率正弦波干涉，其合成轨迹称为李萨如图，如图 4.1.2 所示。

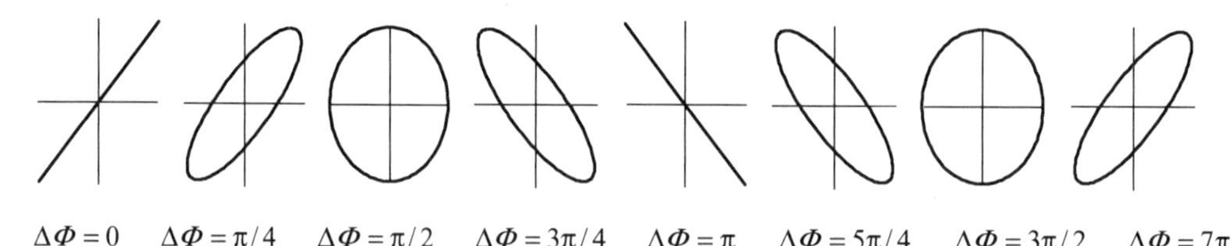

$\Delta\Phi=0$ $\Delta\Phi=\pi/4$ $\Delta\Phi=\pi/2$ $\Delta\Phi=3\pi/4$ $\Delta\Phi=\pi$ $\Delta\Phi=5\pi/4$ $\Delta\Phi=3\pi/2$ $\Delta\Phi=7\pi/4$

图 4.1.2 相位差不同时的李萨如图

当接收器和发射器的距离变化等于一个波长时，则发射与接收信号之间的相位差也正好变化一个周期，相同的图形就会出现。反之，准确观测相位差变化一个周期时接收器移动的距离，即可得出其对应声波的波长，再根据声波的频率，即可求出声波的传播速度。

4．时差法测量声速

若以脉冲调制正弦信号输入到发射器，使其发出脉冲声波，经时间 t 后到达距离 L 处的接收器。接收器接收到脉冲信号后，能量逐渐积累，振幅逐渐加大，脉冲信号过后，接收器做衰减振荡，如图 4.1.3 所示。t 可由测量仪自动测量，也可从示波器上读出，测出 L 后，即可由 $v=L/t$ 计算声速。

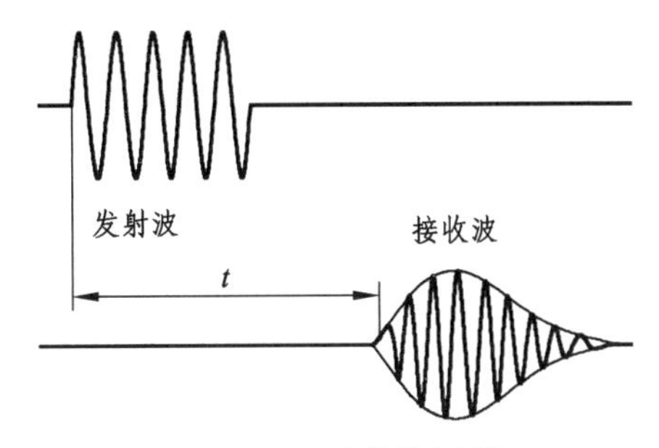

图 4.1.3　时差的测量

实验内容和步骤

1．声速测定仪系统的连接与工作频率调节

（1）连接装配如图 4.1.4 所示。超声实验装置和声速测定仪信号源及双踪示波器之间的连接如下：

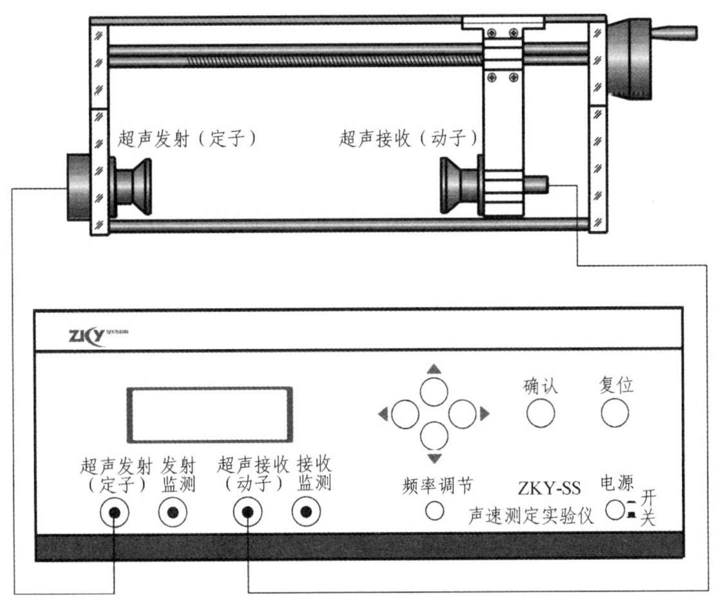

图 4.1.4　声速测定仪的连接装配图

① 测试架上的换能器与声速测定信号源之间的连接。

信号源面板上的发射驱动端口（TR），用于输出一定频率的功率信号，接至测试架左边的发射换能器（定子）；仪器面板上的接收换能器信号输入端口（RE），连接到测试架右边的接收换能器（动子）。

② 示波器与声速测定信号源之间的连接。

信号源面板上的超声发射监测信号输出端口（MT）输出发射波形，接至双踪示波器的CH1（Y 通道），用于观察发射波形；仪器面板上的超声接收监测信号输出端口输出接收的波形，接至双踪示波器的 CH2（X 通道），用于观察接收波形。

（2）在接通电源开机后，显示欢迎界面，自动进入按键说明界面。按确认键进入工作模式选择界面，可选择驱动信号为连续正弦波工作模式（共振干涉法与相位比较法）或脉冲波工作模式（时差法）；在工作模式选择界面中选择驱动信号为连续正弦波工作模式，在连续正弦波工作模式中信号源先预热 15 min。

（3）调节驱动信号频率到压电陶瓷换能器系统的最佳工作点。

只有当发射换能器的发射面与接收换能器的接收面保持平行时才有较好的系统工作效果。为了得到较清晰的接收波形，还须将外加的驱动信号频率调节到发射换能器的谐振频率点处，才能较好地进行声能与电能的相互转换，以得到较好的实验效果。

按照调节到压电陶瓷换能器谐振点处的信号频率估计一下示波器的扫描时基并进行调节，使在示波器上获得稳定波形。以目前使用的换能器的标称工作频率而言，时基选择在 5 ~ 20 $\mu s \cdot div^{-1}$ 会有较好的显示效果。

超声换能器工作状态的调节方法如下：在仪器预热 15 min 并正常工作以后，首先自行约定超声换能器之间的距离变化范围，在变化范围内随意设定超声换能器之间的距离。然后调节声速测定仪信号源输出电压（$10 \sim 15U_{p\text{-}p}$），调整信号频率（在 30 ~ 45 kHz），观察频率调整时接收波形的电压幅度变化。在某一频率点处（34 ~ 38 kHz）电压幅度最大，这时先稳定信号频率，再改变超声换能器之间的距离，同时观察接收波形的电压幅度变化，记录接收波形电压幅度的最大值和频率值。再次改变超声换能器间的距离到适当位置，重复上述频率测定工作，共测多次，在多次测试数据中取接收波形电压幅度最大的信号频率作为压电陶瓷换能器系统的最佳工作频率点。

2. 用共振干涉法测量空气中的声速

按步骤 1 的要求完成系统连接与调谐，并保持在实验过程中不改变调谐频率。

将示波器设定在扫描工作状态，扫描速度约为 10 $\mu s \cdot div^{-1}$，信号输入通道输入调节旋钮约为 1 $V \cdot div^{-1}$（根据实际情况有所不同），并将发射监测输出信号输入端设为触发信号端。

信号源选择连续波（Sine-Wave）模式，建议设定发射增益为 2 挡、接收增益为 2 挡。摇动超声实验装置丝杆摇柄，在发射器与接收器距离为 5 cm 附近，找到共振位置（振幅最大），作为第 1 个测量点。按数字游标尺的归零（ZERO）键，使该点位置为 0（对于机械游标尺而言，以此时的标尺示值为始点）。摇动摇柄使接收器远离发射器，每到共振位置均记录位置读数，共记录 10 组数据填入表 4.1.1 中。

接收器移动过程中若接收信号振幅变动较大影响测量，可调节示波器的通道增益旋钮，使波形显示大小合适。

3. 用相位比较法测量空气中的声速

按步骤 1 的要求完成系统连接与调谐，并保持在实验过程中不改变调谐频率。

信号源选择连续波（Sine-Wave）模式，建议设定发射增益为 2 挡、接收增益为 2 挡。将示波器设定在 X-Y 工作状态。将信号源的发射监测输出信号接到示波器的 X 输入端，并设为触发信号，接收监测输出信号接到示波器的 Y 输入端，信号输入通道输入调节旋钮约为 $1\ \mathrm{V \cdot div^{-1}}$（根据实际情况有所不同）。

在发射器与接收器距离为 5 cm 附近，找到 $\Delta\Phi=0$ 的点，作为第 1 个测量点。按数字游标尺的归零（ZERO）键，使该点位置为零（对于机械游标尺而言，以此时的标尺示值为始点）。摇动摇柄使接收器远离发射器，每到 $\Delta\Phi=0$ 时均记录位置读数，共记录 10 组数据填入表 4.1.2 中。接收器移动过程中若接收信号振幅变动较大影响测量，可调节示波器 Y 通道增益旋钮，使波形显示大小合适。

4. 用时差法测量空气中的声速

按步骤 1 的要求完成系统连接与调谐，并保持在实验过程中不改变调谐频率。

信号源选择脉冲波工作模式，设定发射增益为 3 挡、接收增益为 3 挡。将发射器与接收器距离为 5 cm 附近，作为第 1 个测量点。按数字游标尺的归零（ZERO）键，使该点位置为 0（对于机械游标尺而言，以此时的标尺示值为始点），并记录时差。摇动摇柄使接收器远离发射器，每隔 20 mm 记录位置与时差读数，共记录 10 点填入表 4.1.3 中。

也可以用示波器观察输出与输入波形的相对关系。将示波器设定扫描工作状态，扫描速度约为 $0.2\ \mathrm{ms \cdot div^{-1}}$，发射信号输入通道调节为 $1\ \mathrm{V \cdot div^{-1}}$，并设为触发信号，接收信号输入通道调节为 $0.1\ \mathrm{V \cdot div^{-1}}$（根据实际情况有所不同）

5. 用相位比较法测量水中的声速

测量水中的声速时，将实验装置整体放入水槽中，槽中的水高于换能器顶部 1 ~ 2 cm。按步骤 1 的要求完成系统连接与调谐，并保持在实验过程中不改变调谐频率。

信号源选择连续波（Sine-Wave）模式，设定发射增益为 0，接收增益调节为 0 挡。将示波器设定为 X-Y 工作状态。将信号源的发射监测输出信号接到示波器的 X 输入端，并设为触发信号，接收监测输出信号接到示波器的 Y 输入端，信号输入通道输入调节旋钮约为 $1\ \mathrm{V \cdot div^{-1}}$（根据实际情况有所不同）。

在发射器与接收器距离 3 cm 附近，找到 $\Delta\Phi=0$（或 π）的点，作为第 1 个测量点。按数字游标尺的归零（ZERO）键，使该点位置为 0（对于机械游标尺而言，以此时的标尺示值为始点）。摇动摇柄使接收器远离发射器，接收器移动过程中若接收信号振幅变动较大影响测量，可调节示波器 Y 衰减旋钮。由于水中声波长约为空气中的 5 倍，为缩短行程，可在 $\Delta\Phi=0$、π 处均进行测量。自拟数据表格，对测量的数据进行处理。

数据记录及处理

表 4.1.1　共振干涉法测量空气中的声速数据记录

谐振频率 f_0 = ________kHz，温度 T = ________°C

测量次数 i	1	2	3	4	5	$\bar{\lambda}$
位置 L_i/mm						
测量次数 i	6	7	8	9	10	
位置 L_i/mm						
波长 λ_i/mm						

数据处理计算公式：

$$\lambda_1=\frac{L_6-L_1}{5}\text{ mm},\quad \lambda_2=\frac{L_7-L_2}{5}\text{ mm},\quad \lambda_3=\frac{L_8-L_3}{5}\text{ mm},\quad \lambda_4=\frac{L_9-L_4}{5}\text{ mm},$$

$$\lambda_5=\frac{L_{10}-L_5}{5}\text{ mm},\quad \bar{\lambda}=\frac{\lambda_1+\lambda_2+\lambda_3+\lambda_4+\lambda_5}{5}\text{ mm}$$

A 类：$U_{\lambda(A)}=t_P\sqrt{\dfrac{1}{n(n-1)}\sum_{i=1}^{n}(\lambda_i-\bar{\lambda})^2}=\sqrt{\dfrac{(\lambda_1-\bar{\lambda})^2+\cdots+(\lambda_5-\bar{\lambda})^2}{5\times(5-1)}}$ mm

B 类：$U_{\lambda(B)}=\dfrac{\Delta_{仪}}{\sqrt{3}}=\dfrac{0.01}{\sqrt{3}}=5.77\times10^{-3}$ mm

$$U_{\lambda}=\sqrt{U_{\lambda(A)}^2+U_{\lambda(B)}^2}\text{ mm}$$

$$\bar{v}=\bar{\lambda}\times f_0\text{ m/s}$$

$$U_V=U_{\lambda}\times f_0\text{ m/s}$$

$$v=\bar{v}\pm U_v\text{ m/s}$$

理论值：t = _____°C，$v_{理}=331.45\times\sqrt{\dfrac{273.15+t}{273.15}}$ m/s

表 4.1.2　相位比较法测量空气中的声速数据记录

谐振频率 f_0 = ________kHz，温度 T = ________°C

测量次数 i	1	2	3	4	5	$\bar{\lambda}$
位置 L_i/mm						
测量次数 i	6	7	8	9	10	
位置 L_{i+5}/mm						
速度 v_i/(m/s)						

数据处理方法同上。

表 4.1.3　时差法测量空气中的声速数据记录

谐振频率 $f_0 =$ ________kHz，温度 $T =$ ________°C

测量次数 i	1	2	3	4	5	$\bar{\lambda}$
位置 L_i/mm						
时刻 t/μs						
测量次数 i	6	7	8	9	10	
位置 L_{i+5}/mm						
时刻 t/μs						
波长 λ_i/mm						

数据处理计算公式：

$$v_i = (L_{i+5} - L_i)/(t_{i+5} - t_i)$$

$$\bar{v} = (v_1 + v_2 + v_3 + v_4 + v_5)/5$$

$$v_{理} = (331.45 + 0.59t)\ \mathrm{m \cdot s^{-1}}$$

不确定度　　　$U = v_{实} - v_{理}$

相对不确定度　　$E = \dfrac{v_{实} - v_{理}}{v_{理}} \times 100\%$

实验结论：　　$v_{实} =$ ______$\mathrm{m \cdot s^{-1}}$

实验拓展

（1）用时差法测量水中的声速。

按“实验内容及步骤 1”的要求完成系统连接与调谐，并保持在实验过程中不改变调谐频率。

信号源选择脉冲波工作模式，设定发射增益为 2 挡、接收增益为 2 挡。将发射器与接收器距离 3 cm 附近，作为第 1 个测量点。按数字游标尺的归零（ZERO）键，使该点位置为 0（对于机械游标尺而言，以此时的标尺示值为始点），并记录时差。摇动摇柄使接收器远离发射器，每隔 20 mm 记录位置与时差读数，共记录 10 点于自拟表格中。

也可以用示波器观察输出与输入波形的相对关系。将示波器设定扫描工作状态，扫描速度约为 0.2 $\mathrm{ms \cdot div^{-1}}$，发射信号输入通道调节为 1 $\mathrm{V \cdot div^{-1}}$，并设为触发信号，接收信号输入通道调节为 0.1 $\mathrm{V \cdot div^{-1}}$（根据实际情况有所不同）。

（3）采用时差法测量固体中声速。

思考题

（1）为什么先要调整换能器系统处于谐振状态？怎样调整谐振频率？

（2）利用本实验给出的仪器，有几种方法可测出超声波的波长？各自的原理是什么？实验是如何进行的？

（3）用逐差法处理数据的优点是什么？

实验 4.2　电表的改装与校准

电表的改装与校准

电表是最基本的电学测量工具之一，按工作电流可分为直流电表（—）、交流电表（～）、交直流两用电表（D）；按使用用途可分为电流表、电压表、欧姆表、万用表；按读取方式可分为指针式电表和数字式电表。常用的有直流/交流电流表、直流/交流电压表、欧姆表、万用表等，这些电表都可以通过电流计（俗称表头）改装而成。

在实验室使用的电流表或电压表一般都是磁电式电表，它具有灵敏度高、功率消耗小、防外界磁场影响强、刻度均匀、读数方便等优点。未经改装的电表，由于灵敏度高，满程电流（电压）很小，它的表头一般只允许通过微安量级的电流，因此只能用它测量很小的电流或电压。如果用它来测量较大的电流或电压，就必须进行改装，以扩大测量范围，这种改装过程称为电表的扩程。任何一件仪器，尤其是自组仪器，在使用前都应进行校准，特别是在进行精密测量之前，校准是必不可少的过程。因此，校准是实验技术中一项非常重要的技术。

实验目的

（1）熟悉电表的工作原理及常用基本电学仪器的功能和使用。

（2）掌握设计简单的电路图来解决问题的方法。

（3）学会确定电表的准确度等级。

实验内容

1. 将微安表扩程改装成毫安表

将满量程为 100 μA 的微安表（俗称表头）改装成满量程为 10 mA 或 15 mA 的毫安表（具体视标准电流表满量程而定）。

2. 将微安表扩程改装成伏特表

将满量程为 100 μA 的微安表（俗称表头）改装成满量程为 3 V 的伏特表（具体视标准电压表满量程而定）。

3. 改装电表的校准

将改装好的表头分别与标准电流表、标准电压表进行校准。

4. 实验前需完成的内容

（1）画出改装和校准电路连接图。

（2）分别计算出分流电阻 R_p 和分压电阻 R_s 的阻值。

（3）拟定实验步骤。

（4）自拟实验数据表格。

实验仪器及元件

直流稳压电源、微安表（即表头）标准电流表、标准电压表、滑线变阻器、电阻箱、开关、导线。

实验原理

1. 将微安表扩程改装成毫安表

微安表（俗称表头）的满量程电流很小，一般为微安量级。如果需测量超过其量程的电流必须扩大其流程。电流表扩大量程的方法如图 4.2.1 所示，在表头两端并联一个分流电阻 R_p，使超过量程的电流部分从分流电阻 R_p 流过即可。

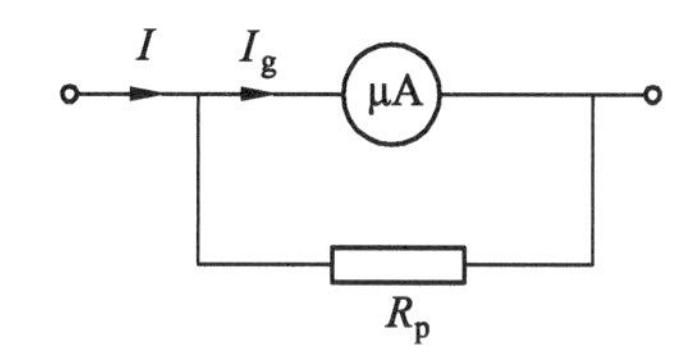

图 4.2.1　扩大电流表量程方法

分流电阻 R_p 的计算如下：

设被扩程电流表满程电流为 I_g，其内阻为 R_g，扩程后表头的满量程为 I，由欧姆定律 $I_gR_g=(I-I_g)R_p$，可得

$$R_p=\frac{I_gR_g}{I-I_g} \qquad (4.2.1)$$

式（4.2.1）表明，当确定表头的参量 I_g 和 R_g 后，即可求出需要并联的分流电阻 R_p 的大小，从而实现表头的扩程改装。

2. 电压表扩大量程的方法

表头的满程电压很小，一般只有零点几伏。为了测量较大电压，在表头上串联一个分压高电阻 R_s，如图 4.2.2 所示，使超过扩程表量程的那部分电压降落在分压电阻 R_s 上，串联不同阻值的 R_s，可以得到不同量程的扩程电压表。

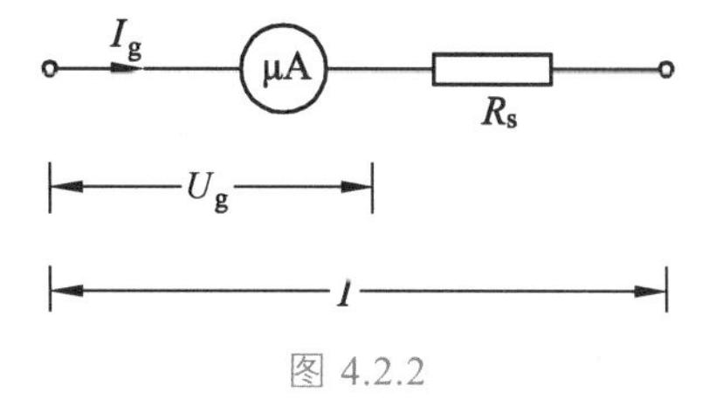

图 4.2.2

分压电阻 R_s 的计算如下：

设被扩程表满量程电流为 I_g，内阻为 R_g，需改装成量程为 U 的电压表，由欧姆定律 $I_g(R_g+R_s)=U$，可得

$$R_s = \frac{U}{I_g} - R_g \tag{4.2.2}$$

式（4.2.2）表明，当确定表头的参量 I_g 和 R_g 后，根据需要扩大的伏特表量程，即可求出需要并联的分压电阻 R_s 的大小，从而实现表头的电压扩程改装。

在电表的扩程过程中，被扩程表的满程（量限）电流 I_g 和内阻 R_g 的准确度直接影响扩程表的准确度，对这两个参量（I_g，R_g）的测量必须准确度很高。

3. 校　准

（1）均匀选取表头表盘的校准点，一般至少 10 个点。

（2）将表头指针从小刻度向大刻度依次指向所选取的校准点，记录下表头校准点刻度和标准表对应的电流值，填入自行设计的表格中。

（3）再将表头指针从大刻度向小刻度依次指向上一步选取的这些校准点，记录下标准表对应的电流值，填入自行设计的表格中。

（4）对于改装表的同一刻度，标准表可能会有两个不同的示值，粗略处理可以取其平均值，作为标准表测出的电量准确值，将此值与改装表表头示数相减得到差值 ΔI，据此画出校准曲线（见图 4.2.3），以改装表头示数 I（mA）为 X 轴坐标，以改装表头示数与标准表对应的平均值之差 ΔI（mA）为 Y 坐标，两相邻校准点用直线连接，故整个校准曲线的图形是折线。

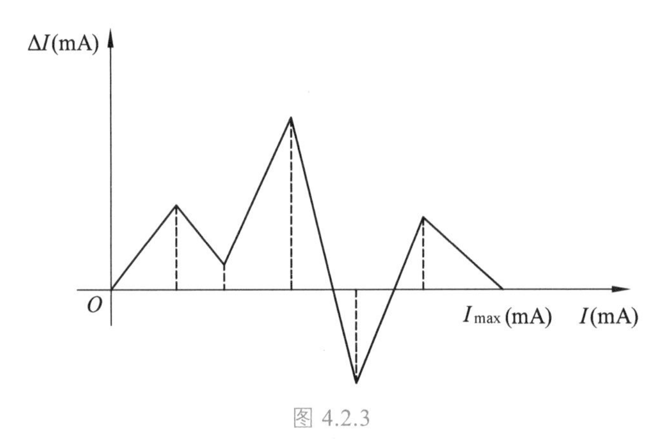

图 4.2.3

（5）计算并确定改装后电表的准确度等级。选取改装表头示数与标准表对应的平均值之间的最大误差 ΔI_{max} 除以改装表的新量程，即

$$标称误差 = \frac{最大绝对误差}{量程} \times 100\%$$

电表可分为不同等级，称为电表的准确度等级。按国家标准（GB/T 7676.2—2017），电流表和电压表应按下列等级指数表示的准确度等级分级：0.05，0.1，0.2，0.3，0.5，1.0，1.5，2.0，2.5，3.0，5.0，共 11 个等级。根据标称误差的大小确定电表的准确度等级。如果电表经校准后，求得的标称误差不是正好为上述值，根据误差取大不取小的原则，则该表的等级应定低一级。例如，电表校准后求得标称误差为 1.8%，它在 1.5 级与 2.0 级之间，则该表应定为 2.0 级。

思考题

（1）校准电表时，当标准电表满刻度而改装表未满刻度或超满刻度，这两种情况下 R_p 或 R_s 的阻值大还是小？为什么？

（2）在校准电表时，选择校准点，是以改装表为确定值还是以标准表为确定值？为什么？

（3）能否将本实验所用的电表改装成任意量程的电表，如 50 μA 或 0.1 V，为什么？

（4）要测量 0.5 A 电流，用下列哪个安培表测量误差最小？为什么？

① 量程 $I=3$ A，等级 $k=1.0$ 级；

② 量程 $I=1.5$ A，等级 $k=1.5$ 级；

③ 量程 $I=1$ A，等级 $k=2.5$ 级。

（5）试绘制将微安表改装成欧姆表的电路图。

实验 4.3　偏振光的产生与研究

1808 年，法国物理学家马吕斯发现了光的偏振现象，并对光的偏振特性进行了深入研究，证明了偏振光强度变化规律，即马吕斯定律，研究了光在晶体中的双折射现象。偏振是光波动性的重要特征之一，很多重要的光学现象和效应都与偏振有关。利用偏振光的特点做成的各种精密仪器，在科研、设计、生产检验等领域中都得到了广泛应用。

实验目的

（1）观察光的偏振现象，了解光振动基本规律。

（2）掌握产生偏振光和检验偏振光的方法。

（3）了解波片的原理与作用。

（4）验证马吕斯定律。

实验仪器

光具座（或光学平台）、偏振片、波片、光源、光电探测器等。（光电探测器由光探头和微安表两部分组成，光探头内装有锗光电池，用于完成光电转换，其输出接入微安表，微安表显示入射光强大小。）

实验原理

1. 自然光与偏振光

光波是电磁波，理论和实验证明它具有横波性：光矢量 E 的振动方向总是和光传播方向相垂直。在垂直于光传播方向的平面内，光矢量可以有各种不同的振动状态，我们称之为光的偏振态，实际中最常见的光的偏振态大体可分为即自然光、线偏振光、部分偏振光、椭圆偏振光和圆偏振光等几种。

（1）自然光。

光振动在垂直于传播方向的平面内各向均匀分布，振幅相同，从而强度相同，这样的光称为自然光，如图 4.3.1 所示。若将自然光中各种取向的光振动进行正交分解，可以得到一对互相垂直、振幅相等、各自独立的两个光振动。除激光以外的一般光源发出的光，都包含有各个方向的光振动，而且没有哪一个方向比其他方向占优势，所以一般光源发出的光都是自然光。

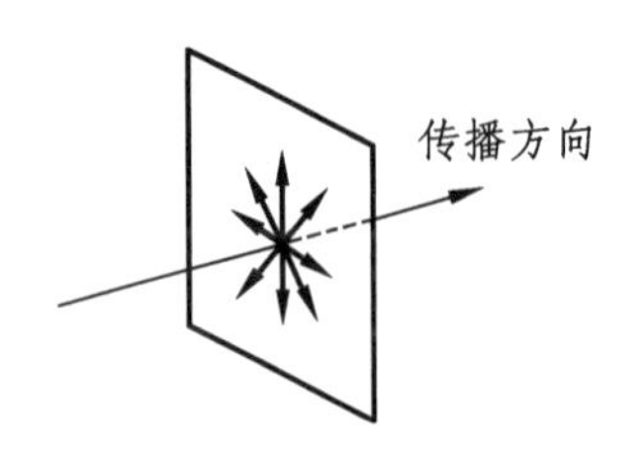

图 4.3.1　自然光

（2）线偏振光。

自然光经过某些物质反射、折射、吸收等，可以成为只有某一固定振动方向的光，称为线偏振光。光矢量与光的传播方向构成的平面称为振动面。线偏振光的振动面只有一个，且不随时间改变，故又称为平面偏振光。

（3）部分偏振光。

部分偏振光是介于线偏振光与自然光之间的一种偏振光。在垂直于光传播方向的平面内，各个方向的光振动都有，但光振幅不等，从而正交分解以后得到的两个互相垂直、独立的光振动的振幅不相等，这种光称为部分偏振光。部分偏振光可以看为由自然光和线偏振光叠加而成。

（4）椭圆偏振光和圆偏振光。

它们的特点是光振动的方向随时间改变，即光矢量在垂直于传播方向的平面内，随着光的传播以一定的角速度旋转。如果把不同时刻的光矢量画在同一平面内，光矢量的端点轨迹是一个椭圆，叫作椭圆偏振光。如果是一个圆，则叫作圆偏振光。椭圆偏振光和圆偏振光可以分解为两个互相垂直、频率相同、有确定相位差的光振动。

2. 偏振光的产生

从自然光获得线偏振光称为起偏，起偏的装置称为起偏器。下面介绍几种起偏的方法。

（1）用二向色性晶体起偏。

一些晶体（如电气石）对两个相互垂直的光矢量具有不同的吸收本领，这种选择性吸收，称为二向色性。本实验所采用起偏器由具有二向色性的硫酸碘奎宁晶体膜制作而成，当自然光通过此种偏振膜时，只有一个方向的光振动能够通过，这样就获得了线偏振光，如图 4.3.2 所示。允许光振动通过的方向称为起偏器的“偏振化方向”或“通光方向”。

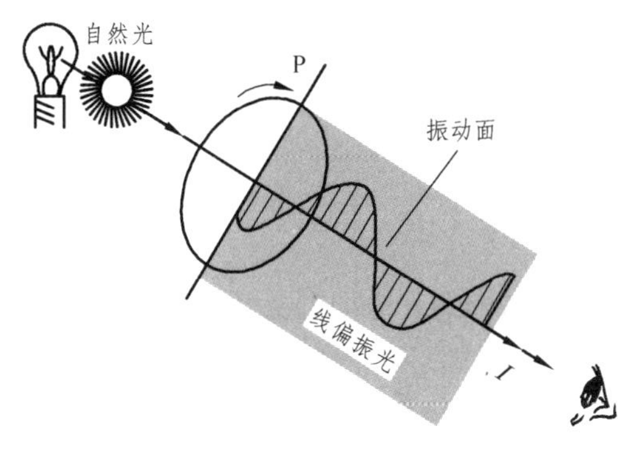

图 4.3.2　用二向色性晶体起偏

（2）双折射晶体起偏。

一束光入射到各向同性介质表面所产生的折射光只有一束，它满足折射定律。而对于各向异性介质，入射光通常被分解成两束折射光（见图 4.3.3），这种现象称为双折射现象。其中一条折射光满足折射定律，称为寻常光（o 光），它在介质中传播时，传播速度与传播方向无关。另一条光不满足折射定律，称为非常光（e 光），它的速度随方向而变。

在双折射晶体中存在一个（或两个）特殊方向，当光沿该方向传播时，o 光和 e 光不分开，即不发生双折射，这个特殊方向称为晶体的光轴。光轴和折射光线构成的平面称为主平面。o 光和 e 光都是线偏振光，o 光的振动方向垂直于自己的主截面，e 光的振动方向在自己的主截面内。

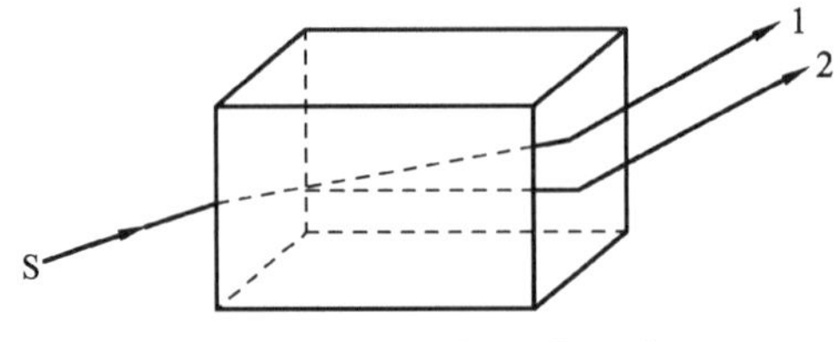

图 4.3.3　双折射晶体起偏

方解石晶体做成的尼科耳棱镜只让 e 光通过（o 光被吸收），所以自然光通过尼科耳棱镜就变成了线偏振光。

3. 起偏器、检偏器及马吕斯定律

在光学实验中，用于检验偏振态的装置称为检偏器，各种起偏器都可以充当检偏器。当起偏器和检偏器的通光方向互相平行时，通过的光强最大；当二者的通光方向互相垂直时，光完全不能通过，如图 4.3.4 所示。那么，介乎于二者之间的情况又如何呢？

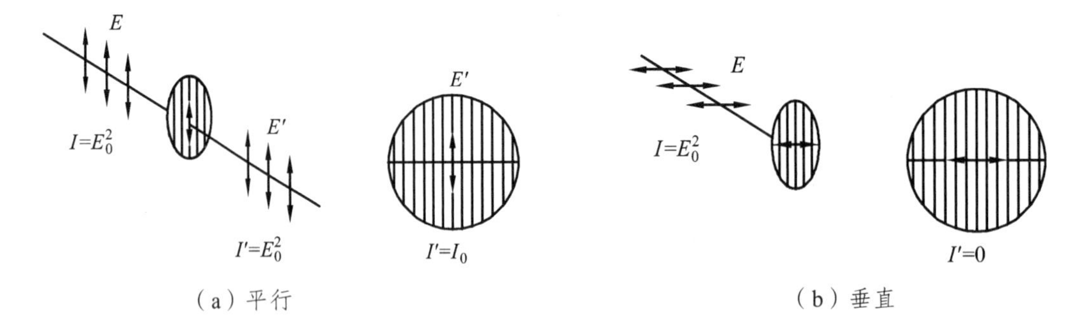

图 4.3.4　检偏器不同通光方向光强的变化

按照马吕斯定律，强度为 I_0 的线偏振光通过检偏器后，透射光的强度为

$$I = I_0 \cos^2 \theta \tag{4.3.1}$$

式中，θ 为入射光振动方向与检偏器通光方向的夹角（见图 4.3.5）。

式（4.3.1）表明，当以光线传播方向为轴，转动检偏器时，透射光强度 I 将发生周期性变化。当检偏器旋转 360°，I 将两次达最大值和两次为 0。利用透射光强的这种变化规律，可以用检偏器将线偏振光与其他自然光和部分偏振光区别开来。

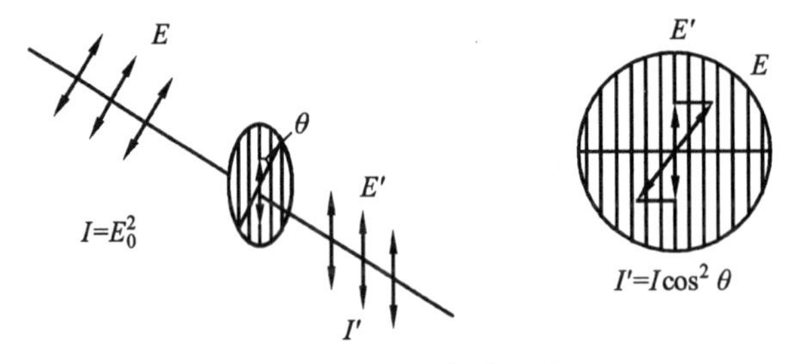

图 4.3.5　马吕斯定律示意图

4. 波　片

波片是从单轴晶体（如石英）切割下来的平行平面板，其表面与晶体光轴平行，如图 4.3.6 所示。波片的作用是使在其内部传播的双折射光（即 o 光和 e 光）之间产生相位差。假设一束线偏振光垂直入射于波片表面，光振动面与晶片的光轴成 θ 角，该光进入波片后，分解成 o 光和 e 光，两者的传播方向虽不改变（图中垂直于纸面向内），但传播速度并不同，如果波片厚度为 d，则 o 光和 e 光的光程差为

$$\delta = d(n_e - n_o) \tag{4.3.2}$$

式中，n_e 和 n_o 为晶体对 e 光和 o 光的折射率，对应的相位差为

$$\Delta\varphi = \frac{2\pi}{\lambda} d(n_e - n_o) \tag{4.3.3}$$

可见 e 光和 o 光的相位差与波片厚度 d 成正比，如果恰当地选择 d，使 $\Delta\varphi = \frac{\pi}{2}$，则当 e 光和 o 光从波片出射时，因为两束光振动方向互相垂直，相位差为 $\pi/2$，因此两光的合成一般为椭圆偏振光。使两折射光的相位差刚好达到 $\pi/2$ 的波片称为 1/4 波片。

按照马吕斯定律，o、e 两光的振幅是入射光振动面与波

片光轴夹角 θ 的函数，所以线偏振光通过 1/4 波片后的合成光偏振态也将随角度 θ 的不同而不同：

当 $\theta = 0°$ 时，出射光为振动方向平行于波片光轴的线偏振光。

当 $\theta = \pi/2$ 时，出射光为振动方向垂直于波片光轴的线偏振光。

当 $\theta = \pi/4$ 时，出射光为圆偏振光。

当 θ 为其他值时，出射光为椭圆偏振光。

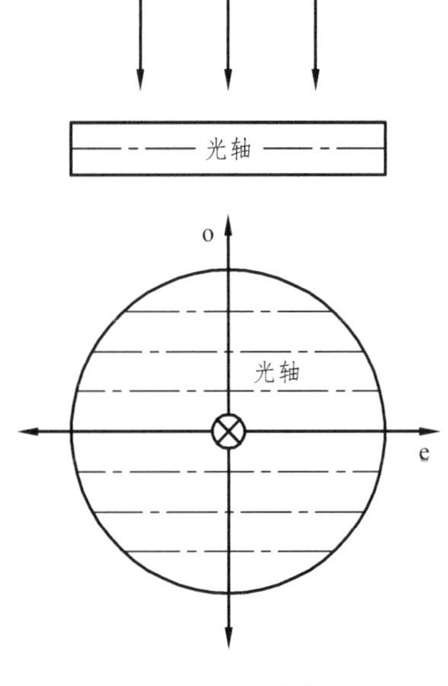

图 4.3.6　波片

实验内容和步骤

1. 起偏和检偏

（1）如图 4.3.7 所示，在光路上依次放好光源、偏振片 P_1、光探头，转动偏振片 P_1 一周，观察透射光的强度变化情况，观察结果记入表 4.3.1 中。

（2）如图 4.3.8 所示，在 P_1 后加入 P_2，以 P_1 为起偏器，P_2 为检偏器，旋转 P_2 一周，观察透射光的强度变化情况，观察结果记入表 4.3.1 中。然后定量测量：用光探头接收该透射光，将测量值仍填入表 4.3.1 中。根据观察与测量结果，说明此光的偏振态。

2. 椭圆和圆偏振光的产生和观察

（1）按图 4.3.8 所示，并使 P_2 和 P_1 透振方向正交，这时应看到消光现象（不考虑杂散光）。

（2）按图 4.3.9 所示，插入 1/4 波片 C_1，转动 C_1，使通过 P_2 的光消光，如图 4.3.9 所示。

（3）依次转动 C_1（从消光位置起）0°，30°，45°，60°，75°，90°，并每次把 P_2 转动 360°，记录所观察到的现象；并说明 C_1 处于各角度其透出光的偏振态。当 C_1 处于 45° 时，取出 P_1 再转动 P_2，观察与 P_1 存在时有什么不同。定量测量并填入表 4.3.2 中。

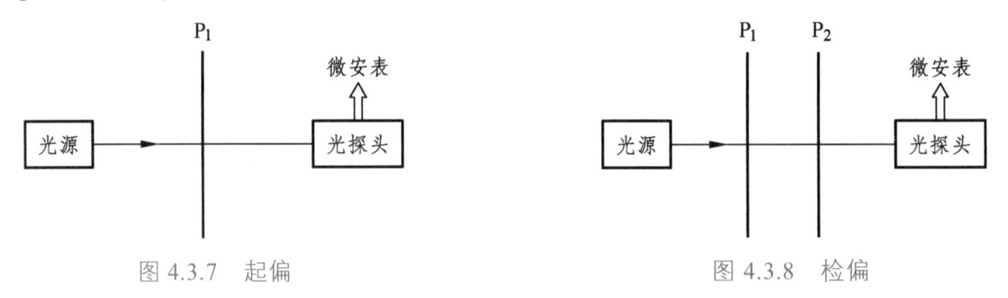

图 4.3.7 起偏　　　　图 4.3.8 检偏

3. 圆偏振光和部分偏振光的检验

上面实验中我们用一个检偏器，可以将线偏振光区分出来，但是要区分圆偏振光和自然光、椭圆偏振光和部分偏振光，仅仅用一个检偏器是不够的，需要加上一个 1/4 波片。

（1）按图 4.3.9 所示，使 P_1、P_2 偏振化方向正交、插入 1/4 波片 C_1，并使 C_1 由消光位置转动 45°，再转动 P_2，看到光强不变，此时光的偏振态如何？

（2）按图 4.3.10 所示，把另一个 1/4 波片 C_2 插在 C_1 与 P_2 之间，转动 P_2，看到什么结果？记录此结果，说明圆偏振光经过该 1/4 波片以后，偏振态有何变化？

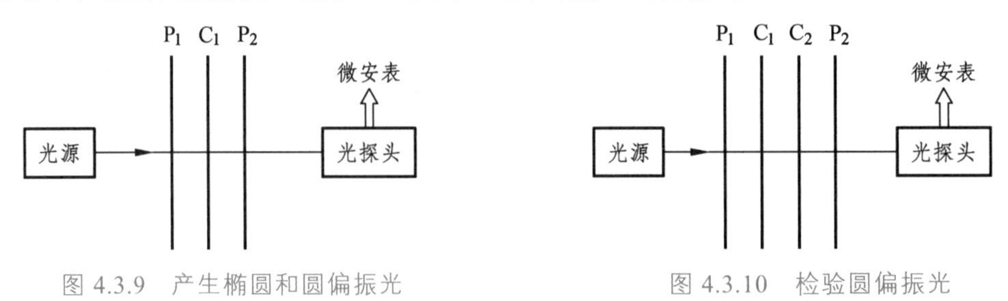

图 4.3.9 产生椭圆和圆偏振光　　　　图 4.3.10 检验圆偏振光

（3）从光路上去掉起偏器 P_1 和 1/4 波片 C_1，使自然光通过 C_2，再将 P_2 转动 360°，观察到什么现象？定量测量，数据填入表 4.3.3 中。说明圆偏振光和自然光的区分方法，椭圆偏振光和部分偏振光的区分方法。

数据记录及处理

表 4.3.1 起偏和检偏

起偏器 P_1	转动 360° 观察到的现象	I_{max}	I_{min}	光的偏振态
未加 P_1				
加上 P_1				

表 4.3.2 椭圆和圆偏振光的产生和观察

1/4 波片角度	P_2 转动 360° 观察到的现象	I_{max}	I_{min}	光的偏振态
0°				
30°				
45°				
60°				
75°				
90°				

表 4.3.3 圆偏振光和部分偏振光的检验

检验项目	用 P_2 观察到的现象	入射 C_2 光的偏振态	透过 C_2 光的偏振态	I_{max}	I_{min}	半光强
插入 C_2						
去掉 P_2、C_1						

思考题

（1）线偏振光、圆偏振光、椭圆偏振光及自然光有各有什么特点？如何由自然光获得线偏振光、部分偏振光、圆偏振光、椭圆偏振光？如何将它们区分开来？

（2）下列情况下起偏器、检偏器两个光轴之间的夹角为多少？

① 出射光强是入射自然光强的 1/3；

② 出射光强是最大出射光强的 1/3。

（3）如果在互相正交的偏振片 P_1、P_2 中间插进一块 1/4 波片，使其光轴跟起偏器的 P_1 偏振化方向平行，透过检偏器 P_2 的是怎样的？为什么？将 P_2 转动 90° 后，透射光有无变化？

（4）设计一个实验装置，用来区别自然光、圆偏振光、圆偏振光和自然光的合成光、椭圆偏振光和自然光的合成光、线偏振光和自然光的合成光。

实验 4.4　用霍尔效应测量磁场

霍尔效应是霍尔于 1879 年在研究载流导体在磁场中受力的性质时发现的,这一效应在科学实验和工程技术中得到广泛的应用。可以测量磁场、半导体中载流子的浓度、判别载流子的极性等，利用这一原理作成的各种霍尔器件，已广泛地应用到各个领域中。

实验目的

（1）了解霍尔效应原理。

（2）了解用霍尔元件测量磁场的基本方法。

（3）学习用“对称测量法”消除副效应的影响。

实验仪器

FD-HL-5 型霍尔效应实验仪。

实验原理

1. 霍尔效应现象

将一块矩形半导体薄片垂直放入磁场 B 中，在与磁场垂直的方向（ X 轴方向）通以电流 $I_{\rm H}$，在垂直于磁场和电流的方向（ Y 轴方向）产生电势差 $U_{\rm H}$，这一现象称为霍尔效应现象。下面以金属自由电子模型为例来解释霍尔效应现象产生的微观机理，并推导出霍尔电压。

如图 4.4.2 所示，电子进入磁场由于受到洛仑兹力的作用而偏转，从而使得 AA′ 分别带上正、负电荷，从而形成电势差产生了电场。电子在电场力和洛仑兹力的共同作用下继续偏转，当洛仑兹力和电场力大小相等时，电子停止匀速直线运动，不再偏转，AA′ 两端间的电势差达到最大并稳定下来，这个电势差我们常称为霍尔电压，用 $U_{\rm H}$ 表示。

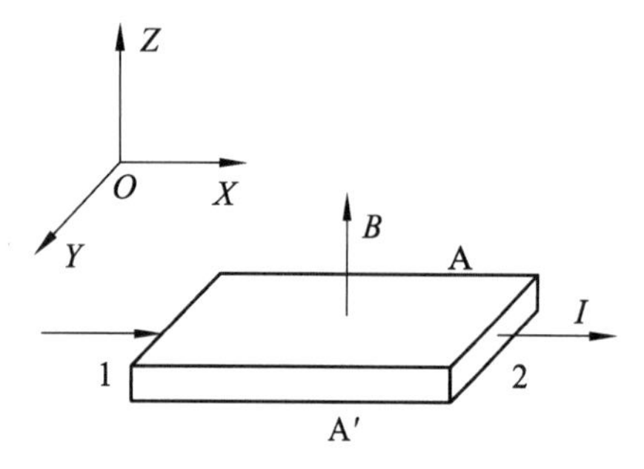

图 4.4.1　霍尔效应现象

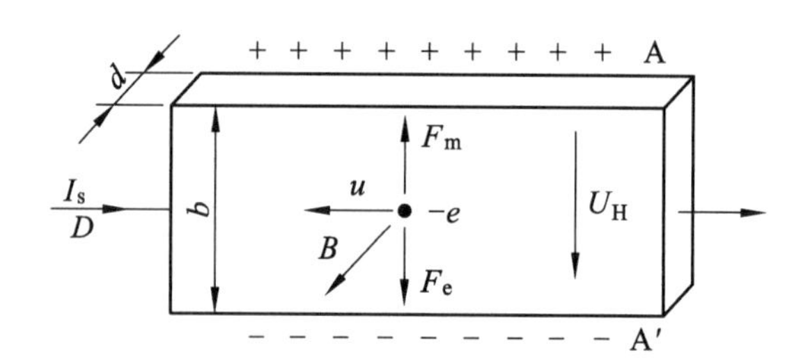

图 4.4.2　霍尔效应产生的微观机理

由洛仑兹力和电场力大小相等，有 $e\dfrac{U_{\rm H}}{b}=euB$　所以

$$U_{\rm H}=uBb \tag{4.4.1}$$

设电子的浓度为 n，则电流强度 I 为 $I=bdneu$，将表达式整理后代入式（4.4.1），得

$$U_{\mathrm{H}}=\frac{1}{ne}\cdot\frac{IB}{d} \tag{4.4.2}$$

推广到一般的载流子产生的霍尔现象，可得

$$U_{\mathrm{H}}=\frac{1}{nq}\cdot\frac{IB}{d} \tag{4.4.3}$$

令 $\frac{1}{nq}=R_{\mathrm{H}}$，$R_{\mathrm{H}}$ 称为霍尔系数，n 为载流子浓度，q 为载流子的电量；d 为半导体薄片的厚度。实际使用时将式（4.4.3）改为

$$U_{\mathrm{H}}=K_{\mathrm{H}}IB \tag{4.4.4}$$

式中，K_{H} 称为霍尔元件的灵敏度，$K_{\mathrm{H}}=\frac{R_{\mathrm{H}}}{d}=\frac{1}{nqd}$。

由霍尔电压表达式可知，霍尔电压 U_{H} 与工作电流 I 和磁场成正比。为了使 U_{H} 尽可能大，在 I，B 一定的情况下，K_{H} 的值越大越好。K_{H} 与 n 成反比，半导体内的载流子远比导体载流子浓度小，且 K_{H} 与厚度 d 成反比，因此霍尔元件通常选用半导体薄片。根据 $B=\frac{U_{\mathrm{H}}}{K_{\mathrm{H}}I}$，如果测得 I 和 U_{H}，即可测得磁场的磁感应强度。这就是利用霍尔效应测磁场的原理。

2. 利用霍尔效应研究半导体材料的类型

霍尔现象的产生是由于载流子在磁场中运动受到洛仑兹力作用而产生的。如图 4.4.3 所示，若载流子带正电，则在上侧面积累正电荷，上端电势高于下端电势；若载流子为负，则在下面积累正电荷，上端电势低于下端电势。根据此特点，可根据霍尔电势差的正负来判别载流子的种类，从而判断半导体的种类，载流子为电子的是 N 型半导体，载流子为正（空穴）的是 P 型半导体。

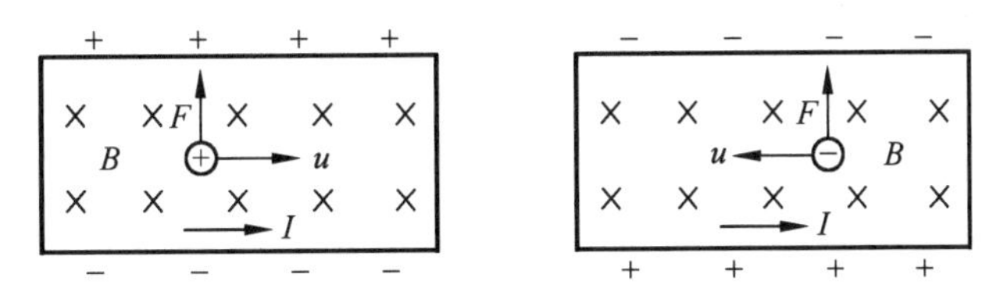

图 4.4.3　霍尔效应与载流子电荷正负的关系

3. 霍尔效应的副效应

式（4.4.3）、（4.4.4）是从理想情况下得出的，实际情况更为复杂，在产生霍尔效应现象的同时也会产生副效应（附加电压），使测量产生系统误差。下面简单介绍各种效应的特点。

（1）爱延好森效应 U_{E}。

由于霍尔片内部的载流子速度有快有慢，它们在磁场作用下，慢速的载流子与快速的载流子将在霍尔电场和洛仑兹力共同作用下，在垂直于电流和磁场的方向（A，A′）向相反的两侧偏转，这些载流子的动能转化为热能，使得两侧出现温度差，从而产生温差电动势 U_{E}，这一效应称为爱延好森效应。U_{E} 的大小与 I 、B 的大小有关；U_{E} 的正负与 I 、B 的方向有关。

（2）不等位电势差 U_{O}。

由于霍尔元件材料不均匀，以及工艺制作时很难保证将霍尔片的电压输出电极焊接在同一等势面上，因此只要有电流，即使不加磁场，在电压输出电极 A、A′之间也会产生电势差 U_{O}。$U_{O'}$ 的正负只与电流 I 的方向有关，与磁场 B 方向无关。

（3）能斯特效应 U_{N}。

电极 1、2 之间因焊点的接触电阻不同，通电以后的发热程度也不同，使得 1、2 之间存在温度差。在 1、2 电极之间存在着热扩散电流，在磁场的作用下在 A、A′ 电极之间也存在着温差电动势 U_{N}。U_{N} 的正负只与磁场 B 的方向有关。

（4）里纪-勒杜克效应 U_{R}。

在能斯特效应中，由于扩散载流子的速度不同，类似于爱延好森效应，在 A、A′ 间也存在附加电压 U_{R}。U_{R} 的正负只与磁场 B 的方向有关。

4. 换向法消除霍尔效应的副效应

根据前面所述，实验测得的霍尔电压 U_{H} 是霍尔电压和副效应电压值的代数和，我们应尽可能地消除副效应，本实验中采用了对称换向测量法来消除和减小误差。具体方法：先设定电流和磁场的正方向，依次改变电流 I 和磁场 B 的方向，测出相应的电压 $U_{AA'}$，即

$$+B(I_{M})+I_{S}:U_{1}=U_{H}+U_{E}+U_{O}+U_{N}+U_{R}$$

$$+B(I_{M})-I_{S}:U_{2}=-U_{H}-U_{E}-U_{O}+U_{N}+U_{R}$$

$$-B(I_{M})-I_{S}:U_{H}=U_{H}+U_{E}-U_{O}-U_{N}-U_{R}$$

$$-B(I_{M})+I_{S}:U_{4}=-U_{H}-U_{E}+U_{O}-U_{N}-U_{R}$$

联立上式，可得

$$\frac{1}{4}(U_{1}-U_{2}+U_{3}-U_{4})=U_{H}+U_{E}$$

由于 U_{E} 的方向始终与 U_{H} 相同，所以用换向法不能消除，但考虑到 $U_{E} \ll U_{H}$，故忽略 U_{E} 的影响。因此，霍尔电压近似为

$$U_{H}=\frac{1}{4}(U_{1}-U_{2}+U_{3}-U_{4}) \tag{4.4.5}$$

实际使用时，用下式

$$U_{H}=\frac{1}{4}(U_{1}+|U_{2}|+|U_{3}|+|U_{4}|) \tag{4.4.6}$$

实验内容和步骤

1. 霍尔电压与工作电流的关系

（1）按图连接电路。霍尔片置于电磁铁的中间，霍尔元件的 1、3 脚接工作电压，2、4 脚接霍尔电压输出。连接两实验箱的航空线，接入励磁线圈电源、外接保护电阻以及电流表。注意：需要在霍尔元件所在支路串联一限流保护电阻，工作电流从标准电流表读出。

（2）调节励磁电流为 400 mA，预热 10 min。

（3）保证励磁电流不变，调节工作电流分别为 0 mA、0.5 mA、1.0 mA、1.5 mA、2.0 mA、2.5 mA、3.0 mA，测出对应的霍尔电压。注意每一霍尔电压都需要换向消除副效应，即依次改变励磁电流 I_M 的方向和工作电流 I_H 的方向，测出 U_1、U_2、U_3、U_4，最后根据式（4.4.6）计算出霍尔电压值。

2. 判断霍尔片半导体的类型

（1）将 I_H 和 I_M 开关都拨到“正”，判定 I 和 B 的方向。

（2）用万用表测出 $U_{AA'}$ 的正负，结合 B 的方向，从而判断出半导体材料的正负。

数据记录及处理

（1）霍尔电压与工作电流的关系。

① 根据实验数据完成表 4.4.1：

表 4.4.1 实验数据记录

I/mA	U_1/mV	U_2/mV	U_3/mV	U_4/mV	$U_H=\frac{1}{4}(U_1+U_2+U_3+U_4)$/mV
	$+B$，$+I_S$	$-B$，$+I_S$	$-B$，$-I_S$	$+B$，$-I_S$	
0.00					
0.50					
1.00					
1.50					
2.00					
2.50					
3.00					

② 作 U_H-I_H 图，并验证 $U_H \propto I_H$。

（2）判断霍尔元件半导体材料的类型，完成表 4.4.2。

表 4.4.2 半导体材料类型

电流方向	磁场方向	$U_{AA'}$ 的正负	半导体材料类型

注意事项

（1）测 $U_{AA'}$ 时为避免毫伏表超量程，I_H 不能大于 5 mA。

（2）严禁撞击或用手触摸霍尔片，以免使其损坏。

思考题

（1）霍尔电压的测量值包含哪些副效应，如何消除？

（2）如何判断半导体材料的类型？

实验 4.5　多普勒效应综合实验

实验目的

（1）测量超声接收器运动速度与接收频率之间的关系，验证多普勒效应，并由 f-v 关系直线的斜率求声速。

（2）研究简谐振动（水平），测量简谐振动的周期等。

实验仪器

多普勒效应综合实验仪由实验仪、超声发射器、接收器、红外线发射/接收器、导轨、运动小车、支架、光电门、电磁铁、弹簧、滑轮、砝码等组成，实验仪内置微处理器，带有液晶显示屏。图 5.3.1 所示为实验仪的面板图。

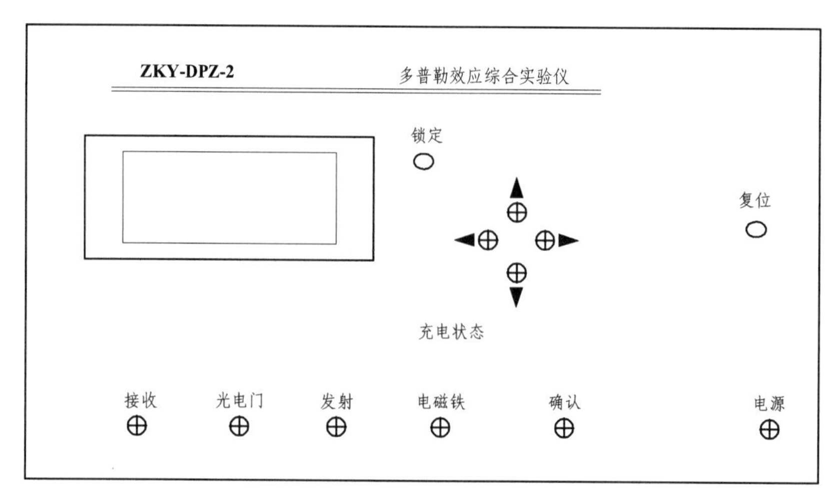

图 4.5.1　多普勒效应综合实验仪面板

实验仪采用菜单式操作，显示屏显示菜单及操作提示，由▲▼◄►键选择菜单式修改参数，按“确认”键后仪器执行。可在查询页查询到实验时已保存的实验数据，操作者只需按提示即可完成操作。

实验原理

当波源和接收器之间有相对运动时，接收器接收到的波的频率与波源发出的频率不同，这种现象称为多普勒效应。多普勒效应在科学研究、工程技术、交通管理、医疗诊断等多方面都有十分广泛的应用。例如，原子、分子和离子由于热运动使其发射和吸收的光谱线变宽，称为多普勒增宽。在天体物理和受控热核聚变实验装置中，光谱线的多普勒增宽已成为一种分析恒星大气及等离子体物理状态的重要测量和诊断手段；在医学上利用超声波的多普勒效应检查人体内脏的活动情况、血液的流速等。电磁波（光波）与声波（超声波）的多普勒原理是一致的，本实验既可研究超声波的多普勒效应，又可利用多普勒效应将超声探头作为运动传感器，研究物体的运动状态。

1. 超声的多普勒效应

根据声波的多普勒效应公式，当声源和接收器之间有相对运动时，接收器接收到的频率为

$$f = f_0(u + v_1 \cos_1)/(u - v_2 \cos\theta_2) \tag{4.5.1}$$

式中，f_0为声波发射频率；u为声速；v_1为接收器运动速度；θ_1为声源和接收器连线与接收器运动方向之间的夹角；v_2为声源运动速度；θ_2为声源和接收器连线与声源运动方向之间的夹角。

若声源保持不动，运动物体上的接收器沿声源与接收器连线方向以速度v运动，则从式（4.5.1）可得接收器接收到的频率应为

$$f = f_0(1 + v/u) \tag{4.5.2}$$

当接收器向着声源运动时，v取正，反之为负。若f_0保持不变，以光电门测物体的运动速度，并由仪器对接收器接收到的频率自动计数。根据式（4.5.2），作f-v关系图，可直观验证多普勒效应，且由实验点作直线，其斜率应为

$$k = f_0/u$$

由此可计算出声速

$$u = f_0/k$$

由式（4.5.2）可解出

$$v = u(f/f_0 - 1) \tag{4.5.3}$$

若已知声速和声源频率f，通过设置其仪器以某种时间间隔对接收器接收到的频率f采样计数，由微处理器按式（4.5.3）计算出接收器运动速度，由显示屏显示f-v关系图，或调阅有关测量数据即可得出物体在运动过程中的速度变化情况，进而对物体运动状态及规律进行研究。

2. 超声的红外调制与接收

早期产品中，接收器接收的超声信号由导线接入实验仪进行处理，由于超声接收器安装在运动体上，导线的存在对运动状态有一定影响，导线的折断也给使用带来麻烦，新仪器对接收到的超声信号采用了无线的红外调制—发射—接收方式，即用超声接收器信号对红外波进行调制后发射。固定在运动导轨一端的红外接收区接收到红外信号后，再将超声信号解调出来，由于红外发射/接收的过程中信号的传输是光速，远远大于声速，它引起的多普勒效应可忽略不计。采用此技术将实验中运动部分的导线去掉，使得测量更准确、操作更方便。信号的调制—发射—接收—解调，在其无限传输的过程中，是一种常用的技术。

实验内容和步骤

验证多普勒效应并根据测量数据计算声速。让小车以不同速度通过光电门，仪器自动记录小车通过光电门的平均运动速度及与之对应的平均接收频率，由仪器显示的 f-v 关系图可看出。若测量点成直线，符合式（4.5.2）描述的规律，即直观验证了多普勒效应。用作图法计算 f-v 直线的斜率 k，由 k 计算声速 u 并与声速的理论值比较，计算其相对误差。

1. 仪器安装

实验所需固定的附件均安装在导轨上，并在两侧的安装槽上固定。调节水平超声传感发生器的高度，使其与超声接收器（已固定在小车上）在同一个平台上。再调整红外接收传感器高度和方向，使其与红外发射器（已固定在小车上）在同一轴线上。将组件电缆接入实验仪的对应接口上。安装完毕后，让电磁铁吸住小车，给小车上的传感器充电，第一次充电时间为 6 ~ 8 s，充满后（仪器面板亮灯变绿色）可持续使用 4 ~ 5 min。在充电时要注意，必须让小车上的充电板和电磁铁上的充电针接触良好。

2. 测量准备

（1）实验仪开机后，首先要求输入室温，因为计算物体运动速度时，要代入声速，而声速是温度的函数，利用◄►键将室温 T 值调到实际值，按“确认”键。

（2）第二个界面要求对超声发生器的驱动频率调谐。在超声应用中，需要将发生器、接收器的频率匹配，并将驱动频率调至谐振频率 f_0，这样，接收器获得的信号幅度才最强，才能有效地发射与接收声波。一般 f_0 在 40 kHz 左右。调谐后，板面上的复位灯将熄灭。

（3）电流调至最大值后按“确认”键。

本仪器所有操作都要按“确认”键后，数据才被导入仪器。

3. 测量步骤

（1）在液晶显示屏上，选中“多普勒效应验证实验”，并按“确认”键。

（2）利用►键修改测试总次数（选择范围 5 ~ 10 次），按▼键，选中“开始测试”。

（3）准备好后，按“确认”键，电磁铁释放，测试开始进行，仪器自动记录小车通过光电门时的平均运动速度及与之对应的平均接收频率。

改变小车的运动速度，可用以下两种方法：

① 砝码牵引：利用砝码的不同组合实现；

② 用手推动：沿水平方向对小车施以变力，使其通过光电门。为了便操作，一般由小到大改变小车的运动速度。

（4）每一次测试完毕，都有“存入”或“重测”的提示，可根据实际情况选择。按“确认”键后回到测试状态，并显示测试总次数及已完成的测试次数。

（5）改变砝码质量（砝码为牵引方式），并退回小车让电磁铁吸住，按“开始”键进行第二次测试。

（6）完成设定的测量次数后，仪器自动存储数据，并显示 f-v 关系图及测量数据。

数据记录及处理

由 f-v 关系图可看出，若测量点成直线，符合式（4.5.2）描述的规律，即直观验证了多普勒效应。用►键选中数据，▼键翻阅数据并记入表 4.5.1 中，用作图法和线性回归法计算 f-v 关系直线的斜率 k。公式（4.5.4）为回归法计算 k 值的公式，其中测量次数 $i=5\sim10$，$n\leqslant10$。

$$k=\frac{\overline{v_i}\times\overline{f_i}-\overline{v_i\times f_i}}{\overline{v_i}^2-\overline{v_i^2}} \tag{4.5.4}$$

式中，$\overline{v_i}$ 为 i 次测量速度的平均值；f_i 为 i 次测量频率的平均值；$\overline{v_i\times f_i}$ 为 i 次测量速度与频率的乘积的平均值；$\overline{v_1}^2$ 为 i 次测量速度的平均值的平方；$\overline{v_i^2}$ 为 i 次测量速度的平方的平均值。

由 k 计算声速：$u=f_0/k$，并与声速的理论值比较。

声速的理论值：$u_0=331\times(1+t/273)^{1/2}\ \mathrm{m\cdot s^{-1}}$（$t$ 为室温）

测量数据的记录是仪器自动进行的，在测量完成后，只需在出现的显示界面上用►键选中数据，用▼键翻阅数据并记入表 4.5.1 中，然后按照上述公式计算出相关结果并填入表 4.5.2 中。

表 4.5.1　测量数据

次数 i	1	2	3	4	5	6	7	8	9
$v_i/\mathrm{m\cdot s^{-1}}$									
f/kHz									

表 4.5.2　数据处理

直线斜率 $k/\mathrm{m^{-1}}$	声速测量值 $u/\mathrm{m\cdot s^{-1}}$	声速理论值 $u_0/\mathrm{m\cdot s^{-1}}$	相对不确定度 $(u-u_0)/u_0$

实验拓展

（1）利用多普勒效应综合实验仪测量重力加速度。

（2）利用多普勒效应综合实验仪测量垂直振动时的频率。

注意事项

（1）安装时要尽量保证红外接收器、小车上的红外发射器和超声接收器/发射器三者在同一轴线上，以保证信号传输良好。

（2）安装时不可挤压连接电缆，以免导线折断。

（3）小车不使用时，应立放，避免小车滚轮粘上污物，影响实验进行。

（4）调谐及实验进行时，必须保障超声发生器和接收器之间无任何阻挡物。

（5）为保证使用安全，三芯电源线必须可靠接地。

（6）小车速度不可太快，以防小车脱轨跌落损坏。

实验 4.6 全息照相

1948 年，英国科学家伽伯为了提高电子显微镜的分辨本领而提出了全息的概念，并开始全息照相的研究工作。1960 年以后出现了激光，为全息照相提供了一个高亮度高度相干的光源，从此以后全息照相技术进入一个崭新的阶段。伽伯也因全息照相的研究获得 1971 年的诺贝尔物理学奖。从理论上说，全息照相是以波的干涉和衍射为基础的，是一种能够记录波的全部信息的新技术，与普通照相不同，它适用于红外、微波、X 光以及声波和超声波等波段。目前全息技术已发展成为科学技术上一个崭新的领域，在精密计量、无损检测、信息存储和处理、遥感技术及生物医学等方面获得了广泛的应用。

实验目的

（1）了解全息照相的基本原理。

（2）了解并掌握全息照相的基本方法，了解物光光波再现的基本规律。

（3）了解相片的显影、定影、冲洗等暗室技术。

实验仪器

1. 相干光源

选用 He-Ne 激光器，波长为 632.8 nm，输出功率为 1 ~ 2 mW，可用来拍摄较小的物体。

2. 全息平台

由一块大钢板和下面的防振器组成，防振器可以是橡胶板、气囊、弹簧，在要求不高时也可以用泡沫塑料板。加防振器的目的是防止或减小外界振动引起的平台振动，以及台面上各光学元件的相对振动。感光底片的曝光是需要一定时间的，如果其间光学元件产生振动，曝光后将得不到清晰的干涉条纹。在平台上临时摆设一个迈克尔逊干涉仪的光路，通过观察干涉条纹的变化，可以检验全息平台的防振特性。如果在曝光期间干涉条纹的移动小于 1/4 条纹间距，说明全息平台的防振性能是合格的。

3. 光学元件调整架

光学元件调整架可以在平台上移动。上半部用于放置光学元件，如分束镜、扩束镜等。这些光学元件可以获得上下、左右及俯仰三个方面的调节。下半部借助磁钢的吸引力被稳定在平台的钢板上。

4. 全息干版

与普通的照相底片不同，全息干版的分辨率高，大于 3 000 条/mm。不同波长的光应选用不同的底片。如 I 型干版（大小约 40 mm × 60 mm）的灵敏波长是 633 nm，适用于波长为 632.8 nm 的 He-Ne 激光相子光源。

5. 分束镜与全反射镜

经过分束镜的光一部分透射，一部分反射。用透射率（透射光强度与入射光强度之比）

表示分束镜的分束性能，如 85% 的分束镜，指透射光强与入射光强之比是 85 : 100。

全反射镜是一种透射率为零的分束镜，即只有反射光几乎没有透射光。

6. 扩束镜

为高倍的放大镜，用于把方向性好、光束很细的激光变为大发散角的光。常用放大倍数表示扩束镜的扩束性能，如 ×40 一般指用作扩束的显微镜物镜的放大倍数是 40。

7. 其他配件

软尺用于测量光程差。接收屏用于接收物之像，载物台用于放置被摄物。被摄物体应为反光好的玻璃或陶瓷小工艺品。定时快门用于控制曝光时间。另需暗室冲洗设备 1 套。

实验原理

一个实际物体所发射或反射的光波（简称物光）比较复杂，由光的波动理论可知，物光一般可以看成是由许多不同频率的单色光波的叠加，即

$$X=\sum_{i=1}^{n}A_i\cos\left(\omega_i t+\varphi_i-\frac{2\pi}{\lambda_i}r_i\right)$$

式中 A_i 为振幅，ω_i 为角频率，λ_i 为波长，φ_i 为波源的初相位。

因此任何一定频率的光波都包含着振幅 A 和相位（$(\omega t+\varphi-2\pi r/\lambda)$）两种信息。光的频率、振幅和相位分别表征物体的颜色、明暗、远近和形状。

普通照相运用的是几何光学的透镜成像原理，把被拍摄物体成像在一张感光底片上，冲洗后就得到了一张记录物体表面光强（振幅的平方）分布的平面图像，像的亮暗和物体表面反射光的强弱完全对应，但是无法记录物光的相位差别，所以普通相片没有立体感，是物体的一个平面像。全息照相不仅记录物光波的振幅信息，而且把相位信息也记录下来，所以全息照相技术所记录的并不是普通几何光学方法形成的物体像，而是物光本身，即它记录了物光的全部信息（词“全息照相”的由来），并且在一定条件下，能将所记录的信息完全再现出来。再现的像是一个逼真的三维立体像。

全息照相包含两个过程：

（1）把物光的全部信息记录在感光材料上，称为记录（拍摄）过程。

（2）用激光源照明已记录全部信息的感光材料，使其再现原始物体的过程，称为再现过程。

1. 全息照相的记录

全息照相是一种干涉技术，为了能清晰地记录干涉条纹，要求记录的光源必须是相干性能很好的激光光源。拍摄全息照片的一般光路如图 4.6.1 所示。

由激光器发出的激光束，通过分束镜分成两束透射光和反射光：一束光经反射镜 M_1 反射，扩束镜 L_1 扩束后照射到被摄物体上，再从物体漫反射到照相底片（干版）H 上，这部分光是物光（以 O 表示）。另一束光经反射镜 M_2 反射，扩束镜 L_2 照射到 H 上，这部分光称为参考光（以 R 表示）。由于物光和参考光是同一束激光分成的两束光，所以是相干的，这两部分光束在胶片上叠加干涉，形成许多明暗不同的条纹、小环和斑点等干涉图样。在胶片上的干

涉图样再经过显影、定影等处理，就成为一张有干涉图样的“全息照片”（或称全息图）。全息图很细密，密度可达每毫米几十条甚至几百条，人眼是无法分辨出来的。

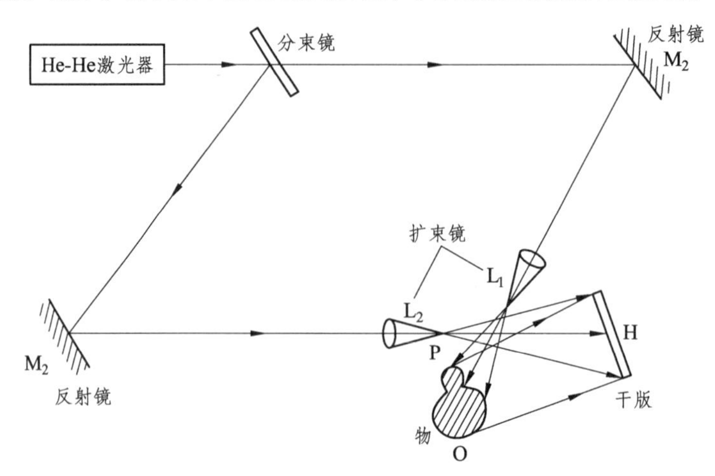

图 4.6.1　拍摄全息照片的光路

可以证明，干涉图样的形状反映了物光和参考光之间的相位关系；干涉条纹明暗对比程度（称反差）反映了物光和参考光的相对强度；干涉条纹的疏密则反映了物光和参考光的夹角大小，夹角大的地方条纹细密，夹角小的地方条纹稀疏。

总之,全息照相的记录过程就是利用干涉现象把每个物点光波的振幅和相位信息转换成合成光的强度函数（平面坐标的函数），并在记录介质（全息干版）上以干涉图样的形式记录下来。

2. 全息照相的再现

物光的再现利用了光栅衍射原理。

直接观察全息胶片是看不到原来物体的,通过高倍数显微镜也只能看到复杂的干涉图样。因为当物光被眼睛所接收，人便看到了物体，所以要看到原来物体的像，必须使全息胶片再现原来物体发出的光波。

具有干涉图样的全息胶片相当于一块结构复杂的衍射光栅，如图 4.6.2 所示。一束与原来参考光方向相同的激光束（称为再现光）照射全息胶片，按光栅衍射原理，再现光将发生衍射，衍射光波中包含 0 级和 ± 1 级衍射光。

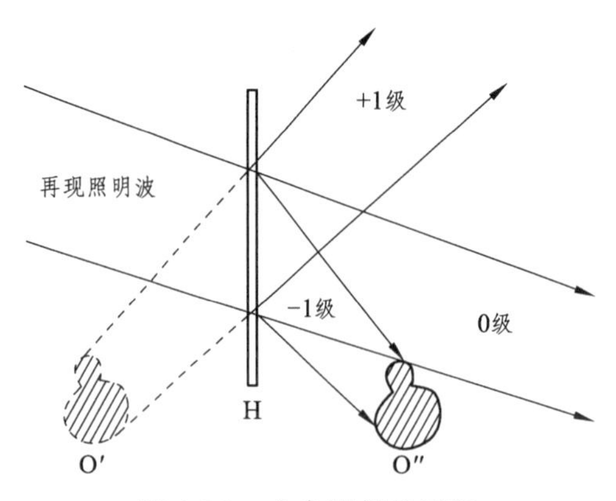

图 4.6.2　全息照相的再现

+1 级衍射光：为发散光束，与物体在原来位置时发出的光波完全一样，将形成一个虚像，与原物体完全相同，也称为真像。当逆着衍射方向透过全息图朝原来被摄物的方位观察时，就可以看到那个逼真的三维立体图像（真像）。

-1 级衍射光：为汇聚光束，将汇聚为一个实像，也称为赝像，处于虚像对于全息干版对称的位置。

0 级衍射光：具有再现光的相位特性，传播方向与再现光相同。

3. 全息图的主要特点

（1）立体感强。

全息照相记录的是物光的全部信息，所以通过全息照片所看到的像是逼真的三维物体，好像原物就在眼前。如果从不同角度观察全息图的再现虚像，可以看到物体的不同侧面，甚至原来被遮住的侧面。这一特点使全息照相在立体显示方面得到广泛的应用。

（2）具有可分割性。

全息图上每一个小块都有物光与参考光的干涉条纹，因而全息图任何一个小块都可以再现物体完整的三维图像。全息图的局部损坏也不会失去物光的信息，但是图块越小，衍射光越弱，再现物体的清晰度也就越差。可分割性这一特点使全息照相在信息存储方面开拓了应用领域。

（3）多重记录。

具有可多次曝光的特性。在一次全息照相曝光后，只要适当改变参考光的方向（或感光胶片的方位），就可以进行再次曝光，记录不同的被摄物的全息图。再现时，只要相应改变参考光的方向即可获得空间互不重叠的物像。如果参考光不变，改变被摄物，前后被摄物的物光分别与参考光干涉，并先后记录在同一张全息干版上，再现时，可以通过观察全息图，得到物体变化的信息。这种两次曝光法是广泛应用全息干涉计量的主要方法。

4. 拍摄全息图要点

（1）在底片处参考光与物光的光程差应确保在光源的相干长度内，光程差最好不要超过几十厘米。

（2）物光与参考光在底片处的夹角宜为 30°～45°，夹角过大则干涉条纹过密，可能超过全息干版记录的能力，干涉条纹不清晰；夹角过小，再现的物光会受到 0 级衍射光的干扰，不便观察物体的像。

（3）为了提高全息图质量，在底片处物光的强度要小于参考光的强度，物光与参考光光强之比宜为 1∶2～1∶6。

实验内容和步骤

1. 全息记录

（1）调节光路。

实验前先对全息平台进行一次检查并熟悉实验所需的各部元件。参考图 4.6.1 布置好光路。在调节光路时需注意：各光学元件是否等高共轴；是否选择了适当的分束镜，注意要使光强比恰当；两路光的光程差以及夹角是否满足要求；物光与参考光是否尽量多地照射到全息底片上。

（2）曝光照相。

根据实验室提供的曝光时间参考数据，选择曝光时间。

关闭激光器，打开暗绿灯（所用全息干版在暗绿光下不发生反应），取下观察屏，将全息底片安置于照片架上（感光乳胶面朝向被摄物体），静止 3 min 后方可拍照。

（3）冲洗处理。

与普通照片类似，在暗室中的绿色安全灯下进行。

显影——底片浸入 D-19 显影液中，不断晃动底片，观察底片的颜色，当底片呈现灰色时应停止显影。待底板变浅灰色取出（显影时间与曝光光强、显影液温度、浓度等有关，约数秒至数十秒钟）。

停影——底片放入停影液或清水中 10 s。定影—底片放入 F-5 定影液中约 5 min。清水冲洗、晾干。

2. 研究全息图的再现规律

（1）观察再现虚像。

用原记录光路再现：将拍好的全息照片放回原记录光路中的位置上，药膜面迎着激光方向，挡住物光，让参考光照射全息照片，视线迎着 +1 级衍射光方向，并透过全息照片（不是看全息图面），搜索、观察再现虚像，应能找到一个逼真的物体的三维虚像。

或者激光不经分束直接扩束，照射全息照片。缓慢地转动底片架，改变全息图对激光的取向，透过全息照片搜索再现虚像。这种情况下，衍射光较强，再现像较亮，容易观察，但像的大小及位置可能与原物有所不同。

（2）全息像特点的研究。

找到再现虚像后，上、下、左、右慢慢移动眼睛，看能否观察到原被遮住的侧面，体会全息像的立体感。

用一张开有小孔（$d \approx 8$ mm）的黑纸片贴近全息照片，当纸上小孔移到不同位置时，均可看到原物完整的像。

（3）观察再现实像。

要观察到再现实像，有较高的技术要求。拍摄时，参考光和物光的夹角不宜超过 30 ；参考光到底片的距离宜大于两倍被摄物到底片的距离；参考光尽量垂直入射底片。观察再现实像时，以底片为对称面，在虚像的对称位置上应有一实像，可以用眼看到。在 −1 级衍射光会聚成实像后的发散光束区内观察时，眼睛应注视实像位置才能看到再现的实像。原则上可以用屏得到该实像，但是如果拍摄的底片质量不高，屏上可能得不到实像。

（4）观察二次曝光全息照片。

如果已对全息底片进行了多次曝光记录（每次记录需将底片转动一个小角度，或略微改变物体位置，或略微改变参考光的入射角），再现时，适当转动全息照片，观察不同被摄物的再现像。

注意事项

（1）He-Ne 激光电源开启后，电压高达数千伏，切勿手摸激光电源输出电极。

（2）激光强度高，切勿用眼睛直接对视未经扩束的激光。

（3）光学元件表面应保持清洁，切勿用手、布片、纸片等擦拭。

（4）拍摄前几分钟及整个曝光时间内，实验相关人员必须离开全息台并保持静止和安静，确保全息照相在稳定状态下进行。

附　表

附表 1　物理学基本常数

物理量	符号	数值与单位	相对不确定（10^{-6}）
引力常数	G	$6.672\ 59(85)\times10^{-11}\ m^3/kg\cdot s^2$	128
阿伏伽德罗常数	N_A	$6.022\ 136\ 7(36)\times10^{-23}$ /mol	0.59
摩尔气体常数	R	$8.314\ 510(70)$ J/(mol·K)	8.4
理想气体摩尔体积	V_m	22.414 10(19) L/mol	8.4
玻尔兹曼常数	K	$1.380\ 658(12)\times10^{-23}$ J/K	8.5
真空中的介电常数	ε_0	$1/(\mu_0c^2)=8.854\ 187\times10^{-12}$ F/m	精确
真空中的导热率	μ_0	$4\pi\times10^{-7}\ N/A^2=12.566\ 37\times10^{-12}\ N/A^2$	精确
真空中的光速	c	$2.997\ 924\ 58\times10^8$ m/s	精确
基本电荷	e	$1.602\ 177\ 33(49)\times10^{-19}$ C	0.30
电子质量	m_0	$9.109\ 389\ 7(54)\times10^{-31}$ kg	0.59
质子质量	m_p	$1.672\ 623\ 1(10)\times10^{-27}$ kg	0.59
质子单位质量	u	$1.660\ 540\ 2(10)\times10^{-27}$ kg	0.59
普朗克常量	h	$6.626\ 075\ 5(40)\times10^{-34}$ J·s	0.60
电子的荷质比	$-e/m_0$	$1.758\ 819\ 62(53)\times10^{11}$ C/kg	0.30
里德伯常数	R_∞	109 737 31.534(13) /m	0.001 2

附表 2　海平面上不同纬度的重力加速度

纬度/(°)	$g/(m/s^2)$	纬度/(°)	$g/(m/s^2)$	纬度/(°)	$g/(m/s^2)$
0	9.780 49	35	9.797 46	70	9.826 14
5	9.780 38	40	9.801 80	75	9.828 73
10	9.782 04	45	9.806 29	80	9.830 65
15	9.783 96	50	9.810 79	85	9.831 82
20	9.786 25	55	9.815 15	90	9.832 21
25	9.789 69	60	9.819 24	重庆（29°34′）	9.791 52
30	9.793 38	65	9.822 94		

附表 3　不同温度时水的密度、表面张力系数、黏滞系数

温度 /°C	ρ /(kg/m^3)	σ /($\times 10^{-3}$ N/m)	η /($\times 10^{-6}$ Pa·s)	温度 /°C	ρ /(kg/m^3)	σ /($\times 10^{-3}$ N/m)	η /($\times 10^{-6}$ Pa·s)
0	999.87	75.62	1.787	20	998.23	72.75	1.002
5	999.96	74.90	1.519	21	998.02	72.60	0.977 9
6	999.94	74.76	1.472	22	997.77	72.44	0.954 8
8	999.88	74.48	1.386	23	997.57	72.28	0.932 5
10	999.73	74.20	1.307	24	997.33	72.12	0.911 1
11	999.63	74.07	1.271	25	997.07	71.96	0.890 4
12	999.52	73.92	1.235	30	995.68	71.15	0.797 5
13	999.40	73.78	1.202	40	992.24	69.55	0.652 9
14	999.27	73.64	1.169	50	988.04	67.90	0.546 8
15	999.13	73.48	1.139	60	983.21	66.17	0.466 5
16	998.97	73.34	1.109	70	977.78	64.41	0.406 0
17	998.90	73.20	1.018	80	971.80	62.60	0.354 7
18	998.62	73.05	1.053	90	965.31	60.74	0.314 7
19	998.43	72.89	1.027	100	958.35	58.84	0.281 8

附表 4　不同温度时空气的密度、黏滞系数

温度 /°C	ρ /(kg/m^3)	η /($\times 10^{-6}$ Pa·s)	温度 /°C	ρ /(kg/m^3)	η /($\times 10^{-6}$ Pa·s)	温度 /°C	ρ /(kg/m^3)	η /($\times 10^{-6}$ Pa·s)
0	1.293	17.25	11	1.243	17.75	22	1.196	18.28
1	1.288	17.30	12	1.238	17.78	23	1.188	18.32
2	1.284	17.35	13	1.234	17.85	24	1.185	18.37
3	1.279	17.38	14	1.230	17.90	25	1.181	18.42
4	1.274	17.42	15	1.226	17.95	26	1.177	18.47
5	1.270	17.47	16	1.221	18.00	27	1.172	18.50
6	1.265	17.51	17	1.217	18.05	28	1.169	18.56
7	1.260	17.56	18	1.213	18.10	29	1.165	18.60
8	1.257	17.60	19	1.208	18.15	30	1.161	18.65
9	1.252	17.65	20	1.205	18.20	31	1.156	18.70
10	1.247	17.70	21	1.201	18.24	32	1.150	18.75

附表 5　某些液体的黏滞系数

物　质	温度/°C	η/(×10^{-6} Pa·s)	物　质	温度/°C	η/(×10^{-6} Pa·s)
甲　醇	0	817	甘　油	−20	134×10^4
	20	584		0	121×10^5
乙　醇	−20	2 780		20	1 499×10^3
	0	1 780		100	12 945
	20	1 190	葵花子油	80	100×10^3
乙　醚	0	296	蜂　蜜	20	45 600
	20	243		80	4 600
汽　油	0	1 788	鱼肝油	−20	1 855
	18	530		0	1 685
变压器油	20	19 800	水　银	20	1 554
蓖麻油	10	242×10^4		100	1 224

附表 6　20 °C 时常用固体和液体的密度

物　质	密度 ρ/(kg/m³)	物　质	密度 ρ/(kg/m³)
铝	2 698.9	水　银	1 3546.2
铜	8 960	甲　醇	792
铁	7 874	乙　醇	789.4
银	10 500	乙　醚	714
金	19 320	氟利昂-12	1 329
钨	19 300	水晶玻璃	2 900 ~ 3 000
铂	21 450	窗玻璃	2 400 ~ 2 700
铅	11 350	冰（0 °C）	880 ~ 920
锡	7 298	汽车用汽油	7 410 ~ 720
锌	7 140	甘　油	1 260
钢	7 600 ~ 7 900	硫　酸	1 840

附表 7　20 °C 时金属的杨氏模量

金　属	杨氏模量 E/(10^{11} N/m²)	金　属	杨氏模量 E/(10^{11} N/m²)
铝	0.69 ~ 0.70	镍	2.03
铜	1.03 ~ 1.27	铬	2.35 ~ 2.45
铁	1.86 ~ 2.06	合金钢	2.06 ~ 2.16
银	0.69 ~ 0.80	碳　钢	1.96 ~ 2.06
金	0.77	康　钢	1.60
钨	0.47	铸　钢	1.72
锌	0.78	硬铝合金	0.71

附表 8　某些物质的比热

物　质	温度/°C	比热 c/(kJ/kg · K)	物　质	温度/°C	比热 c/(kJ/kg · K)
铝	20	0.895	镍	20	0.481
铜	20	0.385	铂	20	0.134
黄铜	20	0.380	钢	20	0.447
银	20	0.234	铅	20	0.130
铁	20	0.481	玻璃	20	0.585 ~ 0.920
生铁	0 ~ 100	0.54	冰	− 40 ~ 0	1.79
锌	20	0.389	水	20	4.176

附表 9　101 325 Pa 下物质的熔点和沸点

物　质	熔点/°C	沸点/°C	物　质	熔点/°C	沸点/°C
铝	660.4	2 486	镍	1 455	2 731
铜	1 084.5	2 580	锡	231.97	2 270
铬	1 890	2 212	锌	419.58	903
银	961.93	2 184	铅	327.5	1 750
铁	1 535	2 754	汞	− 38.86	356.72
金	1 064.43	2 710			

附表 10　某些物质中的声速

物　质	温度/°C	声速/(m/s)	物　质	温度/°C	声速/(m/s)
空气	0	331.45	水	20	1 482.9
一氧化碳	0	337.1	酒精	20	1 168
二氧化碳	0	258	铝	20	5 000
氧气	0	317.2	铜	20	3 750
氩气	0	319	不锈钢	20	5 000
氢气	0	1 269.5	金	20	2 030
氮气	0	337	银	20	2 680

附表 11　常用材料的导热系数

物质		温度/K	导热系数/(W/cm·K)	物质		温度/K	导热系数/(W/cm·K)
气体	空气	300	2.6	固体	银	273	4.18
	氮气	300	2.61		铝	273	2.38
	氢气	300	18.2		铜	273	4.01
	氧气	300	2.68		黄铜	273	1.20
	二氧化碳	300	1.66		金	273	3.18
	氦气	300	15.1		钙	273	0.98
	氖气	300	4.9		铁	273	0.835
液体	水	273	5.61		镍	273	0.91
		293	6.04		铅	273	0.35
		373	6.80		铂	273	0.73
	四氯化碳	293	1.07		硅	273	1.70
	甘油	273	2.90		锡	273	0.67
	乙醇	293	1.70		不锈钢	273	0.14
	石油	293	1.50		玻璃	273	0.010
	水银	273	84		橡胶	298	1.6×10^{-3}
固体	耐火砖	500	0.002 1		木材	300	$(0.4\sim3.5)\times10^{-3}$
	混凝土	273	0.008 4		花岗石	300	0.016
	云母	373	0.005 4		棉布	313	0.000 8

附表 12　固体的线胀系数

物质	温度/°C	线膨胀系数/($\times10^6$/°C)	物质	温度/°C	线膨胀系数/($\times10^6$/°C)
金	0～100	14.3	石蜡	16～38	130.3
银	0～100	19.6	聚乙烯		180
铜	0～100	17.1	石英玻璃	20～300	0.56
铁	0～100	12.2	窗玻璃	20～300	9.5
锡	0～100	21	花岗石	20	6～9
铝	0～100	23.8	瓷器	20～200	3.4～4.1
镍	0～100	12.8	大理石	25～100	5～16
锌	0～100	32	混凝土	−13～21	6.8～12.7
铂	0～100	9.1	橡胶	16.7～25.3	77
钨	0～100	4.5	硬橡胶		50～80
康铜	0～100	15.2	木材（平行纤维）		3～5
黄铜	0～100	18～19	木材（垂直纤维）		35～60
锰钢		18.1	冰	0	52.7
不锈钢		16.0		−50	45.6
镍铬合金	100	13.0		−100	33.9
钢（0.05%碳）	0～100	12.0			

附表 13　101 325 Pa 下液体的体胀系数

物　质	温度/°C	体胀系数 /($\times 10^6$ /°C)	物　质	温度/°C	线膨胀系数 /($\times 10^6$ /°C)
丙酮	20	1.43	水	20	0.207
乙醚	20	1.66	水银	20	0.182
甲醇	20	1.19	甘油	20	0.505
乙醇	20	1.08	苯	20	1.23

附表 14　某些金属和合金的电阻率、温度系数

金属或合金	电阻率 ρ /($\times 10^{-6}$ Ω · m)	温度系数 /($\times 10^{-3}$ /°C)	金属或合金	电阻率 ρ /($\times 10^{-6}$ Ω · m)	温度系数 /($\times 10^{-3}$ /°C)
铝	0.028	4.2	锌	0.059	4.2
铜	0.017 2	4.3	锡	0.12	4.4
银	0.016	4.0	水　银	0.958	1.0
金	0.024	4.0	武德合金	0.52	3.7
铁	0.098	6.0	钢（0.10% ~ 0.15% 碳）	0.10 ~ 0.14	6
铅	0.205	3.7	康　铜	0.47 ~ 0.51	− 0.04 ~ 0.01
铂	0.105	3.9	铜锰镍合金	0.34 ~ 1.00	− 0.03 ~ 0.02
钨	0.055	4.8	镍铬合金	0.98 ~ 1.10	0.03 ~ 0.4

附表 15　气体的比定压热容和比定容热容

气　体	比定压热容 cp/(J/kg · K)	比定容热容 cV/(J/kg · K)
氯　气	0.124	—
氩　气	0.127	0.077
氯化氢（22 ~ 214 °C）	0.19	0.13
二氧化碳	0.20	0.15
氧　气	0.22	0.16
空　气	0.24	0.17
氖　气	0.25	0.15
氮　气	0.25	0.18
一氧化碳	0.25	0.18
乙醚蒸气（25 ~ 111 °C）	0.43	0.4
酒精蒸气（108 ~ 220 °C）	0.45	0.4
水蒸气（100 ~ 300 °C）	0.48	0.36
氨　气	0.51	0.39
氦　气	1.25	0.75
氢　气	3.41	2.42

附表 16　标准化热电偶

名　称	型号	100 °C 时的温差电动势 /mV	使用温度/°C		温差电动势对分度表的允许误差			
			长期	短期	温度/°C	允差/°C	温度/°C	允差/°C
铂铑$_{10}$-铂	WRLB	0.643	0～1 300	1 600	≤600	±2.4	＞600	±0.4% t
铂铑$_{3}$-铂$_{6}$	WRLL	0.340	0～1 600	1 800	≤600	±3	＞600	±0.5% t
镍铬-镍硅 (镍铬-镍铝)	WREU	4.10	0～1 000	1 200	≤600	±4	＞400	±0.75% t
镍铬-康铜	WREA	6.95	0～600	800	≤400	±4	＞400	±1% t

附表 17　旋光物质的旋光率

旋光物质和溶剂浓度	λ/nm	α/[(°)/cm]	旋光物质和溶剂浓度	λ/nm	α/[(°)/cm]
葡萄糖＋水 $c=5.5\times10^{-2}$ g/cm^3 $t=20$ °C	447	96.62	酒石酸＋水 $c=0.286\,2\times10^{-2}$ g/cm^3 $t=18$ °C	350	−16.8
	479	83.88		400	−6.0
	508	73.61		450	+6.6
	535	65.35		500	+7.5
	589	52.76		550	+8.4
	656	41.89		589	+9.82
蔗糖＋水 $c=0.26\times10^{-2}$ g/cm^3 $t=20$ °C	404.7	152.8	樟脑＋乙醇 $c=0.347\times10^{-2}$ g/cm^3 $t=19$ °C	350	378.3
	435.8	128.8		400	158.6
	480.8	103.05		450	109.8
	520.9	86.80		500	81.7
	589.3	66.52		550	62.0
	670.8	50.45		589	52.4

附表 18　常用物质的折射率

物　质	n_d	温度/°C	物　质	n_d	温度/°C
水	1.333 0	20	有机玻璃	1.492	室温
甲　醇	1.329 2	20	加拿大树胶	1.530	室温
乙　醇	1.352 2	20	石英晶体	$n_0=1.544\,24$	室温
乙　醚	1.361 7	20		$n_e=1.553\,35$	室温
二氯甲烷	1.625 5	20	熔凝石英	1.458 45	室温
三氯甲烷	1.445 3	20	琥　珀	1.546	室温
四氯甲烷	1.461 7	20	方解石	$n_0=1.658\,35$	室温
甘　油	1.467 6	20		$n_e=1.486\,40$	室温
石　蜡	1.470 4	20	冕牌玻璃 K_6	1.511 1	室温
松节油	1.471 1	20	冕牌玻璃 K_8	1.515 9	室温
苯　胺	1.586 3	20	冕牌玻璃 K_9	1.516 3	室温
棕色醛	1.619 5	20	重冕牌玻璃 ZK_6	1.612 6	室温
单溴苯	1.658 8	20	重冕牌玻璃 ZK_8	1.614 0	室温
	1434	20	火石玻璃 F_8	1.605 5	室温
苯	1.501 1	20	重火石玻璃 ZF_1	1.647 5	室温
金刚石	2.417 5	室温	重火石玻璃 ZF_6	1.755 0	室温

附表 19　常用光源的谱线波长

光源	波长/nm	光源	波长/nm	光源	波长/nm	光源	波长/nm
氦	706.52（红）	氖	650.65（红）	氢	656.28（红）	汞	623.44（橙）
	667.82（红）		640.23（橙）		486.13（绿蓝）		579.07（黄 2）
	587.56（黄）		638.30（橙）		434.05（蓝）		576.96（黄 1）
	501.57（黄绿）		626.65（橙）		410.17（蓝紫）		546.07（绿）
	492.1（绿蓝）		621.73（橙）		397.01（蓝紫）		491.60（绿蓝）
	471.31（蓝）		614.31（橙）	钠	589.592（黄）		435.83（紫 3）
	447.15（蓝）		588.19（黄）		588.995（黄）		407.78（紫 2）
	402.62（蓝紫）		585.25（黄）	氦-氖激光	632.8（橙）		404.66（紫 1）
	388.87（蓝紫）						

参考文献

[1] 贾玉润，等. 大学物理实验[M]. 上海：复旦大学出版社，1987.

[2] 潘人培. 物理实验[M]. 南京：东南大学出版社，1986.

[3] 何圣静. 物理实验手册[M]. 北京：机械工业出版社，1989.

[4] 陆延济，等. 大学物理实验[M]. 上海：同济大学出版社，1996.

[5] 马文蔚. 物理学[M]. 北京：高等教育出版社，2001.

[6] 周殿清. 大学物理实验[M]. 武汉：武汉大学出版社，2002.

[7] 王云才，李秀燕. 大学物理实验教程[M]. 北京：科学出版社，2003.

[8] 陈旱生，任才贵. 大学物理实验[M]. 上海：华东理工大学出版社，2003.

[9] 方建兴. 物理实验[M]. 2 版. 苏州：苏州大学出版社，2007.

[10] 马世红，童培雄，赵在忠. 文科物理实验[M]. 北京：高等教育出版社，2008.

[11] 沈元华，陆申龙. 基础物理实验[M]. 北京：高等教育出版社，2003.

[12] 吕斯哗，段家低. 基础物理实验[M]. 北京：北京大学出版社，2006.

[13] 赵文杰. 工科物理实验教程[M]. 北京：中国铁道出版社，2002.

[14] 霍剑清. 大学物理实验[M]. 北京；高等教育出版社，2005.

[15] 汪建章. 大学物理实验[M]. 杭州：浙江大学出版社，2004.

[16] 朱鹤年. 物理测量的数据处理与实验设计[M]. 北京：高等教育出版社，2003.

[17] 徐建强. 大学物理实验[M]. 北京：科学出版社，2006.

[18] 唐桂平. 大学物理实验[M]. 上海：复旦大学出版社，2007.